共享经济模式下科研人员科学数据共享行为范式变迁与创新路径

Gongxiang Jingji MoshiXia Keyan Renyuan Kexue Shuju
Gongxiang Xingwei Fanshi Bianqian yu Chuangxin Lujing

赵利梅　著

西南财经大学出版社
Southwestern University of Finance & Economics Press

中国·成都

图书在版编目(CIP)数据

共享经济模式下科研人员科学数据共享行为范式变迁与创新路径/赵利梅
著.—成都:西南财经大学出版社,2021.6
ISBN 978-7-5504-4769-1

Ⅰ.①共… Ⅱ.①赵… Ⅲ.①科研人员—数据共享—研究 Ⅳ.①G316

中国版本图书馆 CIP 数据核字(2021)第 001431 号

共享经济模式下科研人员科学数据共享行为范式变迁与创新路径

Gongxiang Jingji Moshi Xia Keyan Renyuan Kexue Shuju Gongxiang Xingwei Fanshi Bianqian Yu Chuangxin Lujing

赵利梅　著

责任编辑:乔雷
封面设计:张姗姗
责任印制:朱曼丽

出版发行	西南财经大学出版社(四川省成都市光华村街55号)
网　　址	http://cbs.swufe.edu.cn
电子邮件	bookcj@swufe.edu.cn
邮政编码	610074
电　　话	028-87353785
照　　排	四川胜翔数码印务设计有限公司
印　　刷	四川五洲彩印有限责任公司
成品尺寸	170mm×240mm
印　　张	19
字　　数	329 千字
版　　次	2021 年 6 月第 1 版
印　　次	2021 年 6 月第 1 次印刷
书　　号	ISBN 978-7-5504-4769-1
定　　价	88.00 元

前　言

随着计算机网络技术的发展，网络改变了科研人员互相交流的方式，数据密集型计算科学研究范式即科学研究第四范式逐渐成为科研人员的主要科研理论体系。与此同时，科研过程中产生的数量庞大的数据使得科研工作者面临前所未有的挑战。科研过程中，科学数据的作用日益提高，研究者需要对数量庞大的科学数据进行实时监测并详细分析，以解决相关的科学问题。同时，科学数据也是研究者在选题思考、研究设计和研究实施过程中的重要基础。在数据资源日益多样化、各类方法技术逐步成熟的情况下，科研人员的各项科研需求也越来越强烈。科研人员作为科学数据的生产者、使用者和管理者，积极倡导并参与数据共享将直接影响科学数据公开获取的进程和发展。

无论是基于数据需求的属性结构，还是基于数据需求的周期过程，科研人员的"不愿开放、不敢开放"现象导致科学数据开放流动性不足，以"自由、开放、合作、共享"为理念的开放科学在改变学术交流环境以及科研人员需求的同时对科学数据的开放提出了明确要求。

本书基于利益相关者理论、科研数据生命周期理论、计划行为理论、技术接受模型等，采用文献研究法、网络调查法、半结构化访谈法、问卷调研法等研究方法，以科研人员为研究对象，讨论科学数据共享的影响因素，构建科学数据开放的意愿模型，进而揭示科学数据共享的机理。

本书对科研人员科学数据共享进行了全面系统的分析和研究，主要在以下两个方面进行了创新性探索研究。一是系统地分析了科研人员科学数据共享的需求。本书重点分析了科研人员科学数据的共享需求特征和共享需求变化特征。第四科研范式决定了科研人员对科学数据资源需求的满足方式和利用形态会出现以下 6 个方面的变化趋势：共享观念日益更新、对数据类型和数据载体的多元化需求、需求的分散性和不平衡性、共享功能一体化、服务方式个性化、共享服务模式集成化。二是构建科学数据生命周期与科学数据影响因素模型。本书将扎根理论应用于科学数据共享研究中，自下而上构建科研人员科学数据生命周期模型与影响因素模型，对科学数据共享的影响因素进行深入探讨，丰富了我国科学数据共享研究的方法论。同时，本书利用统计分析方法对科学数据进行自上而下的分析与验证，为我国今后的科学数据共享研究和科学数据管理研究提供现实依据。

由于条件的限制和经验的欠缺，本书在对科学数据影响因素模型进行统计分析时，未能从多个角度并利用不同统计工具对数据进行分析。因此，本书在对科学数据共享影响因素的权重界定上没有做更深入的调查。同时，本书在对提出的因素进行名称和内涵界定、结构化处理以及之后的问卷设计过程中，不可避免地存在作者的主观性，并且模型较为具象化。因此，科学数据共享的后续研究应注重对科学数据共享影响因素模型进行更加深入的统计分析，对其各个因素之间的相互作用和权重进行更加深入的界定与分析，并在样本的提取上按照不同学科和不同职业分别取样，同时加大样本量，以弥补本书的缺陷。

赵利梅

2021 年 1 月

目　录

第一章 导 论

　　在大数据+共享经济成为当今社会发展的趋势和互联网驱动大数据发展的背景下，科研人员必须通过一系列数据来证明其研究成果的科学性和可靠性，因而科研人员的科研活动发生了新的变化，即对数据质量的要求越来越高，对数据的依赖性越来越强。数据密集型科研范式下，科研人员为保障科研成果的质量，一切科研活动既要求科研成果的数据可回溯、可重复利用，又要求数据与分析过程可再现、可视化。因此，从微观层面讲，科研人员的科学数据共享能够促进科学体系自我纠错能力的提升以及科研成果数量的增加；从宏观层面讲，科研人员的科学数据共享和有效利用在一定程度上能带动相关产业和经济的发展。

　　科学结论来源于科学数据并被科学数据所检验，科学数据是形成科学思想、理论假说和应用技术的根据，在科学研究中任何一个科研人员仅依靠自己的力量，只能通过有限的手段获取有限的时间、空间和专业范围内的科学数据。为了全面、客观地认识研究对象，科研人员需要其他科研人员、研究项目或课题的科学数据的支持。特别是在当代科学技术的复杂性以及定量化和注重过程研究的发展趋势下，科研人员越来越依赖海量科学数据的支持。如何使海量的科学数据资源在全社会流动起来，规范数据的管理，最大限度地发挥科学数据资源的作用，已成为全国乃至全世界科研人员面临的新挑战[①]。

---

① 黄鼎成. 科学数据共享的理论基础与共享机制 [J]. 中国基础科学，2003（2）：22-27.

第一节 问题的提出

一、研究背景

我国科学数据共享工程自 2001 年年底启动以来，历经近 20 年的发展，逐步形成了以服务促进科研数据集中管理和广泛共享的规章制度。目前全国 30 多个省（直辖市、自治区）专门出台了数据管理和数据共享政策。然而单纯地依靠宏观的数据管理政策不能彻底解决现在科研人员"不愿共享""不敢共享""不能共享"的难题。从科研人员的角度探讨如何促进科学数据共享、推进科学数据的最大化使用，是政府部门制定政策和进行科学决策的重要依据，也对相关产业和经济建设具有重要的指导意义。

科研数据作为大数据共享经济中的一部分，在现代科学技术发展的过程中发挥着重要推动作用，具有重大的经济价值、科学贡献以及社会效益，其重要性不言而喻，已经成为科研活动中必不可少的生产资料。随着共享经济和知识经济的深入发展，科学数据共享的重要性日益凸显，通过彼此之间信息或数据的交换、共享与整合，科研人员可以更好地推动人文社会科学的创新与发展。人文社会科学的发展来自科学数据，创新的前提是对现有科学数据的充分提炼与运用，特别是新思想的产生必然依托大量真实、可靠的科学数据才能进行真伪的鉴别与应用的拓展，而科学数据也在共享和应用的过程中得以补充与修正。当前，科学发展的趋势已经呈现出大科学、交叉研究、定量化以及注重研究过程的特点，其越来越依托于系统化、结构化的基础科学数据以及衍生出的其他数据产品，而科学数据共享正是开展科学研究的重要资源提供平台①。因此，基于未来科学发展以及国家科技创新的需要，科学数据共享研究是一项长期性、基础性、保障性的重要工作。

近年来，随着以数据密集型科学发现为主的科学研究新范式的发展，数字化形态存在的科学数据正逐渐成为学术交流的基本元素，科研成果开始从传统

---

① 穆向阳. 云计算背景下跨媒体信息素养和认知模式的关系 [J]. 情报杂志，2012，31（3）：174-179.

的图书、期刊、报告等较为单一的传统形态向图表、数据等多样化形态转变。科学数据在科学研究中的价值逐渐得到认可，科学数据的开放、共享与管理等逐渐成为国际科学研究相关领域密切关注的热点问题。为了增强我国科技创新能力，提高科技整体水平，促进社会和经济发展，我国实施了科学数据共享工程①。

科研数据的充分获取和高效管理是影响科研人员课题申请成功率和课题顺利进行的关键因素之一。目前，科研人员获取数据主要来自两个方面：一方面来自课题组内部通过调研访问、问卷统计获得数据，并进行模型演变、思想汇总等科研活动；另一方面来自课题组外部的数据共享，例如通过中国知网（以下简称知网）、万方数据知识服务平台（以下简称万方）等数据库查询。

1. 科学数据的价值在全社会逐渐得到认可

科研人员在研究过程中产生的科学数据，既是众多科学研究团队和科研机构、科学数据组织及图书馆等研究和实践的重要课题，也是政策制定者和普通大众关注的问题；既是研究对象，也是研究产出，是量化研究的重要基础，是推动科学研究发展的重要基石①。有的专家认为，科学数据是一项重要的战略资源，把它与石油资源相提并论一点也不为过。

2. 科学数共享是适应科学研究模式转变的必然要求

由于信息技术的影响，关于科学的一切几乎都在变化中。科学研究越来越依赖大量、系统、高可信度的数据，进而发展出与实验科学、理论推演、计算仿真这三种科研范式相辅相成的第四科研范式——"数据密集型科学"②。这一范式不仅意味着新的科研方法，而且意味着重要的思维转变，其目标是拥有一个所有科学数据都在线且能够彼此交互操作的世界。因此，科学数据资源被视为一种科技基础设施的观念逐步得到认可，国家层面的科研竞争力将更多取决于数据优势以及将数据转化为信息和知识的能力③。在保障个人隐私和国家安全的前提下，最大限度地促进科学数据的流动性和可获取性至关重要。

3. 科学数据共享推进政府治理方式创新

信息技术的更新迭代不断助推科研人员科研行为的变革，科研活动信息化

---

① 邱春艳. 科学数据元数据记录复用研究 [D]. 武汉：武汉大学，2015.

② Hey T, Tansley S, Tolle K. 第四范式：数据密集型科学发现 [M]. 潘教峰，张晓林，译. 北京：科学出版社，2012.

③ CODATA 中国全国委员会. 大数据时代的科研活动 [M]. 北京：科学出版社，2018.

是提高科研能力、科研水平和创新能力的必要手段。大数据正日益成为政府治理方式创新的重要驱动力，不断推动着政府治理理念、治理模式、治理内容、治理手段的变革。当前，抓住科研信息化契机，加强科学数据共享，实现数据平台中各类科研主体之间的高效互动，已经成为提升国家创新体系效率的关键。只有打通政府与各个科研主体之间的数据壁垒，连通数据孤岛，促进全社会的共同参与，推动科学数据有效聚合、可用性开发和重复应用，才能有效地发掘科学数据的潜在价值①。

4. 信息技术的发展提高科学数据共享的效率

计算机技术和互联网技术的发展极大地打破了交流与合作的空间限制，如果说从前可能会出现两个团体之间由于空间和距离的限制而导致合作的效率和单个团体独自研究的效率差不多的情况，现在显然不再会出现这样的问题了。同时，网络为具有相同研究兴趣的人提供了即时的交流平台，不仅交流更加便利，寻找有相同倾向的组织也更加容易。此外，科研成果在网络上的公开和发表不仅在效率上，同时在成本上也大大优于实体刊物的发表和传播。这些原因都大大促进了科研模式的变革，并在促进开放科学发展的同时，为开放科学提供了技术上的支持。信息技术的发展既是开放科学的条件，也是开放科学的原因；既促进了科学的开放，同时也受到开放科学的影响而更加高速发展。此外，信息技术尤其是互联网技术的发展催生了新的时代精神，而这样开放共享的时代精神又支持着开放科学的持续发展②。

5. 大数据环境下科研人员科学数据共享的信息生态问题凸显

大数据背景和新媒体环境下，科研人员的科学数据共享离不开科研人员、课题负责人等的主导，互联网、信息通信等技术的支撑，以及所在组织学术氛围、激励机制、规章制度等环境的影响，这些因素之间的相互作用构成了完整的信息生态系统。那么，如何促进科研人员科学数据共享过程中各要素之间的和谐发展，成为科研人员科学数据共享持续发展的关键问题③。

综上所述，在全球化以及万物互联趋势下，社会科学和自然科学自身的发

---

① 杨晶，康琪，李哲. 推动科学数据开放共享的思考及启示 [J]. 全球科技经济瞭望，2019，34（10）：37-43.

② 凌昀. 开放科学伦理精神研究 [D]. 长沙：湖南师范大学，2018.

③ 曹茹烨. 新媒体环境下科研团队信息共享的影响因素及模式研究 [D]. 长春：吉林大学，2017.

展及其应用都要求跨学科、跨领域、跨地区的开放、共享与合作，这就是科研人员科学数据共享兴起并稳步发展的原因。

二、科研人员科学数据共享的研究意义

1. 理论意义

（1）对国内外科研人员科学数据共享研究的现有成果进行梳理，结合实地调研获得的一手资料，对科研人员科学数据共享的参与者初步界定，可以丰富和深化科研人员科学数据共享研究的理论基础。

（2）将扎根理论应用于科研人员科学数据共享研究中，自下而上地构建社会科学科研与数据生命周期模型与社会科学数据影响因素模型，同时结合统计分析方法，对科学数据共享的影响因素进行深入探讨①，丰富了我国社会科学数据共享研究的方法论。

（3）促进科学数据共享理论的创新与发展，能够为用定量分析的方法研究科研人员科学数据意愿的影响因素、了解各影响因素不同程度的影响力等提供理论决策支持。

（4）新媒体为研究背景丰富了信息行为理论体系。新媒体的兴起，使得科研人员数据传播、数据共享、数据消费、数据搜寻等行为突破固有运行模式，呈现出新的特点。本书结合新媒体的交互性、即时性、海量化等特征，探索了科研人员科学数据共享的规律与模式。以新媒体为背景对拓宽科研人员科学数据共享行为领域的研究视角，发展新的研究方法具有一定的理论意义。

2. 实践意义

（1）通过扎根理论自下而上地构建科研人员科学数据共享影响因素模型，同时利用统计分析方法对数据进行自上而下的分析与验证，为我国今后的科学数据，特别是人文社会科学数据共享研究和科学数据管理研究提供现实依据；在事实和数据基础上提出建议和策略，为今后的科学数据共享政策的制定提供决策依据。对科学数据共享的认知及影响因素的分析，可以更好地对其共享行为进行进一步的探析，在一定程度上促进我国科学数据共享进程。

（2）科学数据共享给科研人员和政府的科学决策提供数据基础，为制定科研人员科学数据政策提供理论基础和实践参考。

---

① 陈欣. 社会科学数据共享影响因素 [D]. 南京：南京大学，2015.

（3）有助于减少学术不端行为，营造良好的学术生态，推进科研评价制度改革，提升我国科研创新能力。

第二节　国内外科学数据研究现状

目前国内外关于科研人员科学数据共享的研究，取得了丰硕的研究成果，研究思路和研究视角多样化，形成了高度统一的研究规范与传统。但是随着"共享经济+大数据"在纵向和横向的深入发展，以及新型自媒体中信息更迭的加速，科研人员科学数据共享的研究存在一定的局限性，研究的广度和深度有待提高。系统地分析国内外相关研究文献，全面了解国内外研究进展和热点，是开展科研人员科学数据共享研究的基础和关键，具有重要的研究意义。因此，本书采用关键词共现分析法，结合文献分析法，梳理当前国内外科研人员科学数据共享的研究结构和研究专题。

一、研究方法及过程

1. 共现分析法

"共现"指文献的特征项描述的信息共同出现的现象，这里的特征项包括文献的外部和内部特征，如题名、作者、关键词、机构。而"共现分析"是对共现现象的定量研究，以揭示信息的内容关联和特征项所隐含的知识。共现分析法是由法国文献计量学家 Callon M 在其著作 *Mapping the Dynamic of Science and Technology* 中提出，以心理学的邻近联系法、知识结构和映射原则为方法论，以数理统计结果为基础，对文献元数据进行深层次的挖掘和高标准的聚类，进而揭示信息特征项的隐含知识和信息内容的关联。共现分析法按相同类型特征项共现可分为论文共现、关键词共现、作者共现、期刊共现[①]。

2. 关键词共现分析过程

（1）构造共词矩阵

首先，笔者对选取的关键词进行预处理。抽取分析范围内文献题录数据中

---

① 彭秀媛. 农业科学数据共享模式与技术系统研究——以辽宁省为例 [D]. 北京：中国农业科学院，2018.

的关键词，对关键词进行消歧处理；其次，利用统计产品与服务解决方案（SPSS）软件统计每个关键词的词频，笔者选取频次不小于 5 的 N 个关键词作为高频关键词，由于高频词不能完全表现出该领域的研究主题，因此进一步统计 N 个高频词在文献中共同出现的次数，采用 Excel 软件构造共词矩阵。

（2）基于共词矩阵进行聚类分析

聚类分析的目标是同类中对象具有较高相似度，不同类间对象具有较大相异性。笔者利用 SPSS 软件对共词矩阵进行聚类分析，通过得到的聚类结果来确定文献间的相似性，结合文献分析法对聚类结果进行详细分析，以确定研究专题及其内容。

二、国外研究现状

笔者在百度学术中以 " research data ｜ scientific data ｜ long tail ｜ small scientific data ｜ science data, management ｜ sharing ｜ open ｜ curation ｜ service" 为关键词进行检索，根据研究内容剔除与主题不符的期刊文献，下载相应的题录数据，采用关键词共现分析法进行研究。笔者基于高频关键词聚类群体划分结果，采用文献分析法确定了国外科学数据共享研究的七个专题。

科研人员科学数据共享的动力和障碍分析一直是科学数据共享领域讨论的热点和焦点问题，研究者围绕是否应该共享、有何益处、存在哪些障碍等问题展开讨论。研究者从科学研究发展的需要以及科研人员对科学数据的要求出发，分析了科研人员科学数据共享的动力和障碍。

1. 科学数据共享的动力

20 世纪 70~80 年代，国外研究者针对科学数据共享和开放的推动力进行了初步的探讨。国外研究者认为，科学数据共享可以促进开放科学质询，增强对初始研究结果的证实、反驳或精炼，在现有研究结果基础上开展新研究，在政策的形成和发展中形成更合理的数据使用规定，改善测量和数据收集方法，发展理论知识和分析技术，鼓励多样化、多方位的观点，提供研究培训资源，防止错误数据以及营造科学研究与决策碰撞的氛围。

随着大数据及共享经济的发展，对国外科研人员科学数据共享积极因素的分析主要从推动整个社会科学研究的发展，避免数据信息资源重复浪费，促进跨学科、跨区域科学研究合作等方面进行探讨。其主要有以下几方面：第一，支持科学质询，方便证实研究结果的正确性和有效性。笔者通过对多个专家学者的文章或工作报告等相关的支撑数据或研究结果数据等进行验证，从而为证实其他科研人员的科学研究是否存在错误和偏差提供验证途径。第二，为科研人员后续研究提供基础数据，促进相关科学数据的长期有效的管理，为孤立数据提供专业的存储空间。第三，提高研究人员和研究结构的声誉，进而提高学科的声誉。科学数据共享可以增加与其他科研人员和科研机构的合作，通过在一定的学术圈范围内的科学数据的有效利用，进而通过引用和对相关研究成果的证实研究，提高科研人员和研究机构的知名度。第四，从宏观层面看，可有效利用有限的资金，避免重复研究带来的资金浪费和研究的重复性与无用性。

2. 科学数据共享的障碍

科研人员科学数据共享一直被探讨、分析和推广，但科学数据共享的实践和发展仍存在诸多障碍，科研数据共享影响也是国外学者研究的热点之一。

笔者梳理近 30 年来的研究，发现科研人员科学数据共享的障碍主要有以下几个方面：第一，投入回报的问题。毫无疑问，不管什么专业的科研人员在科研过程中产生的科学数据都是要花费一定的时间、金钱和人力物力，而研究成果（文章）的出版则是对科研人员劳动付出的回报或名誉的保证，而科学数据的共享以何种方式来保证对作者回报的问题亟待解决，即投入与回报的比率。第二，知识产权等相关法律问题。科学数据的公布和再利用等过程中涉及一系列的法律问题。例如，科研人员如何保护自己对科学数据的所有权，如果遇到侵权的话，可以通过何种有效的法律手段保护自己的相关利益。这些都是科学数据共享过程中需要持续关注的法律问题。第三，科学数据共享平台不足，例如缺乏实时海量数据的交换机制、数据交换性能不足、缺乏数据准入制度、缺乏数据质量的监督机制等。第四，对科学数据的错用、误用和错误诠释带来的影响以及对数据原始调查者的潜在危害。

上述科研人员科学数据共享面临的重要障碍，其对科学数据共享障碍作用的程度以及解决方法等仍有待进一步研究。

3. 科学数据共享的整体性认知

科学数据的生产者是科学数据共享的重要参与者，其态度在较大程度上决定着科学数据共享的进程和发展。国外研究者针对不同学科领域的研究者对科学数据共享的态度和认知展开了调查分析。Adrian M 对 6 344 名研究者进行在线调查，发现 67% 的研究者认为获取研究的支撑数据十分必要，75% 的研究者希望获取他人的研究数据，表示愿意提供数据给他人的研究者占 52%。研究结果表明，多数研究者认为科学数据共享对科学研究具有重要意义，但研究者共享自己研究生产的数据时顾虑较多①。Neela E 针对生物多样性领域专家对科学数据共享的态度进行调查。结果显示，该领域专家愿意参与科学数据的开放和共享，但未付诸行动的原因来自技术和社会两个方面，包括研究者对科学数据共享缺乏控制、花费时间、缺乏统一的标准、数据错用、保密问题等方面的担忧。研究者调查显示作者不愿共享数据的原因是担心数据共享之后可能会揭示研究中的错误或再分析会生成与原结果相反的结论。当数据报道错误对统计本身具有重要影响时，不愿共享数据的现象更加明显。作者认为需要建立强制性的数据保存政策②。

4. 科学数据库和机构知识库研究专题

本专题研究内容包括：cyberinfrastructure 和 e-science 背景下的数据管理资源、数据管理政策、数据管理计划、策略和实施步骤研究；信息基础设施建设方案及实践研究；数据库资源、元数据存储库、网络数据仓储、科学数据重用研究、长尾数据共享研究、小科学机构库构建等科学数据库的建设与应用实践研究；数据管理服务制度、方法和服务路径研究；数据网格、Web2.0 等新技术应用研究③。

5. 图书馆科学数据服务研究专题

新的学术交流体系中，科研人员正在利用最新的计算技术等生产着大量的科学数据，此类数据所支撑的观念反过来传播了新的方法和知识。这对图书馆数据管理者的角色和责任提出了更高的要求。本书的研究内容包括：图书馆科学数据管理及服务的机会与挑战，服务实践与最佳做法研究；管理与服务的合作机制研究；科学数据的服务发展、服务需求和服务评估研究；科学数据管理培训研究。

6. 科学数据共享的相关政策法规

科学数据共享涉及多方利益，因此其政策法规的研究也涉及多方主体，包括科学数据生产者、资助机构、期刊出版者、数据再利用者、第三方存储机构、研

① Adrian M, Michael M. The effect of the internet on researcher motivations, behavior and attitudes [J]. Journal of Documentation, 2011, 67 (4): 290-311.

② 黄如花, 邱春艳. 国外科学数据共享研究综述 [J]. 情报资料工作, 2013, 34 (4): 24-30.

③ 彭秀媛. 农业科学数据共享模式与技术系统研究——以辽宁省为例 [D]. 北京：中国农业科学院, 2018.

究的调查对象等。科学数据共享的政策法规研究从整体来看多从科学数据的发布、再利用、知识产权等方面展开，国际组织和国家都制定了一系列的法规政策，旨在规范科学数据共享过程，其主要体现在宏观、中观和微观层面上。

7. 共享模式方面

国外科学数据共享主要有两种形式，一种是公益性的完全开放式共享，另一种是商业性的开放模式。公益性数据共享多是由国际组织或者国家政府部门投资产生或收集的科学数据，向全社会实行公益性无偿共享。最能体现公益性科学数据共享政策的是美国的"完全与开放"（full & open）政策，政府的大部分数据没有版权限制，任何单位和个人均无须取得许可或告知数据提供者用途，可以对联邦政府数据进行拷贝、分发、销售，而且提供共享也不再向用户收取数据采集、处理、保存等费用。其中 2009 年上线的政府数据网站就是美国政府数据开放的典型，其通过让数据走出政府来创造更多的价值，同时推动政府的信息公开透明度。商业化运行模式指数据投资者与使用者之间发生直接利益关系，实行有偿共享。欧洲主要采用此种模式，政府数据也有版权限制，要获取数据必须经过相关机构的许可并支付一定的成本费或商业费。比如英国气象局在向社会公众提供气象服务的同时，兼具行政管理和产品研发等职能。具体操作是在内部设立市场营销部门，直接参与市场竞争，逐渐形成私营企业与公共部门的竞争格局，避免数据垄断，通过竞争机制改善科学数据的质量和完善数据服务应用，营造公平有序的科学数据共享环境。

三、国内研究现状

在知网中以"科研人员/科学数据/科研数据/科学数据管理/数据共享/科学数据开放获取/数据信息资源共享"为关键词进行检索，根据研究内容剔除与主题不符的期刊文献，共获得文献1 193篇①。下载相应的题录数据，笔者采用关键词共现分析法进行研究。基于高频关键词聚类群体划分结果，笔者采用文献分析法确定了国内科学数据共享研究的 6 个专题。

1. 科学数据共享研究现状计量可视化分析

（1） 1988—2020 年总趋势

图 1-1 为 1988—2020 年科学数据发文量趋势。

---

① 截止日期为 2021 年 1 月 21 日。

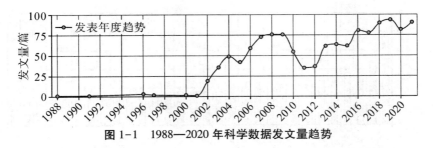

图 1-1　1988—2020 年科学数据发文量趋势

（2）主要主题分布

图 1-2 为科学数据共享主要主题分布。

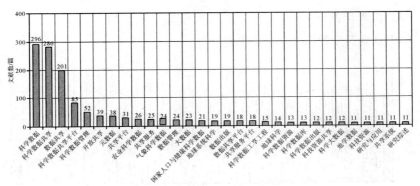

图 1-2　科学数据共享主要主题分布

（3）次要主题分布

图 1-3 为科学数据共享次要主题分布。

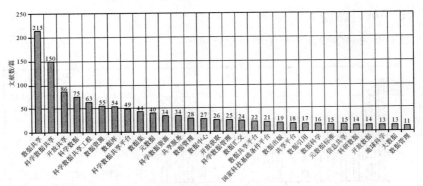

图 1-3　科学数据共享次要主题分布

（4）中国作者分布

图 1-4 为科学数据共享中国作者分布。

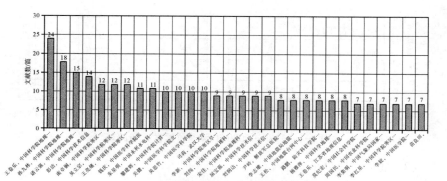

图 1-4　科学数据共享中国作者分布

（5）海外作者分布

图 1-5 为科学数据共享海外作者分布。

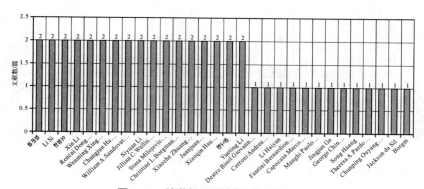

图 1-5　科学数据共享海外作者分布

（6）中国机构分布

图 1-6 为科学数据共享中国机构分布。

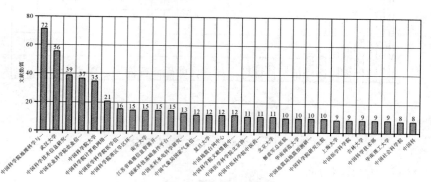

图 1-6　科学数据共享中国机构分布

2. 国内科学数据共享研究专题

国内对科研人员科学数据共享的研究主要分为科研人员科学数据共享意愿、科研人员科学数据共享影响因素、科研人员科学数据共享行为分析、科学数据共享政策分析、科学数据出版与引用科学数据共享平台六个主题,其中科研人员数据共享意愿研究及影响因素分析是重点。

（1）科研人员科学数据共享意愿

科研人员科学数据共享意愿以吴丹、陈晶、罗晓兰、李明及廖球、刘伟勤、莫崇菊的研究为代表,分别从医学领域、地域及期刊论文投稿的角度分析了科研人员的科学数据共享意愿。吴丹等利用改编的五等级李克特量表调查了医学从业者对科学数据获取的需求,结果表明:参考别人的科学数据的需求量最大,尤其是公开发表的论文数据;使用别人的元数据的需求量最小,主要是因为不了解元数据的收集渠道、收集方式等[①];罗晓兰等利用五等级李克特量表探讨了期刊数据共享政策对投稿意愿的影响,调查结果表明:34.4%的作者会因投稿过程要求提交数据而影响投稿意愿,42.2%的作者会因文章发表后的数据共享政策而影响再次投稿[②];廖球等对广西26所本科院校进行了问卷及官网调查,发现91.7%的科研人员认为科研数据管理与长期保存重要,84%的科研人员愿意把数据保存在科研团队或学校自建的科研平台上且大部分科研人员愿意共享自己的数据。

（2）科研人员科学数据共享影响因素

我国对科研人员科学数据共享影响因素的研究主要有两个层面:一是我国科研人员科学数据共享影响因素研究综述,以郑琳的《科研人员数据共享意愿及影响因素研究述评》为代表,系统总结我国科研人员科学数据共享影响因素的相关研究,将其总结为个人背景、外部政策、共享成本、支撑技术及数据质量几个方面;二是以计划行为理论TPB为基础,采取问卷调查的方式对科研人员数据共享影响因素进行分析,以何琳、张晋朝的研究为代表。何琳等基于TPB与技术接受模型TAM,构建了科研人员数据共享意愿模型,并对科研人员数据共享影响因素进行问卷调查,调查结果表明:科研人员数据共享的

---

① 吴丹,陈晶. 我国医学从业者科学数据共享行为调查研究 [J]. 图书情报工作, 2015, 59 (18): 30-39.

② 罗晓兰,李明. 国内期刊论文科学数据共享中策与投稿意愿研究 [J]. 中国科技期刊研究, 2017, 28 (8): 696-703.

直接影响为态度和主观规范，而感知行为控制、感知风险、感知有用性通过影响科研人员数据共享态度从而间接影响科研人员数据共享行为①；张晋朝基于TPB和认知整合理论构建了科学数据共享意愿概念模型，同样对科研人员数据共享影响因素进行了问卷调查，调查结果显示：主观规范是科学数据共享意愿的直接显著性影响因素，信念是科学数据共享意愿的间接影响因素，而科研人员的自我价值感知、互惠预期、人际信任、形象则是形成信念的重要维度②。

（3）科研人员科学数据共享行为分析

科研人员科学数据共享行为分析主要从科研人员的数据共享行为动机、共享细节、模型等角度入手，以吴丹、庄倩等人的研究为代表。吴丹、陈晶从医学从业者的角度出发，对其产生的数据类型、数据来源、数据存储与获取等行为进行调研，并对比分析了不同类型医学从业者和不同人群的科学数据共享行为差异；庄倩、何琳从演化博弈理论框架出发，构建了参与科研数据共享的人员之间的演化博弈模型，分析了科研数据共享的动态演化过程③。

（4）科研人员科学数据共享政策分析

科研人员科学数据共享政策分析主要分为两部分，一部分为中国科学数据共享政策的研究分析。中国科学数据共享工程启动以来④，虽未制定专门的法律条款来约束科学数据共享行为，但在标准规范、规章制度等方面取得了丰富的成绩，分析结果以路鹏、苗良田等人的研究为代表。路鹏在《科学数据共享领域的政策规范和法律规范》一文中提到，2008年中国已建或正在建的规章制度或标准规范有：《国家科技计划项目科学数据汇交暂行办法（草案）》《科学数据共享工程管理办法》《科学数据共享监督办法》《科学数据共享知识产权保护规定》《科学数据共享条例》《科学数据共享主体数据库存建设规范》《科学数据发布办法》《科学数据保密规定》《国家科学数据中心（网）管理

① 何琳，常颖聪. 科研人员数据共享意愿研究 [J]. 图书与情报，2014，(5)：125-131.
② 张晋朝. 我国高校科研人员科学数据共享意愿研究 [J]. 情报理论与实践，2013，36 (10)：25-30.
③ 庄倩，何琳. 科学数据共享中科研人员共享行为的演化博弈分析 [J]. 情报杂志，2015，34 (8)：152-157.
④ 科技部. 科学数据共享工作研讨会在京召开 [EB/OL]. [2006-10-31]. http：//www. most. gov. cn/kjbgz/200610/t20061027_ 37424. htm.

办法》《科学数据共享工程试点遴选和检查评估办法》《科学数据质量管理办法》等①。除此之外，中国还制定了《科学数据分类分级共享及其分布策略》《科学数据管理办法》等规章制度。另一部分为对国外科学数据共享政策的分析，以刘韫照、刘文江、刘莉、刘文云等人的研究为代表。刘韫照等在《世界一流高校科研数据管理政策研究》一文中对2019年"QS世界大学排名"前100名高校科研数据管理政策进行详细调研，提出对中国高校科研数据管理政策制定的6个方面的借鉴意见②。刘莉等从政府、科研资助机构、高校三个层面调研了英国科研数据管理与共享政策，并从政策制定目的、管理内容与要求、责任归属等总共6个方面进行详细分析，并对中国构建科研数据共享政策提供建议。

（5）科学数据出版与引用

本专题研究内容包括：数据出版研究现状、进展及挑战研究；数据出版模式、体系框架及基础设施需求研究；数据出版权益政策、数据质量控制研究；科学数据引用现状及研究进展；科学数据引用的实现路径、策略及评价研究。

（6）科学数据共享平台

有学者调研我国科研数据管理与共享平台建设现状、特点及发展模式，并从科研数据管理与共享政策、数据资源、科研数据管理及附加服务和平台功能4个方面对各平台对照剖析，总结存在的不足并提出由图书馆主导建立科研数据管理与共享平台；基于学科服务平台或机构知识库建设平台；制定统一的共享政策规范；重视用户数据素养的培育，丰富科研数据资源等发展建议③。有学者针对国内科学数据共享平台建设现状进行分析，总结其特点与不足，进而提出以开放的思想进行共享平台的顶层设计、丰富服务方式、充实服务内容、强化风险管理等措施，以提升国内科学数据共享平台建设与服务的绩效。也有学者调研北京大学学者对数据管理服务平台的需求，从平台的综合定位、合作机制、系统选型、元数据方案等方面介绍平台建设内容和应用效果④。

---

① 路鹏，苗良田，莫纪宏，等. 科学数据共享领域的政策规范和法律规范［J］. 国际地震动态，2008（4）：35-41.

② 刘韫照，刘文江. 世界一流高校科研数据管理政策研究［J］. 大学图书情报学刊，2020，38（3）：31-41.

③ 刘兹恒，曾丽莹. 我国高校科研数据管理与共享平台调研与比较分析［J］. 情报资料工作，2017（6）：90-95.

④ 朱玲，聂华，崔海媛，等. 北京大学开放研究数据平台建设：探索与实践［J］. 图书情报工作，2016，60（4）：44-51.

第三节 研究方法

本节内容主要分为三个部分：在分析本课题研究逻辑的基础上，提出研究假设；确定本课题在研究方法上的基本取向；详细说明本课题所采用的研究方式，资料收集与整理的程序以及具体的数据分析方法。

从科研人员科学数据共享的文献来看，目前的相关研究成果主要采用了问卷调查、社区访谈等社会调查方法和社会交换理论、案例研究等社会学研究方法。这种研究特点与科学数据共享的性质有很大关系。

常用的社会学研究方式有5种，即调查研究、文献研究、实地研究、比较研究和实验研究，每一种方式都可以独立地走完一项具体研究的全部过程。本书主要采用了前4种，其中，调查研究主要运用抽样调查和自填式问卷的方法，在此基础上进行数据统计分析；文献研究涉及5大类的文献资料，具体包括与重大事件或公共管理等相关的著作、学术论文、事件申办或影响评估报告、官方网站信息和新闻报道；实地研究主要采取非结构性访谈（深度访谈）和社区考察的方式；比较研究则主要采用历史比较和类型比较的思维方式。

一、有效资料整理

2020年1月—2021年1月，本书撰写完毕，资料的收集、整理和保存有课题组特定的安排和纪律，形成了结构化数据、非机构化数据和半结构化数据。具体如表1-1所示。

表1-1 课题资料收集方法一览表

研究方法		具体操作办法	人数	时间
1	文献研究	广泛查阅相关文献	3	2020.2—2020.3
	专家访谈	咨询四川省社会科学院郭××研究员、张××研究员、虞××副研究员、陈××副研究员等，西南民族大学姜××教授、四川大学蒋××教授、纪××副教授	3	2020.2—2020.4
	主要目的	明确研究问题，提出研究假设		

表1-1（续）

	研究方法	具体操作办法	人数	时间
2	问卷调查	一是面对面访谈式调查，主要针对四川省社会科学院科研人员和在读硕士研究生；二是网上问卷调查，主要是利用问卷星，主要针对四川大学、西南财经大学等	4	2020.4—2020.9
	数据统计分析	对调查问卷的相关结果进行统计分析	5	2020.10—2020.12
	主要目的	假设检验，构建数据共享模型，评价四川省科研人员科学数据共享现状		
3	头脑风暴	列举和遴选四川省数据共享制度较完善的单位；专家学者数据共享中遇到的个例分析	8	2020.10
	比较研究	省内外数据共享比较；全国社会科学院数据共享比较；四川省内高校、科研机构数据共享比较	3	2020.11
	主要目的	案例分析；从单位角度对四川省数据共享进行分析		
4	文献研究	研读数据共享管理相关政策和政策绩效评方面的文献	1	2020.12
	专家意见	通过电子邮件、微信、电话等方式，向相关专家递送课题研究报告"对策建议"	3	2021.1
	案例研究	对数据共享过程中代表性案例进行搜集、整理和深入分析	4	2020.12
	主要目的	四川省科研人员科学数据共享的对策建议		

二、文献研究

由表1-1可以看出，文献研究方法贯穿本书研究的全过程，收集和查阅的文献主要包括数据共享、交换理论、信息行为等方面的著作、学术论文、研究报告和新闻报道。很多资料都是从成都市公共图书馆数字资源共享平台、四川省社会科学院图书馆、西南财经大学图书馆、四川省图书馆、知网获得。另外，一些省级、市级政府网站和一批著名学术机构的网站也为本书提供了丰富而有用的信息，例如中国政府网、中国社会科学网。

本书在选择参考文献时主要遵循三个原则：①选择性原则，收集与本研究相关性紧密的文献，且精选精用；②影响力原则，选择在数据共享、模型构建领域有影响的学者的研究成果；③逆势性原则，选择近期的、现时的本领域的最新研究成果。

本书的文献资料分类及收集方法见表1-2。

表1-2　本书的文献资料分类及收集方法

文献类型	主要来源	获得方式	数量
著作	数据共享	购买，图书馆借阅，电子书籍	15 本
	信息行为、信息经济学		6 本
	政策绩效、制度绩效		5 本
论文	数据共享	中国学术期刊网；中国学位论文数据库；成都市公共图书馆数字资源共享平台	345 篇
	信息行为、信息经济学		85 篇
	政策绩效、制度绩效		46 篇
	研究方法与技术		10 篇
问卷	数据共享问卷	问卷星、百度学术	21 份

三、主要研究方法

研究方法是为研究问题的解决服务的，合适正确的研究方法才能符合所研究问题的特点与性质，并且可以最终全面、精确地回答和解决该问题。对于研究方法的选择应当对当前研究的问题有较为全面的认识和理解，以便将风险降到最低。

1. 文献研究方法

笔者充分利用数据库文献和网络文献等渠道获取国内外相关研究成果。中文数据库主要利用中国知网中的"中国期刊全文数据库""中国优秀博硕论文全文数据库""国内外重要会议论文全文数据库"。外文数据库主要利用 web of science 数据库以及网络资源。在梳理和归纳国内外有关科学数据、科学数据共享、关联数据方面的研究现状和发展趋势基础上，笔者根据目前科学数据共享现状，分析和吸取已有关联数据应用于实践中的先进思想和实践经验，为基于关联数据的科学数据共享模型的构建提供参考。

2. 对比分析法

在相关领域的研究现状及理论研究中，笔者对比分析国内外科学数据、科学数据共享、关联数据的研究成果，理清国内与国外研究上的特征与差别，完成本书理论部分的梳理与综述。

3. 模型化方法

模型是对客观世界的抽象表现，可以高度揭示事物的形态和本质。本书在理论研究基础上，采用模型化的方法构建了科学数据共享模型，直观清晰地表现出利用关联数据解决科学数据共享问题的具体流程和层次①。

4. 质性研究方法

本书选取以 Strauss & Corbin（1997）为代表的程序化扎根理论，并严格按照"提出研究问题→文献探讨→资料收集→数据处理→构建理论"的步骤开展质性研究。其中，在资料收集步骤采用的是深度访谈法，本书选取了 25 位专家（20 位从事学术研究和 5 位从事科研管理工作的人员）作为专家组成员，对每位专家进行长达 30~60 分钟的半结构化深度访谈，最后整理成万余字的访谈文本记录以供分析。在数据处理步骤，笔者按照"开放性编码（open coding）→主轴性编码（axial coding）→选择性编码（selective coding）"的步骤对访谈文本资料进行编码分析，提炼出概念范畴，并最终提炼出科研人员科学数据共享的影响因素与影响效应理论模型，为实证模型的提出做出铺垫。

5. 问卷调查方法

本书采用问卷调查的方法进行数据收集。首先，在文献梳理和逻辑推演的基础上，构筑理论分析框架；其次，结合质性研究，整理修订完成本书所需要的初始量表问卷；再次，采用小样本调研数据对初始问卷进行验证修订以形成正式量表问卷；最后，进行大样本数据收集，并运用 SPSS 和 MPLUS 统计分析软件对数据进行分析，验证变量之间的相关系数、量表的信度和效度等必要信息，并通过直接效应检验、中介效应检验、调节效应检验以及有调节的中介效应检验等量化分析方法对研究假设进行验证

---

① 吴红瑶. 基于关联数据的科学数据共享模型研究［D］. 大连：辽宁师范大学，2018.

第四节　研究技术路线与研究框架

一、技术路线

本书是四川省 2018 年统计专项课题"四川科研人员科学数据共享行为的理论模型构建及测度实证研究"（课题编号：SC2018TJ021）的延伸性课题成果，研究范围从四川省拓展到全国。本书的名称首先定的是"科研人员科学数据共享行为及对策研究"，后来在多名专家和出版社编辑的指导下进行了多次修改，最终将研究题目确定为《共享经济模式下科研人员科学数据共享行为范式变迁与创新路径》。

在充分听取相关专家意见的基础上，本书遵循了"查阅文献资料、专家访谈、现实问题分析→界定选题→提出研究假设→确定研究方法→问卷调查结果和统计数据分析→验证研究假设→进行实证研究→提出政策建议"的思路，所采取的研究技术路线如图 1-7 所示。

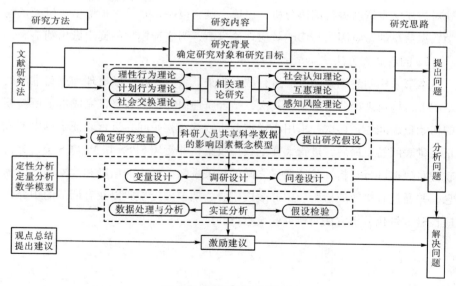

图 1-7　研究技术路线图

二、研究框架

本书立足于有限目标的方案设计，理论研究与实证研究相结合，分三个阶段展开研究。

第一阶段，笔者首先对问题进行分解，以现有文献调研、态度行为关系理论和信息技术接受理论为基础，结合探索性访谈结果，提出本书的理论模型，进行研究假设，明确变量的界定与测量方法，设计调查问卷，对理论模型与调查问卷进行质量控制。

第二阶段，笔者完成实证调研，运用本书设计的调查问卷，进行相对小范围的预调查，根据调查结果，通过信度分析、效度分析、因子分析等方法，对调查问卷的科学性与合理性进行验证，并据此进行必要的修正[①]。通过多种途径进行大范围的调查研究，利用 SPSS 软件等，对调查结果进行深入的统计分析。

第三阶段，根据调查结果，笔者对科研人员科学数据共享的理论模型进行检验，探索当前科研人员科学数据共享行为特征、共享意愿和共享障碍，在此基础上提出科研人员科学数据共享的优化路径与发展策略。

三、研究思路

本书通过理论分析先行、实证分析佐证的方法，探索了对科研人员进行科学数据共享意愿与行为有显著影响的因素并提出激励建议，希望借此对我国科学数据共享进程做出一定贡献。具体的研究思路如下。

首先，笔者大量阅读文献并全方位收集网络资源，通过文献研究法对科学数据共享的现有研究进行梳理分析，借鉴在共享领域已经相对成熟的知识共享相关的研究内容和方法，明确本书的探究内容和方法，结合现有研究文献以及本研究的一些特点，初步总结出影响科研人员进行科学数据共享意愿和行为的因素，并深入研究影响因素相关的理性行为理论、计划行为理论、社会交换理论、感知风险理论、互惠理论，结合以上理论构建出理论模型，并对模型进行理论假设。

其次，笔者根据提出的理论假设以及前人对不同影响因素的题项设计，设置出本书的调查问卷，通过问卷星并利用微信扩散实现问卷的发放和收集，获

[①] 袁顺波. 开放存取运动中科研人员的参与行为研究 [D]. 南京：南京大学，2013.

得 251 份来自全国各地的样本数据。

再次，笔者运用统计分析软件 SPSS 和问卷星上的相关统计数据模型，根据研究需要及要求采取相应的数据处理方法并对收集的数据进行实证分析，并对结果进行分析描述以验证模型假设。

最后，笔者根据假设以及实证分析得出影响科研人员进行科学数据共享意愿和行为的显著影响因素，针对这些因素提出合理的激励建议，希望能够对我国科学数据共享的进程起到一定的促进作用。

第五节　研究创新点与目标读者

一、研究创新点

首先，国内关于科学数据共享的研究很多还是具体到平台技术创新、科学数据共享方式、科学数据共享管理等宏观方面，只有少部分研究侧重科研工作者共享行为和意愿的影响因素。科研工作者作为科学数据共享工程中科学数据的提供方，其共享意愿和行为是需要得到重视的，科研工作者共享科研数据的积极与否直接影响科学数据共享全盘的活跃度，关注影响科研工作者科学数据共享行为和意愿的影响因素并针对显著影响因素提出相应的激励建议的研究是目前鲜有的。

其次，在理论研究以及模型构建方面，本书结合互惠理论等相关理论相关概念设置变量，设置科研人员科学数据共享的主要影响因素。互惠理论应用到科研人员科学数据共享的研究中应用较少，也没有具体细分到互惠规范层面，本书参考国外关于互惠理论的相关研究并设置影响因素，在理论层面上具有一定的创新意义。

最后，本书是基于互惠交换理论来研究科研人员科学数据共享意愿和行为，并且通过结构方程模型验证的理论假设为基础确立激励因素，进而提出激励建议，具有一定的创新性和现实意义。

二、目标读者

国外关于科学数据共享的相关研究结论的适用性和效度需结合我国人文社

会科学发展实践进行检验。国内学界关于科学数据共享和科研人员科学数据共享的研究，取得了丰硕的研究成果，但是研究思路和研究视角相当聚焦，形成了高度统一的研究规范与传统。

本书将著名的 TPB 态度行为关系理论和 UTAUT 信息技术接受模型引入科研人员科学数据共享中，两者都遵循"行为态度—行为意向—使用行为"的分析逻辑。因此本书将行为态度作为行为意向的前因变量，遵循"认知信念—行为态度—行为意向—使用行为—使用绩效"的分析逻辑，构建了科研人员的参与数据共享行为模型框架，并以全国各大院校的 251 份样本为例进行实证研究，以期得出一些有意义的结论。这在事件文献信息学研究领域是一个崭新的视角。从这个意义上来说，本书的首要目标读者是文献信息学领域的专家学者。

从性质上讲，本书属于应用性研究，其主要实践意义在于为科研管理者尤其是一些政府相关管理部门在制定数据共享过程中"明确数据共享的范围、了解数据共享障碍、制定科研人员参与数据共享的有效途径等"提供理论指导。因此，本书的另一类重要读者便是与科学数据共享有关的政策制定者，例如各省规划办公室、国家社会科学基金、自然科学基金等项目的管理者。

此外，除了会直接影响公共管理者是否能顺利地执行某项数据共享决策，科学数据共享政策还和在读本科生、硕士研究生、博士研究生等息息相关，因此，各地院校在校学生也是本书的读者。

综上所述，本书的受众较广，不同类型的读者能从中获得不同的启示，如表 1-3 所示。

表 1-3　本书的目标读者及对应价值

对象	主要作用
同行业的专家学者	为科学数据共享研究提供一种新的研究视角，并呼吁学术界和政策制定者重视科研人员研究过程中的数据共享
公共管理者	为制定科学数据共享政策提供理论依据和政策建议
在校学生（本科、硕士研究生、博士研究生）	帮助他们更好地理解自己在科学数据共享中的角色，并增强他们积极参与数据共享的愿望和能力

第二章　科研人员科学数据共享的相关理论分析

为了研究科研人员科学数据共享的发展趋势与战略选择，我们需要对科学数据共享的相关理论基础进行系统分析。本部分首先分析了科学数据共享的发展历史、概念内涵、性质及其分类，进而归纳总结了科研人员科学数据共享的一般经济学基础、信息经济学基础、资源经济学基础、管理学基础、社会经济学基础及法理学基础等，以此作为共享的相关理论基础。最后介绍了国际科研人员科学数据共享发展的趋势，作为对国内研究的借鉴。

第一节　科学数据共享的发展历史

科学数据的开放共享一直是人文社会科学和自然科学界的追求，也是制约我国科学研究事业发展中的瓶颈和难点之一。人类正在进入信息化时代和共享经济时代，科学数据成为各国重要的战略资源。作为 21 世纪最为重要的资源，数据被定位为基础资源，现在是大数据时代，这个资源必须共享才能发挥最大效应①。科学数据共享已经成为政策制定者、研究者关注的基础性领域。发达国家对于科学数据的管理与共享关注得较早，发展中国家的关注也日益增加。例如，1990 年美国航空航天局决定建立"分布式最活跃数据档案中心群"，标志着美国国家层面上的科学数据共享工作的开始。美国自此之后开展了大量的

①　孙九林. 科学数据是重要的战略资源［N］. 光明日报，2018-04-06(2).

系统性研究，成果颇丰。2002 年 11 月由徐冠华部长主持召开的以科学数据共享为主题的第 196 次香山科学会议，标志着我国的科学数据共享进入新阶段。总体而言，科学数据共享大致经历了三个发展阶段：起源阶段、发展阶段、快速发展阶段。

将问题更清楚地与时间联系起来，有助于理解科学数据共享问题的根源以及知晓为了解决问题所采取的行动。目前的事件或趋势通常由过去的某个事件作为它的起源，而它和它产生的冲击将会导致未来某个事件的发生，同样，未来发生的事件也会有相似的影响①。

科学数据是现代科学可持续发展的重要资源。纵观科学数据管理历程，人类社会经历了漫长的手抄和印刷时代②，在此期间，科学数据量不大，科学数据只能以纸质的形式在有限的空间、有限的时间跨度范围内有限共享。

因此，科学数据共享的发展经历了一个长期的积累过程，由量变向质变的飞跃过程。从 17 世纪开始，科学数据共享的重要性被一些著名科学家所认识，但是一直到 20 世纪后半期才被正式以科学的形式提出来，加快了这个领域的研究发展。

20 世纪末期，全球的科学技术出现了一个高速发展时期，科学数据的积累和利用成了迫切需要解决的重大问题，加快了推进科学数据共享的步伐。

进入 21 世纪，随着全球科技竞争日趋激烈，重大科技项目的研究开发迫切需要国内外科学数据的交流与共享，因此科学数据共享进入一个快速发展阶段。

第二节　科学数据的概念及性质

一、相关术语概念

1. 科学数据

科学数据主要指在自然科学、社会科学领域，通过基础研究、应用研究、

---

① 杰夫·科伊尔. 战略实务：结构化的工具与技巧［M］. 常东亮，王春利，译. 北京：中国人民大学出版社，2005.

② 郭明航，李军超，田均良. 我国科学数据共享管理的发展与现状［J］. 西安建筑科技大学学报，2009，28（12）：83-88，100.

试验开发产生的数据及通过观测监测、考察调查、检验检测等方式取得并可用于科学研究活动的原始数据及其衍生数据。国家科学数据共享工程对科学数据的定义是人类在认识世界、改造世界的科技活动中所产生的原始性、基础性数据以及按照不同需求系统加工的数据产品和相关信息①。根据相关文献资料，科学数据研究对象首先是自然科学领域，随着互联网技术的发展，社会科学领域的科学数据逐渐进入人们的视野，逐渐成为研究的重点和热点。科学数据具有科学价值、社会价值和经济价值，是人类社会科技创新的重要基础，也是经济社会发展决策的科学依据，更是国家创新体系中最活跃的因素之一②。

当前，科学数据主要包括两个层次。第一个层次是部门数据：主要为社会公益性事业部门所展开的大规模观测、探测、调查、实验和综合分析所获得的长期积累与整编的海量数据；第二个层次是个人数据：主要是大量的科研工作者长年累月科学实践所产生的海量数据。本书的重点是第二个层次：科研人员的科学数据。

2. 科学数据资源

科学数据资源是指通过观测、探测、监测、实验和现场的调查直接获取的科学数据、资料以及相关信息资源，它是数据生产者、数据本身、信息技术的有机集合体。科学数据资源是人类社会经济活动中存在或经过加工处理并大量积累后的有用数据集合（严冬梅，2005），例如科学数据相关政策法规、市场公开的数据、金融数据、经济统计数据等。值得关注的是，并不是所有的科学数据都是资源，要使其成为资源并实现其效用和价值，就必须借助"人"的智力和现代信息技术手段等。

本次研究主题的科学数据资源主要包括三部分：数据库（一手数据和二手数据）、调查报告（未公开的阶段性调研报告、非正式报告以及结题调研报告）和课题申请书（国家社会科学基金、国家自然科学基金、省规划课题、省软科学、市软科学等）。本书研究的主体为科研人员，即借助科研人员的智力和相关的统计软件、网站平台等现代化的信息技术手段，使科研人员研究过程中产生的一些数据成为资源，实现数据的效用和未被重视的价值。

---

① 张莉. 中国农业科学数据共享发展研究［M］. 北京：中国农业科学技术出版社，2007.
② 朱庆华. 四川社会科学数据开放与共享机制研究［M］. 成都：西南财经大学出版社，2018.

3. 科学数据共享

大数据时代，科学数据被视为未来影响力最广泛的资源，其科学价值的实现推动着科学研究的进步。科学数据的经济价值不仅由数据提供者创造，还可以通过数据使用者带来更灵活的经济效益。科学数据的共享能够打破数据垄断，缩小"数字鸿沟"，对促进社会全面发展具有重要意义①。对于科学数据共享一直没有明确的概念界定，但学者从未停止讨论。

共享的意思是分享，将一件物品或者信息的使用权或知情权与其他所有人共同拥有，有时也包括产权。科学数据共享是指群体（单位、部门、组织、项目、课题等）以及个人采集、加工整理、存贮所建立的科学数据资源提供给数据持有者以外的人群使用行为。但是共享经济影响下的科学数据共享并不是将自有数据全部免费或无条件地贡献出来，数据使用者必须遵守相关的约定或者互利互惠，有潜在或预期的回报。第一层次的科学数据共享一般是通过若干数据库中心，实现数据基于计算机网络的资源化管理，可以让科学研究人员和社会公众能便捷获取最低廉成本的数据和最真实的数据。第二层次的科学数据共享主要有三种方式：私人共享、团队共享、开放共享。两个层次的数据共享差异性显著，互为补充，第一层次数据为科研人员提供宏观数据基础，同时可以使科研人员的科研成果得到最广泛的传播和利用，第二层次可以为第一层次提供微观数据库和相关的调研成果，为下一步的宏观调查选择样本提供基础。

因此，本书中的科学数据共享是指，不同地区、不同层次、不同部门、不同学科间，科学数据和科学数据产品的交流与共用。即把科学数据这一种在互联网时代中重要性越趋明显的资源与他人共同分享，以便更加合理地配置资源，节约社会成本

4. 科学数据信息资源共享

科学数据信息资源共享是指，运用现代信息技术，在一定法律法规体系和科学伦理道德范围内，实现科学数据信息资源的共建和开放利用，用最小的代价最大限度地利用数据资源，提高科学数据资源的使用效率，充分挖掘潜在的数据价值。

本书中的科研人员科学数据资源共享，是指科研人员围绕科学数据的形

---

① 吴红瑶. 基于关联数据的科学数据共享模型研究［D］. 大连：辽宁师范大学，2018.

成、传递和利用而开展的共享活动、管理活动和服务活动。科学数据资源的形成阶段以信息的产生、记录、收集、传递、存储、处理等活动为特征，目的是形成可以利用的数据信息资源。科学数据资源的开发利用阶段以数据资源的传递、检索、分析、选择、吸收、评价、利用等活动为特征，目的是实现数据信息资源的价值，达到信息管理的目的。单纯地对科学数据资源进行管理而忽略与科学数据资源紧密联系的数据相关活动，科学数据管理的研究对象是不全面的。

5. 科研人员科学数据共享的基本环节

科研人员科学数据共享活动和管理活动中有四个基本环节。第一个环节是数据所有者（科研人员）为了把数据信息传达给接受人（如其他的科研人员、政府部门），必须把数据信息"译出"，成为接受人所能理解的语言或图像等，例如研究报告、数据分析报告。第二个环节是接受人要把数据信息转化为自己所能理解的解释。这是数据的二次利用与挖掘，这也是当前社会各界研究和关注的重点。第三个环节是接受人对数据信息的反应与分享，要再传递给传达人即数据所有者，称为反馈或讨论。这也是数据的三次挖掘。第四个环节是接收人的数据信息"译出"，为了与数据所有者的"译出"区别，称为"二次译出"。

6. 科研人员

科研人员，从广义上看是指从事科学研究相关工作的人员。但从事科学研究相关工作的人员类型较多，除了研究成果产出者以外，还包括科研活动的组织者与管理者、科学知识的传授者和传播者、科学技术技能的推广者等。就研究成果的产出而言，管理人员和辅助性人员虽然也具有不可替代的作用，但是他们本身并不直接创造研究成果。据此，本书将"科研人员"初步确定为我国高等院校或研究机构中全部或部分从事科学研究工作、直接产出研究成果的人员。在读硕士研究生、博士研究生以及博士后大都接受了较为严格的科研训练，均在就读院校或研究机构从事一定的研究工作，因此这一群体也属于本书所界定的"科研人员"①。

---

① 袁顺波. 开放存取运动中科研人员的参与行为研究 [D]. 南京：南京大学，2013.

7. 科学数据共享机制

科学数据共建共享属于图书情报领域，具有社会科学和自然科学双重属性，而本书中的科学数据共享研究范围设定为四川省科研人员，科学数据共享是科研人员在做课题时的一种社会活动，因此，本课题将科研人员的科学数据共享行为定位于两个学科的交叉研究领域：图书情报领域和社会学领域。只有建立有效可行的科学数据共建共享机制和以管理服务为主的保障体系，四川省科学数据共建共享才能走在全国前列。

数据共享是指研究人员个人以正式或非正式方式将自己的原始（或预处理）数据与其他人共享的行为。本书中科学数据共建共享机制是指在四川省层面上科学数据共建共享的过程和方式，它包括对科学数据的汇集和管理，对科学数据共建共享提供的相关服务和支持，科学数据共建共享的决策和执行等如何有效运行的机制。在运行机制中，由共享动力要素推动，数据共享的利益方组成共享机制的传动系，合作推动数据共享工作，再由数据管理方统筹控制数据共享的速度和深度，完成共享行为。本书限于四川省范围内，不涉及校际领域，不涉及具体专业，研究科学数据共享的职能构建与运行方式，重点在于确定构成科学数据共建共享机制的各个组成部分（共享利益相关者）及各个部分如何协调运作。

本书研究的科学数据定义为研究者通过科研项目或毕业论文等科研过程中产生的一切以数字格式和非数字格式存在的对象，它既包括科研活动或者其他方式获得的事实数据，又包括这些数据经过系统加工之后的用于支撑科研活动的数据集。具体说来，科学数据可以是科研过程中不断产生的实验数据，可以是研究者科研成果中的数据论据，也可以是根据原有科学数据而进行验证创新的数据。

基于文献资料的梳理，本书研究的"科学数据"，特指在所有学科的科学探究活动过程中、为准备科学研究活动（例如课题申请）产生并且最终以文字或者音频等形式保存下来的，尚未完全公开的研究结论以及能够作为研究结论支撑材料的所有事实和结果。科学数据分类见表2-1。

表2-1　科学数据分类

分类标准	类　型
数据表现形式	数值、文本、照片、音频、视频

表2-1（续）

分类标准	类　　型
数据获取工具	"人"与"机器"
数据利用次数	原始数据、二次利用、三次利用等
数据搜集来源	专业数据库、科研机构、政府部门

备注：机器获取数据指现有的很多种获取数据的工具，如网页数据采集器，博为小帮软件机器人，Rapid Miner。衍生数据指把来自科学研究、生产实践和社会经济活动等领域中的原始数据，用一定的设备和手段，按一定的使用要求，加工成另一种形式的数据，例如相关性分析、路径分析、机构影响模型分析。

二、科学数据的性质

当前，科学数据在科学研究中的作用日益显著，数据密集型知识发现方法受到科学界的普遍关注：科学家不仅通过对大量数据实时、动态地监测与分析来解决科学问题，更基于数据来思考、设计和实施科学研究。数据不仅是科学研究的结果，且成为科学研究的基础；人们不仅关心数据建模、描述、组织、保存、访问、分析、复用和建立科学数据基础设施，更关心如何利用泛在网络及其内在的交互性、开放性，利用海量数据的可知识对象化、可计算化，构造基于数据的、开放协同的研究与创新模式①，因而共享经济、大数据背景下的科学数据具有客观性、长效性、积累性、公益性、共享性、增值性、传递性、资源性、非排他性、不对称性等特点。科研人员产生的科学数据资源虽然类型多样，存储形式不一，但是除了具备科学数据的普遍特性外，还具备情报的三个基本特性（知识性、传递性和效用性）和自身的三大特性（多源性、动态性和高速性）。

1. 知识性

如果一种数据信息没有一定的知识内容和内涵，那么其就不成为情报。本书中的科学数据本质是人们广泛需要的情报，情报的本身具有一定的知识性。科研人员研究过程中产生的数据蕴含着大量反映客观事物本质和相关关系的信息，能给相关利益者带来一定的启发，带来相关的知识，具有情报知识性最主

---

① 孙建军. 大数据时代人文社会科学如何发展 [N]. 光明日报，2014-07-07 (11).

要的特点。因此，科学数据具有知识性的特性。

2. 传递性

传递性在物理学上的解释，是指对某一器件或电路，表示其输出信号与输入信号的关系的图形。科学数据的传递性是指科学数据可以通过各种传播工具实现传递。科学数据之所以成为知识和情报的构成部分，是因为数据经过传递后可以被人们重复使用、关联分析、自由加工，分析出人们需要或对社会经济发展有用的信息，再经过传递交流形成人们共享的知识。科学数据传递的目的在于最大化实现科学数据资源的效用与价值，数据在传递、分析与加工过程中不会消失，只是转换形式，转化为接收者、利用者行业或要发表文章的期刊能接收的信息资源。

3. 效用性

效用的定义是人们的一种心理感觉，是消费者对商品或服务满足自己的欲望的能力的主观心理评价，因此效用没有客观标准。效用性就是指商品或者服务满足人们某种欲望的能力，或者是消费者在消费商品或服务时所感受到的满足程度。科学数据的效用对不同专业、不同年龄层次的科研人员的效用大小是不一样的。研究人员通过加工、处理数据可以分析出需要的信息，设计符合实际需求的决策方案或课题、研究项目，或形成针对解决某些问题的对策建议，从而提高工作效率，提升科研水平，宏观上获得良好的社会经济效益。

4. 多源性

科学数据共享各领域的数据不是单单来源于某一部门、某个系统的数据，而是来源于不同部门和多家研究机构。包括网络日志、社交媒体、手机通话记录、互联网搜索及传感器网络等数据类型在内的新型多结构数据都会导致数据多样性的增加。科学数据资源的数据量往往非常庞大，为搜索、组织、处理和使用数据者带来严峻挑战，使用者首先面临的是数据的真实性的考察和探究，再者是数据有效性的筛选。同时也为海量数据的处理带来巨大机遇，使得新型信息服务和科学研究的海量数据处理成为可能，通过多元数据进行提炼、融合、重组等动态聚合处理与分析，可以获取更多非线性的演化规律和突变机理，为更多行业和领域的决策和应用提供强有力的支持。

5. 动态性

动态性又称时变性，是随时间变化的一种属性。实验时间相同的实验可能有不同的数据，这些数据集合形成的数据资源已成为科学研究持续进步的资料基础。科研人员科学数据的动态性极强，形成的"大数据库"可以摆脱以往小数据库的困境，利用表征事物实体的海量数据把事物的过去、现在、未来及其他相关事物联系在一起，从而提高数据分析的准确性。

6. 高速性

高速性主要指科学数据被创建和移动的速度。在高速网络时代，创建实时数据流成为流行趋势，其主要是通过基于实现软件性能优化的高速电脑处理器和服务器。科研人员一般需了解怎么快速创建数据，还需知道怎么快速处理、分析并形成项目报告，来满足自身发展需要。

三、未来科研人员科学数据共享的发展趋势

1. 数据的资源化

数据资源化，是指数据的经济用途日渐显现，数据的经济价值日益凸显，已经成为政府、企业和社会关注的对象，并已成为社会各界竞争的新焦点。对科研人员而言，科学数据尤其是在研究过程中搜集到的一手资料，是一项重要的资产，因而，科研人员必须要制定科学数据管理保护计划，对于科学数据的获取、使用和保护有正当性的边界。

2. 数据科学和数据联盟的成立

未来，数据科学将成为一门专门的学科，被越来越多的人所认知。各大高校将设立专门的数据科学类专业，也会催生一批与之相关的新的就业岗位。与此同时，国家也将建立起跨领域的数据共享平台，之后，数据共享将扩展到社会各个层面，并且成为未来产业的核心一环。

3. 科学数据管理成为个人核心竞争力

未来，科学数据管理将成为个人核心竞争力，直接影响科研人员的科研阐述。当"数据资产是个人核心资产"的概念深入人心之后，科研人员对于数据管理便有了更清晰的界定，将数据管理作为科研人员核心竞争力，持续发展、战略性规划与运用数据资产，将成为个人数据管理的核心。

4. 数据质量是 BI（商业智能）成功的关键

采用自助式商业智能工具进行科学数据处理的科研人员将会脱颖而出。其中要面临的一个挑战是，很多数据源会带来大量低质量数据。为了获取自己课题、论文或项目所需的数据，科研人员需要理解原始数据与数据分析之间的差距，从而消除低质量数据并通过 BI 获得更优决策。

5. 数据生态系统复合化程度加强

科研人员科学数据的世界不只是一个单一的、巨大的计算机网络，而是一个由大量活动构件与多元参与者元素所构成的生态系统，终端设备提供商、基础设施提供商、网络服务提供商、网络接入服务提供商、数据服务使能者、数据服务提供商、触点服务、数据服务零售商等一系列的参与者共同构建的生态系统。而今，这样一套数据生态系统的基本雏形已经形成，接下来的发展将趋向于系统内部角色的细分；系统机制的调整，也就是科研人员参与模式与商业模式的创新；系统结构的调整，也就是竞争环境的调整等，从而使得数据生态系统复合化程度逐渐增强。

第三节　科研人员科学数据共享的理论基础

科研人员科学数据共享的核心是数据有条件的共用。科研人员对自己的数据和搜集到的数据进行差异化共享管理，其实质是通过科学数据资源合理配置实现效益最大化，这也是由科学数据的特征决定的。对科研人员而言，科学数据共享的逻辑起点在于它的资源属性，是科研活动、社会活动自身的需求。保证科学数据共享工程的有序建设与持续发展，就要掌握共享的理论基础，进而建立健全共享的机制，创建共享新秩序。

一、科学数据共享的一般经济学基础

科研人员研究过程中产生的各种数据为共享经济时代科学研究的方式变革和理论创新指出了正确的方向。科学数据正成为当前中国社会科学发展快速信息化的重要表征之一。因而，科学数据作为一种特定的基础性资源，在经济学方面具有两个基本规律：价值度量规律和投入产出规律。

从价值度量角度看，价值是物对人所意味着的利益，也是人所追求的利益，是物的效用和人的需求的统一。效用是物存在和运动所形成的功能，需求是人生存和发展所依赖的条件。效用和需求是同一事物的两个方面，一个是提供者，一个是需要者，本质都是人的利益。效用和需求的统一形成价值，可以表示为：价值＝效用×需求。科研人员的科学数据同时具有科学价值、经济价值和社会价值。科学价值表现在它是科技创新、社会科学创新的基础；经济价值表现在科学数据可以直接或间接地为创造者、数据使用者以及数据管理者带来短期或长期的经济效益；社会价值表现在促进政府决策、政府管理的现代化、稳定社会发展等宏观方面。

从投入产出的角度看，对于科研人员来说，主要看科学数据投入的成本与科研成果。成本是为达到一定目的而付出或应付出资源的价值牺牲，它可以用货币单位加以计量，也有一些成本是无法用货币单位加以计量的。具体而言，可以用货币单位计量的成本主要为问卷制作费用、发放回收费用、问卷咨询费等，无法用货币单位加以计量的主要为时间成本、管理成本、人情成本以及其他相关的无法用明确的资金计量的成本。科学数据应用的效益虽然有时候无法精确衡量，但是成果的影响往往超出科研人员的预期。要提高科学数据潜在的价值必须使其充分利用，实现有条件的共享。

此外，科研人员从外部效应看，科学数据共享还有以下几方面思考。

第一，科学数据共享在一定程度上能够节省科研成本。通过科学数据共享，科研人员能够缩短数据的搜集时间，间接降低科学数据的开发成本和搜寻成本。本书所指的科学数据共享成本主要包括两个层次：①降低全社会科学数据共享的总成本；②为某一部门或课题组、项目组成员提供所需的特殊的科学数据，从而能够降低某部门或课题组、项目组单个成本，从而使总成本降低。

第二，科学数据共享促进科学研究的信息化。随着信息技术的高速发展，科学研究信息化成为一种必然的发展趋势，科学数据共享是科学研究信息化的一种必要措施。信息化和信息产业具有报酬和边际效应提升的规模。传统经济学告诉我们，假如技术水平不变的话，经济发展是按照边际效应递减的规律运行。但是这个规律到了信息化时代，到了共享经济时代和5G网络时代，转变为边际效应递增。就是说我们的技术在不断进步，由于摩尔定律起作用，所以科研人员在科学数据共享领域，共享投入某一种要素的增幅边际收入是增长的，超过了投资的增长，因此科学数据网络化信息化是经济持续增长的源泉。

第三，基于网络的正外部效应。网络是共享经济时代科学数据共享的物质基础。网络正外部性是由于使用上的非竞争性和非排他性，带来网络信息系统正的外部效应。毫无疑问，科学数据基于网络价值对于网络节点的平方成正比，因而科学数据共享程度越高，网络的价值就越高。

第四，由于社会组织之间联系的紧密产生了节约性、效应性。联结在于中间过程的减少而节约的成本。联结的经济性在于既存在于企业内部，政府内部，或者是社会组织内部，又存在于企业之间、供应链之间，政府部门与部门之间，同时也存在于城市里面不同的组织之间，政府和企业可以共享信息，降低成本，提高运营性。

第五，资源稀缺性分析。稀缺是经济物品的一个显著特征，是指经济物品有限可获得性的一种状态，不是指经济物品绝对数量的紧缺，而是同人们无限多样且不断增长的需求之间进行比较而存在相对不足。相对于科研人员的需求来说，任何科学数据资源都是稀缺的，且数据资源的时效性日益增强，只有共享才能在数据使用的生命周期中发挥最大效用。

二、科学数据共享的信息经济学基础

科研人员相关研究产生的科学数据，很多已经与知识无关，更多的属于信息的范畴，具有信息一般所具有的共同属性，包括客观性、普遍性、时效性、扩散性、可传递性、价值性、可加工性、增值性以及可分享性等。一般从本质上来说，信息具有公共物品属性，一旦产生就具有共享的特征，信息的生产边际成本很低甚至为零。具体到科研人员创造的科学数据而言，这是一种非纯粹的公共物品，有时候可以说是私有物品，或者团队成果，与一般的信息资源有差异。再由于技术和政策方面的影响，以及受到限制的信息使用，例如，调查中的隐私性，因而科研人员的科学数据共享性受到诸多限制。

由于科学数据作为信息在一般的消费和使用中具有排他性、无损耗性等特点，因此同一数据可以同时被多个科研人员使用。从信息经济学的角度看，科学数据作为一种信息资源，其共享过程可以进行多向传递，相同的科学数据可以同时被所有的社会大众利用分析再利用，并且利用分析行为绝对不会影响科学数据的再利用分析。同时，数据可以以多种形式进行大量复制，所复制的数据与原数据具有同一性。值得一提的是，有的科学数据在初次利用中会发生增值，有的科学数据在第二次、第三次利用分析中发生增值，有的科学数据在自始至终的利用中一直发生增值。因此，科研人员在一定范围内的科学数据共享是充分发挥科学数据的作用与效能、最大限度地实现其价值的保证。

三、科学数据共享的资源经济学基础

不管资源经济是自成体系，还是与环境经济、人口经济等合成体系，也不管自成体系的资源经济学有多少个版本，其内容基本上都是由三大主题和四个方面构成。三大主题是指效率、最优和可持续性。四个方面内容是指生产、分配、利用和保护与管理。

毫无疑问，科学数据是重要的战略资源，除了具有资源的基本属性外，还具有共享性、驾驭性、不可分割性的特点，可以根据人群的不同需求供给。按照资源经济学的相关理论，科学数据的价值凸显与其有效配置紧密相关，而科学数据的需求和供给是科学数据有效配置的决定性因素。就科研人员创造的科学数据而言，一方面，科研人员无论从事哪方面的研究都需要相关领域的知识、信息和数据的支撑，这必然导致数据的应用不仅仅限于本专业、本领域，还可为不同的学科领域研究者所使用；另一方面，科学数据的无限复制特点，使得某一科研人员对数据的使用、挖掘、分析并不影响其他科研人员的使用、挖掘、分析，影响的关键是产出是否相同或类似，这会影响到以后的公开发表。因而，可以将科研人员手中的科学数据的供需有机结合，达到合理配置，实现数据效用最大化。在科学数据共享的过程中，实现了数据效益几何倍数增加。

四、科学数据共享的法理学基础

我国虽然目前对于科学数据资源的开放与共享没有专门的法规，但是有法理基础。笔者认为，科研人员创造的科学数据在法律上可以被作为一种财产来加以对待。现代财产制度的最大特点是通过财产权利制度来加以保障，包括传统意义上的物权制度和现代意义上的知识产权制度。财产权利制度的最大特点是实行合法所有，遵循"谁投资谁受益、谁创造谁受益"的原则。法律保护的基本原则是保护财产所有人和创造人的合法权益。

虽然科研人员的科学数据共享具有法理基础，但在实际实现过程中还受到多种约束条件的限制，一是产权约束。科学数据共享需要通过产权的 5 个方面的功能（约束功能、激励功能、资源配置功能、协调功能和外部性内部化功能）影响科研人员和团队行为，进而影响科学数据的再生产过程的投入（成本）和产出（收益），最终影响科学数据价值及其未来数据共享运动。因此，未来科研人员科学数据共享更为需要关注的是知识产权保护，无论谁，特别是数据使用方应注明数据来源，尽量做到不侵权，不侵害数据创造者的利益。二是利益约束。科研人员科学数据共享过程中涉及使用者、所有者、出版社、图书馆、期刊等相关利益者，这就需要协调好各方关系，处理好数据共享与数据利益之间的关系。三是技术约束。相关资料显示，当前科学数据共享主要受限于网络技术，如数据收集、存储和共享平台建设等。如果共享平台功能不完善、反馈不及时，就会影响科研人员共享的意愿。四是安全约束。涉及国家安全和他人隐私权的数据，在共享过程中必须遵循相关法规要求，遵守共享伦理道德，合理界定共享界限。

五、科学数据共享的管理学基础

定量研究的过程尤其是定量因果分析的过程，其实也是研究者对社会现实进行建构和简化的过程①。野种郁次郎在研究知识创造问题上，采取了建构主义的方式。建构主义的知识观认为，知识是一个动态的表征过程，它只有在具体的情景中才有意义，具有情景的相关性，知识可以通过与他人的写作得以共享②。

本书将以建构主义的知识观为指导展开对科学数据建构的讨论与分析。本书定义的"科学数据的建构"，可以理解为"人与人、人与社会"以科学数据为媒介的相互作用的过程，即共享过程，指科学数据所有者或创造者，通过科学数据的管理、共享等一系列活动，产生新的有意义关联、组合或统整的过程和结果，同时创造与改变着科学数据共享的现实结构。

对于科研人员，新的科学数据库的形成不仅需要他人的数据库，也需要已有的数据库。一方面，新的科学数据库必须以原有的科学数据库为基础，另一方面，新的科学数据库的进入或获取会使原有的科学数据库通过对比发生一定的研究形式和研究意义的改变。科学数据共享的知识建构如图2-1所示。

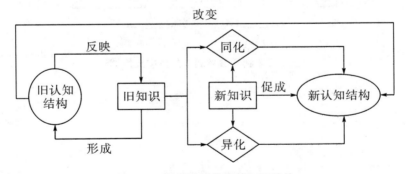

图2-1 科学数据共享的知识建构

---

① 游正林. 建构中的定量因果分析 [J]. 华中师范大学学报：人文社会科学版，2008，47（2）：33-37.

② 张凌. 基于认知地图的隐性知识表达与共享 [D]. 武汉：武汉大学出版社，2011.

六、科学数据共享的信息生态链理论

信息生态链一词源于生态链的思想，信息生态链是指通过信息的流动使无数的信息场连接起来而形成的链条，它是信息生态系统的信息通道。有的专家认为，信息生态链是指信息在信息生态系统中的不同主体之间进行流转时形成的链式依存关系①。有的专家认为，信息生态系统构成要素主要包括三个，即信息、信息人和信息环境；信息生态链的主体主要有四类，即信息供应者、信息传递者、信息消费者和信息分解者②。

总结专家学者的观点，结合本书的特定群体和特定主题，本书认为科学数据共享生态链指在某一特定的科学数据信息生态系统中，科学数据在不同专业、不同区域的数据主体之间流转，他们相互依存、相互作用，从而形成的一种链式结构。这些数据主体主要包括数据生产者、数据传递者、数据分解者和数据消费者等。本书的数据生产者主要是指科研人员，其将自己收集的数据分析后发出，经过数据传递者到达消费者，供其利用。数据分解者的作用则是对数据进行整合、筛选和组织。相反，当数据从消费者流向生产者时，又形成了数据的反馈③。科学数据共享的生态反馈链如图 2-2 所示。

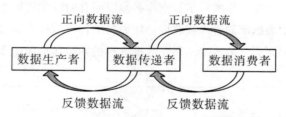

图 2-2　科学数据共享的生态反馈链

---

①　娄策群，周承聪. 信息生态链：概念，本质和类型 [J]. 图书情报工作，2007，51（9）：9-32.

②　韩刚，章正. 信息生态链：一个理论框架 [J]. 情报理论与实践，2007，30（1）：8-20，32.

③　曹茹烨. 新媒体环境下科研团队信息共享的影响因素及模式研究 [D]. 长春：吉林大学，2017.

第三章　科研人员科学数据共享模式

科学数据共享是数据管理的核心，是科学创新的前提。当前科学数据共享的模式主要有三种：私下共享、团队共享、开放共享。本书综合运用了文献述评、理论移植、情景分析等方法，将科学数据共享的模式抽象与案例情景再现相结合，分别对三种共享层次的共享机制进行了探讨。笔者分析各层次下科学数据共享的对话形式、共享模式、知识建构等，通过实证研究论证分组策略对科学数据共享效率和共享质量的影响路径，展示科学数据共享的时空维度、社会网络，提出不同层次共享的系统要素。

第一节　科学数据私下共享模式

科学数据的私下共享主要指的是一对一的面对面、在线讨论、电话讨论等多种形式的数据分享。这种共享形式是目前最普遍的科学数据共享形式，可以存在于同事之间、朋友之间的个别对话中，也可以存在于课题组、项目组、研讨会公开场合科研人员之间以及科研人员与其他不同群体的对话中。因此，科研人员之间一对一的科学数据共享可以作为团队共享、开放共享的一个最基本单元进行研究。

一、一对一数据共享的对话形式

一对一讨论对话需要由完整的引发语与应答语构成，话轮意义相接无序性、话对形式上的不对接性，使得引发语与应答语两个话轮不同，产生了6种不同形式的数据共享讨论。

❖ 毗邻式的共享讨论。由相接式的引发语与应答语两个话轮构成。在这种形式中，当应答语的话轮中有引发语的意义时，应答语的话轮同时也是引发语的话轮，如果下一个话轮应答了相邻的上一个话轮①，那么这个私下的数据共享就是毗邻式的共享讨论。

❖ 交叉式的共享讨论。引发语与应答语的话轮相互间隔出现构成交叉式的共享讨论。

❖ 发散式的共享讨论。一个引发语与多个应答语话轮构成发散式的共享讨论。

❖ 聚合式的共享讨论。多个不同的引发语给出同一个应答语的聚合式的共享讨论。

❖ 嵌入式的共享讨论。一组问答话轮嵌入另一组问答话轮构成嵌入式的共享讨论。

❖ 混合式的共享讨论。上述五种共享讨论形式任意组合构成混合式的共享讨论。

二、一对一数据共享过程模式

1. 问答式的共享模式

问答式的数据共享模式是科研人员之间最普遍和最有效的模式之一，是三个数据共享模式中，最能把隐性知识显现化的沟通形式。这种模式最常见于熟人之间，如同事之间、朋友之间、导师学术圈。例如，科研人员A正在研究的一个课题与科研人员B几年前或正在研究的一个课题类似，A知道B前期有一些调研数据，想与B讨论，从而开始了一对一的探讨，可以通过电话、微信、QQ、腾讯会议等多种形式。又如，在读的硕士生、博士生向导师询问论文的相关问题，希望能得到最直接的答案。一对一问答式的共享讨论通常目的十分明确，主要共享双方在主题、时机等方面条件合适，数据共享的目的就能很快达成。

---

① 詹泽慧，梅虎，梁婷，等. 在线讨论中的动态知识共享机制研究 [M]. 北京：科学出版社，2018.

基于社会资本的相关理论，科研人员会根据自己的社会网络，向自己熟悉、认识的人或通过中间人，向他人探讨数据问题。一对一的提问式的数据共享也需要时间成本和人力成本，因此一对一的意向性较强，提问的科研人员对解答的科研人员还必须有较高的信任度（如大家都希望向知名专家学者讨论，都希望向项目的具体实施者提问）。

在本次的一对一的问卷调查中，很多的年轻科研工作者希望在科学数据共享的过程中能直接与专家学者一对一讨论，表示"能得到专家的指导十分荣幸"，也能充分挖掘数据背后的"故事"：隐性知识。

针对此次调研过程，抽取了一些个别提问的案例，举例如下：

案例3-1　农业合作社数据共享

A和B不是一个单位。

A：廖专家，我是××大学××教授的学生，现在××单位工作，正在做一项"农业合作社×××"课题研究，听说您做了一个国家社科基金关于农业合作社的研究，有些问题想向您请教一下。

B：具体什么问题，看我能否提供一些资料和见解。

A：您原来做了些问卷，可否借我用一下，还有结题的调查报告可否分享给我？

B：可以，但是只局限于你一个使用，别再外传。

案例3-2　毕业论文的探讨

A是B的学生，硕士研究生

A：老师您好，我的毕业论文题目"农民工返乡创业××××××：基于双螺旋耦合视角"中，双螺旋耦合视角用得合适不？

B：单纯看题目，双螺旋耦合视角可以用，关键是文中要阐释清楚。

A：双螺旋耦合视角放在后面还是前面？

B：建议放在前面，符合一般人的习惯，具体看你自己的考虑。

由案例3-1和案例3-2可以看到，问答式数据共享讨论非常直接，提问者单刀直入地表达自己对某项数据的需求，也能清楚地表达出需求；回答者在清楚他人索取的基础上，也直接给出答复，交流效率较高。

2. 探究式的共享模式

探究式访谈，就是研究性交谈，是以口头形式，根据被询问者的答复搜集客观的、不带偏见的事实材料，以准确地说明样本所要代表的总体的一种方式。访谈法收集信息资料是通过研究者与被调查对象面对面直接交谈的方式实现的，具有较好的灵活性和适应性。访谈广泛适用于教育调查、求职、咨询等，既有事实的调查，也有意见的征询，更多用于个性、个别化研究。

对于有些问题，数据共享的双方都有自己的观点和看法，此时的一对一的共享过程本质是对某一问题的观点共享和理论探讨，最终引答者借用问答者的相关前期数据和科研成果支撑或否定自己的研究成果。

案例 3-3 企业员工激励方式研究

A 和 B 通过微信语音讨论。

A：好久不见，最近"××××企业员工激励方式"课题研究进行到哪一步了？

B：确实很久不见了，什么时候来××，一起聚聚。课题基本处于收尾阶段，报告完成，只等外审专家意见。

A：我最近也在写文章，主题是"××企业员工稳定性薪酬福利激励方式研究"，主要观点是企业的薪酬福利制度设计的合理性对员工的流动性影响较大。

B：我的课题中也表达了类似的观点，关键是影响程度如何准确表达呢？

A：只能以某一类型企业为例，如制造业、建筑业，辅以一定的调研数据。

B：确实只能代表一定类型，结论也具有一定的局限性。

探究式数据共享或观点共享具体是针对同一个问题首先进行独立思考，再与他人分享自己的观点，最终达成一致的结论。由案例 3-3 可以看出，引导者提出问卷情景，或者提出自己研究的观点或结论，问答者通过以往的课题研究或自身作为样本，通过思考解答，然后两者进行合作探讨，最终得出一个双方都接受的结论。探究式的数据共享过程一般需要较长的讨论过程，更适合与在公开的场合，例如大型研讨会、小型交流会，这样有更多的科研人员参与进来，也能更有效地找到数据。虽然有些参与者并不了解讨论的领域，但是仍可以参与进来的原因是，可以推荐引答者去联系这方面自己认识的另外一个知名专家，这也在一定程度上促进了科学数据的共享和问题的解决。

3. 辩论式的共享模式

科研人员科学数据共享过程中还存在一种情况，就是参与双方对同一数据有不同的看法和见解，这时候以辩论的形式展开共享更可以确保科学数据的准确性、有效性，确保科学数据的质量。辩论式的科学数据共享过程可以提高认知的深刻性和结论的说服力。

案例3-4　失地农民调研数据

A和B在一次研讨会中相遇，A是学生，B是专家，会后的一次非正式谈话中，双方偶然间讨论起一组调研数据以及得出的结论。

A：根据我调研的数据得出：约有89%的失地农民愿意————

B：怎么会有这么高的比例，与很多专家学者的结论相差太多。你的数据是怎么得到的？用了什么调查方法？

A：老师，我主要是在××（省会城市，经济发达）郊区做的问卷。

B：你的问卷区域性不太具有普遍性，问卷数量少，得出的结论不具有说服力。建议做一下调整，多做几个区域，增加样本数量，否则得出的结论容易让人误会。

A：老师，我把报告内容再介绍得清楚些，把调研点的特殊性再解释一下，这样行吗？

B：这样只能勉强说得过去，建议有时间的话，还是要对调研数据进行认真分析。

A：好的。

由案例3-4可以看出，参与双方对调研数据的质量产生了不同的意见，从各自的角度在辩论的过程中将自己的意见分享出来，最终对调研数据的修改达成一致。A和B就失地农民调研数据的质量进行辩论的过程，就是一个科学数据共享的过程，也是一对一数据共享的过程。

三、一对一数据共享的知识流向

知识流向是知识共享过程中从传播源向受体流动的方向。私下共享是个体或小范围内的讨论共享。根据讨论模式和参与角色的不同，往往会形成不同的知识流向，同时具有不同的支持和阻碍知识流向的影响因素。

1. 问答式数据共享的知识流向

在问答式共享过程中，引答者是问题的发起人，也是科学数据的需求者、搜索者，要向回答者清楚地表达自己需要的数据类型、数量、应用范围等。回答者即数据的提供者，根据信任程度、课题的研究阶段、合同约束等确定是否提供，提供多少。经过多轮的信息交流、数据共享，最终完成知识传递。问答式数据共享的知识流向如图3-1所示。这种形式的讨论中，科学数据主要是单向流动，主要从回答者向引答者，即数据提供者流向数据需求者。

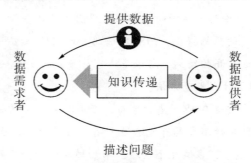

图3-1　问答式数据共享的知识流向

2. 探究式数据共享的知识流向

在探究式共享过程中，由于参与双方没有足够的知识可以解决所遇到的问题，于是双方进行数据共享以支持现在的结论或修改现有观点。大多数情况下，数据共享的参与双方会根据自己的知识结构来分解问题，并向对方提供自己掌握的数据，从而不断深入对问题和相关知识的探索，合作构建双方的知识体系，最终达到双赢的局面，共享彼此的数据，从而知识螺旋上升。探究式数据共享的知识流向如图3-2所示。

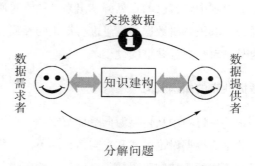

图3-2　探究式数据共享的知识流向

3. 辩论式数据共享的知识流向

在辩论式共享模式中，数据共享双方对同一个问题从不同角度参与辩论，向双方提供自己所了解的信息来支持观点。相当于科研人员在科学数据共享的过程中，参与的科研人员都可以从对方的反驳中了解该问题的另一面，从而能更深入地了解目标问题。因此，在此种数据共享模式中，参与的科研人员都要贡献部分数据或观点，而从对方那里获得互补性和印证性的另一部分数据，从而重新建构数据库。辩论式数据共享的知识流向如图3-3所示。

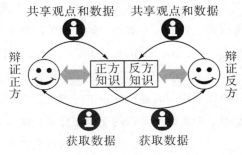

图3-3　辩论式数据共享的知识流向

本节主要探讨了一对一讨论中私下数据共享问题。通过问卷调查和即时通信软件中科研人员在线讨论进行分析，提炼出三种数据共享模式下的知识流向。私下共享是科研人员科学数据共享中最简单、最直接的模式，也是团队共享和开放共享的分析基础。由于私下数据共享模式最简单，效率最高，多数科研人员在条件允许的情况下会选择面对面进行，在网络环境下，则一般选择实时进行为主。

第二节　科学数据团队共享模式

本书中研究的团队主要是指科研团队，科研团队作为知识密集型组织，承担着诸多课题与科研项目，是促进创新的主力军。团队共享属于有限范围内的有条件的群体共享。科研团队的规模不同，类型不同，科研团队共享的层次和模式也不同。与私下共享不同，团队共享所涉及的参与者更多，互动形式更为多样和现代化。尽管如此，科研团队数据共享有一定的限制条件，与开放共享中完全开放、人人可以获取数据的自组织状态相比存在本质的区别。

一、团队科学数据共享的模式

课题或项目负责人与成员之间的讨论大多数和课题有关，一般以课题或项目负责人为主，成员通过实地调研、头脑风暴等形式参与。绝大部分的科学数据共享在整个科研团队范围内进行。

1. 课题成员之间交互式数据共享模式

课题成员之间交互式数据共享模式是以科研团队个体成员为共享的主体，借助新媒体平台，实现非正式的、零散的、碎片化的信息交流和共享。典型的新媒体工具为即时通信（如 QQ、微信）、博客、播客、微博等，体现为两种数据共享方式："一对一"信息沟通和"一对多"信息发布。一方面，科研团队中任意两个成员间可以利用即时通信设备进行直接的文字、语音或视频等信息交流，实现科研思路、个体隐性知识的交换与分享，这与第一节讨论的私下共享模式一样。另一方面，科研团队中每个成员的数据素养、知识储备，以及掌握的信息资源有所不同，某些成员将日常科研工作中发现的热点问题、最新研究方法、学术资讯或积累的科研经验等信息经过整理后，以博文形式张贴至个人空间、微博、朋友圈等新媒体平台，团队其他成员能够便捷地获取相关信息，并利用新媒体之间的链接网络，通过评论方式实现与信息发布者的互动，或对其进行转发实现信息的传递与共享①。科研团队成员交互式数据共享模式如图 3-4 所示。

2. 课题成员群体交互数据共享模式

课题成员群体交互数据共享模式是以科研团队中两个或两个以上成员组成的群组为数据共享主体，借助新媒体平台，进行较为正式的、持续时间长、大容量的数据交流和共享。群体交互模式典型的新媒体工具有 QQ 群、微信群、腾讯会议等，体现为"多对多"数据共享方式。一方面，科研团队多个成员间可以通过社交媒体的群聊平台或者论坛，以文本、语音或视频形式共同讨论研究思路、研究难题，分享有价值的科研资料，以及开展项目研讨会议等。另一方面，科研团队内部的 Wiki（维基系统）可供多个成员浏览、创建、更改

① 曹茹烨. 新媒体环境下科研团队信息共享的影响因素及模式研究［D］. 长春：吉林大学，2017.

文本，Wiki 可以对不同版本的内容进行记录和管理，融合了科研团队的群体信息数据资源，此时数据共享的途径便是不同版本之间的链接网络。群体交互模式的目的在于满足群成员共同的数据资源需求，以提高科研团队整体的创新和科研能力。新媒体环境下科研团队信息共享的群体交互模式如图 3-5 所示。

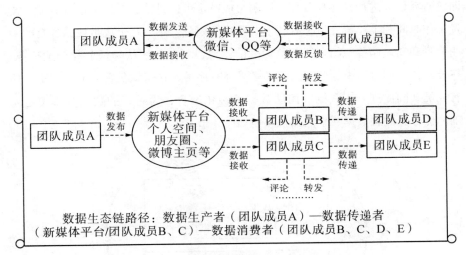

图 3-4 科研团队交互式数据共享模式

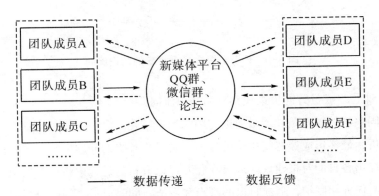

图 3-5 科研团队信息共享的群体交互模式

二、团队科学数据共享的知识流向

1. 课题负责人组织发起的分配任务式共享的知识流向

在任务分解式的讨论中，通常由课题负责人组织，根据课题研究的需要对课题研究任务进行描述并分配。课题组成员也可以讨论，对任务进行分析，衡量工作时间和工作量，讨论有效率有质量的划分。然后每个成员根据各自的专业背景和知识储备，结合课题负责人的意愿，可以自愿认领任务和分配任务。在分配任务的过程中，数据的流动是平稳有序的，在课题负责人的组织下，所有成员共同促进个体数据和团队数据的转化融合，为后续的数据共享奠定基础。任务分配式数据共享的知识流向如图3-6所示。

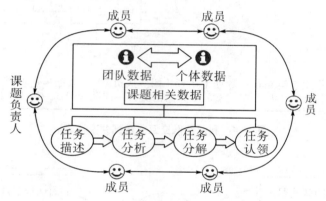

图3-6 任务分配式数据共享的知识流向

2. 课题组成员共同决策式共享的知识流向

共同决策的讨论是在成员数据与团队数据转化融合后，小组内部互动、协商、分析，最终形成课题组决策的过程。明确待解决的问题后，课题组所有成员分别提出各自的对策建议。成员在相互讨论分析的过程中将单个的成员数据与课题组任务相联结，形成自己的观点和看法。同时成员之间的分析讨论过程也是一个数据交换、深化和内化的过程，是一个数据形成知识并螺旋上升的过程。如果第一次没有达成一致，有两种处理方式，一是课题负责人决定选择哪种决策，二是进行第二轮的分析讨论，最终形成统一的成员认可的结果。此次问卷调查的结果显示，100%都是由课题负责人决定，没有进行二轮分析讨论。共同决策式共享的知识流向如图3-7所示。

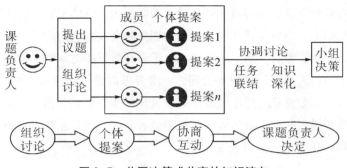

图 3-7　共同决策式共享的知识流向

第三节　科学数据开放共享模式

开放共享是在开放的网络环境下进行的非正式学习，主要特征是用户数量多、共享平台信息量大、资源权限开放、互动频繁。第四次全国经济普查表明，近五年来，我国信息技术产业蓬勃发展，新一代信息技术不断突破。云计算、人工智能、物联网、区块链、5G 等领域的发展，有力地推动了我国新一代信息技术的突破性发展。在此背景下，越来越多的科研人员开始通过网络搜索信息、共享信息，进而使得信息和知识的传播越来越具有开放性。

科学数据共享的过程中，开放共享更具有广泛的基于群体的无序扩散性。科学数据的内化发生在数据共享的各方参与者的交流分析过程中。在共享经济时代，科学数据开放共享的需求者和提供者界限不明显，数据服务的主客体界限也不明显。因为每一个科研工作者既是科学数据的需求者，又是科学数据的供给者，而当前的信息技术环境使得科学数据实现了快速有效的双向流动。

一、数据库共享模式

数据联合建库模式是将科研团队信息共享生态链中相关节点拥有的信息资源集中起来，联合建立专门数据库，并将数据库与互联网或自建的新媒体共享平台连接，供生态链内全部节点或相关节点使用。此种数据共享模式将科研团队中和个人拥有的原本离散、多元、异构的数据进行了有序化组织与整合，属于集中式数据整合共享模式。科研团队成员自己分享到新媒体平台中的知识、文档、信息分析软件、学习视频等，或者团队利用新媒体平台进行研讨形成的诸多碎片化信息，由数据传递者传送至数据分解者或数据组织者，进而对数据进行筛选、加工、整合，然后借助新媒体平台与数据库之间的链接将数据进行存储，并由专门人员进行维护和管理，需求者可以通过检索获取相关的数据，从而实现共享。数据联合建库模式中数据流转的生态链路径则体现为：数据生产者—数据传递者—数据分解者—数据消费者。新一代信息技术环境下开放共享的数据联合建库模式如图3-8所示。

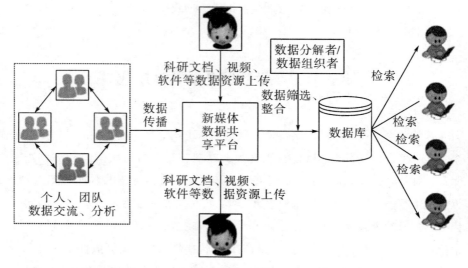

数据生态链路径：数据生产者（团队成员）—数据传递者（新媒体平台）—数据分解者（数据库管理员）—数据消费者（团队成员）

图3-8　数据联合建库模式

二、云平台数据共享模式

云端作为一种新媒体平台，具有虚拟化、高可靠性、通用性、信息容量大、高可扩展性等特点。云服务平台数据共享模式是基于云计算技术的一种分布式数据整合共享模式。此种数据共享模式下的数据提供者数量众多，参与者将有价值的数据，如调查研究报告、内部学习资料、设计的问卷、研究模型工具等利用互联网组成一个强大的数据资源云，并借助相应的数据共享平台（如腾讯云、MesaTEE数据共享平台、百度云智能共享平台），按照一定价格提供服务。云平台数据共享模式使得科研人员无须关心信息的存放位置及其安全性，而是由云中心管理人员充当数据分解者或数据组织者的角色，极大地提高了不同区域、不同专业、不同年龄层科研人员之间的数据共享效率和数据共享质量，极大地拓展了科研人员课题项目研究的数据来源。以腾讯云数据共享平台为例，腾讯云可信数据共享平台基于腾讯云联盟区块链技术构建，精准连接数据使用方、数据提供方、建模服务方、监管方等，实现身份数据、数据目录（数据定义）、数据授权（线上协议）、共享数据的链上操作。同时也支持多种数据交换模式，可以支持加密数据交换和共享，支持基于数据目录、数据授权的共享，也支持基于数据模型、数据计算的数据共享。

第四节　科研人员科学数据共享的系统要素

基于第一节至第三节对私下数据共享、团队共享和开放共享三个层次的分析，本节将综合提出科学数据共享的系统要素与结构，同时对各层次的数据共享模式和知识流向进行系统的梳理和对比，提出科研人员科学数据共享的系统要素与结构模型。

一、三种数据共享模式的特征比较

上述三个层次的数据共享模式都有各自独特的属性，并为跨区域、跨专业科研人员之间的数据交流共享提供了不同渠道，提高了科学研究的效率和社会整体协同创新能力。

1. 相同点分析

（1）数据共享的双向性与跨时空性。无论是 QQ、微信、微博，还是云数据共享平台，科研人员科学数据共享都是依托于不同主体之间的人际关系网络而发生，并由单向数据流逐渐形成双向数据流，使得数据资源在科研人员之间充分共享，从而满足不同领域科研人员的数据和知识需求。由于新一代信息技术的即时性，科研人员可利用智能设备快速完成数据的发送与接收，使得科学数据共享过程突破了时间和地域的限制，提高了协作科研的效率。

（2）科学数据表达的多样化。20 世纪 80~90 年代，国外研究的科学数据主要以科技数据为主，表现形式以数据为主，如研究数据、实验数据。随着国内外研究的深入与拓展，以及现代信息技术的快速发展，当前科研人员科学数据共享模式中所流动的数据变现形式延伸到文本、图片、视频等多种形式，丰富的内容表达也使得一些十分专业的数据信息更加通俗易懂，优化了科研人员科学数据共享的效果。

（3）数据源的多元化与个性化。在新媒体环境下科研人员科学数据共享的每种模式中，主体地位平等，每个科研人员均可以成为科学数据的发布者、接收者，或者既是科学数据的发布者又是接受者，从而使数据源具备多元化特征，同时由于科研人员知识结构与数据素养的差异，使得科研人员共享的数据倾向于个性化与碎片化，有利于促进科研创新。

2. 不同点分析

科研人员交互型与整合型数据共享模式最大的区别在于所构成的数据生态链中数据流转路径的差异。交互式数据共享模式突出即时性和直接性，使得科研人员的数据共享更加方便快捷；整合式数据共享模式则强调系统性和规范化，相较之下多了数据分解、提炼、整理、融合的环节，因而在数据共享过程中需要数据分解者或组织者的参与，以构成更加完整的链式结构。除了两大模式最直接的不同点之外，具体到四种分模式也存在诸多差异，如表 3-1 所示。

表 3-1　四种科学数据共享的分模式比较

项目	个体交互式模式	群体交互式模式	数据库共享模式	云平台数据共享模式
数据生态链	数据生产者 数据传递者	数据生产者 数据传递者	数据生产者 数据传递者 数据分解者 数据消费者	数据生产者 数据传递者 数据分解者 数据消费者
数据共享主体	个人，主要是基于熟人社会的两个科研人员	拥有共同认知、兴趣和目标的群体科研人员，数据共享在群体范围内公开透明，并共同进行研讨、交流	既可以是单独的科研人员，也可以是群体科研人员	可以是所有的科研人员，不论何种专业，不论何种区域
数据共享客体	是碎片化、个性化的数据信息，在一定程度上可以理解为未经加工的零次或一次数据	是群体的数据信息的集合体，是科研人员个人数据的融合	均是经过提炼加工和整理后的系统化信息，常涉及科研报告、技术文档、知识等核心资源	多为非关键性的学习资料、视频、科研咨询等

表3-1(续)

项目	个体交互式模式	群体交互式模式	数据库共享模式	云平台数据共享模式
数据共享技术	微信、QQ、微博、博客等	Wiki、QQ群、微信群、在线会议等	单位、个人自建的数据库	云计算机技术
数据共享过程	数据共享是自发行为，共享过程非正式，具有短暂性、即时性和随意性	数据共享是在课题负责人引发下的自发行为或被动行为，共享过程正式，具有持续时间长、专业性、刻意性	共享数据是主动积极进行的行为，共享过程正式，是规范化过程，遵循一定的标准	共享过程是自发行为，共享过程非正式，具有时效长、灵活性

二、三个层次数据共享的特征比较

5W1H分析法也叫六何分析法，是一种思考方法，也可以说是一种创造技法，在企业管理、日常工作生活和学习中得到广泛的应用。5W1H分析法是指对选定的项目、工序或操作，都要从原因（why）、对象（what）、地点（where）、时间（when）、人员（who）、方法（how）六个方面提出问题进行思考。表3-2从5W1H角度对三个层次进行了横向比较。

表3-2　三个层次数据共享特征比较

	私下共享	团队共享	开放共享
地点（where）	最有效、最普遍的讨论形式，任何场合均可进行的交流对话	存在对某一科研队伍的成员之间或小组成员之间	开放型的虚拟社区、半开放的政府数据网站、有定价的数据共享平台
人员（who）	单个科研人员之间	有限范围的课题组、科研队伍	对任何人开放
方法（how）	三种模式中个体参与的角色不一样，形成不同数据流向	基本上在团队成员之间形成封闭式数据流	知识的流动是无序、多维度的散状图
对象（what）	知识结构、个人特征、人格、能力、价值观、态度	综合考虑知识因素、主体因素、环境因素和结构因素，如团队协作能力、组织文化、学习氛围	以知识因素、环境因素、结构因素为主，主体因素为辅

表3-2（续）

	私下共享	团队共享	开放共享
原因（why）	想得到自己研究所需的数据	推进课题研究的进程，提高科研成果质量	从更多渠道获取知识、促进共同兴趣团体的形成
时间（when）	受数据共享双方关系的影响	取决于团队任务的进展	根据数据共享平台的功能，数据共享的生命周期不一样

第五节　科学数据共享主要模式情景分析

结合前四节的分析，本节的情景分析将以供求关系为主线，再现相关利益群体的科学数据共享交互情况。

一、数据池模式

·　作为有管制的数据共享模式代表，这一类共享活动中数据的收集存储和分享利用并重，日益增长的数据共享需求主要靠数据生产不断积累来满足，笔者将其形象地称为"数据池模式"。

这一模式经常用于诠释公共财政经费支持的数据共享。共享活动的延续性多取决于上游经费支持力度与制度规范的要求。基于公益属性，数据池模式采取了自上而下强有力的推行手段，其数据共享路径多为持续的单向传播。数据供给者在一定的制度要求下，将面向公众提供数据共享服务视为一种义务和责任。数据池模式的数据共享以不断积累的数据供给为基础，通过扩大数据规模进而拓展共享规模，凭借数据生产与获取能力的不断提高，扩展数据共享服务的能力和水平。数据的动态更新迭代在促进数据积累的同时，推进共享工作前进。这是科学研究提供给公众社会开放服务最为有效的、主流的数据分享方式[①]。

然而数据池模式的科学数据共享有点粗放。尽管有些专业工具的应用从一定程度上提高了共享数据的完整性、系统性，但该模式的科学数据堆砌式生长

---

① 张丽丽. 科学数据共享治理：模式选择与情景分析，中国图书馆学报［J］. 2017，43（3）：54-65.

仍然存在一定的缺陷。科研人员的科学数据供给受制于资助机构的强制政策要求，虽然管理形式上也通过包括同行专家评议、专业工具监测管控等手段来保障数据量和数据质量，但这些措施并没有考虑到科学数据供给者的自身诉求，数据的共享仍呈现被动状态。同样，由于既定的政策，科学数据供给活动也很少考虑个体需求者的数据诉求。数据池模式从形式和规模上为推动科研数据开放共享提供了坚实基础，但要想在更大范围内挖掘"休眠数据"的深层价值，还需要调动数据供给者的积极性，倾听实际的数据需求，探索实现多模式并举。

二、数据出版模式

结合 Lawrence 等的观点，笔者认为，从数据主体地位与发展过程方面可将数据出版分为三大类：①历史悠久的学术论文辅助数据出版、附录数据出版，即认为数据是科研附属产物；②独立的数据出版，包括直接出版数据集、同时出版数据集及其描述文档（如数据论文）两种形式，由于数据作为科学研究的重要成果独立出现并更易于获取和重用，独立的数据出版模式成为当前颇受瞩目的数据出版形式；③广义的数据中心的数据出版。

数据出版模式中的科学数据流动开始逐步将数据供给与需求联系到一起。数据的供给者通过数据出版实现自己的学术价值，出版社则通过交换获得支持运行的基础资源；作为服务过程，数据用户与出版商凭借一定的货币或服务评价实现交换。共享双方交换的过程皆以第三方出版社为枢纽，这种交换不是简单的以物易物，而是以相对成熟的标准化协议或合同的形式出现，这使数据面向大规模开放服务成为可能。为了更好地推动数据应用，更多的数据出版平台将数据用户的反馈评价正式纳入其中。数据共享不再是自上而下倾倒，来自个体用户的针对性建议和意见使这一模式运转有了更多交互的可能。

作为推动科学数据共享的有效途径之一，数据出版模式既提升了科学数据的可信度，又提高了学术造假成本，同时为更好地拥有、使用和推广科学数据成果带来了可能。不过，相较于传统学术论文出版，数据出版的学术地位和行业认可度、运营模式的可持续性、数据开放与版权保护等方面仍有待发展。数据引用及其计量评价源于传统学术体系，又有所不同，亟待建立一套既适应科研活动规律又能满足自身发展需要的评价体系，从而调动数据供给方的积极性，切实推动数据出版共享。

三、数据交易模式

数据市场的交易模式主要是利用市场这只"看不见的手",为权属明晰的数据买卖提供第三种选择。数据市场的数据交互为更好地发现数据价值提供了途径,同时也通过数据分析工具的使用与数据质量、范围的标识实现了数据的比较和价值发现。数据交易可提供相对可靠的数据质量控制与便捷的使用方法和工具,使数据价值更加容易被发现和获取。可以说,商业化的运作模式为持续挖掘科学数据的价值提供了广阔空间。

数据的巨大市场潜力吸引着传统 IT 公司、新兴数据公司纷纷打造数据交易平台,以期通过提供数据交易及其配套增值服务来获取更多商业价值的回报。例如问卷星、百度文库、问卷网等典型数据交易平台的实践。

根据访谈记录,有两个是科研人员经常使用的科学数据共享平台。

案例 3-5 问卷星

问卷星是一个专业的在线问卷调查、测评、投票平台,专注于为用户提供功能强大、人性化的在线设计问卷、采集数据、自定义报表、调查结果分析系列服务。与传统调查方式和其他调查网站或调查系统相比,问卷星具有快捷、易用、低本成的明显优势,已经被大量企业和个人广泛使用,典型应用包括以下类型。

企业:客户满意度调查、员工满意度调查、企业内训、需求登记、人才测评、培训管理。

高校:学术调研、社会调查、在线报名、在线投票、信息采集、在线考试。

个人:讨论投票、公益调查、博客调查、趣味测试。

自助服务:轻松创建可以在线填写的网络问卷,然后通过 QQ、微博、邮件等方式将问卷链接发给好友填写,问卷星会自动对结果进行统计分析,您可以随时查看或下载问卷结果。

问卷星具有三大优势。

高效率:网页、邮件多种回收渠道,结合独特的合作推荐模式,从而大大延伸您的答卷数据来源范围,在短时间内收集到大量高质量的答卷,帮助公司了解潜在消费者的需求;同时又能让更多人通过您的问卷了解到贵公司的产品和服务，扩大公司的知名度和影响力，达到一举多得的效果。同时，通过问卷星提供的专业的问卷调查平台，可以在线设计问卷，实时查看最新答卷并进行统计分析，真正做到一站式服务。

高质量：可指定性别、年龄、地区、职业、行业等多种样本属性，精确定位目标人群；还可以设置多种筛选规则、甄别页、配额控制等条件自动筛选掉无效答卷，同时支持人工排查以确保最终数据的有效性。

低成本：严格按效果计费，无效答卷不计费，有效答卷单价最低2元起（针对高校用户）。

案例3-6　百度文库

百度文库是百度发布的供网友在线分享文档的平台。百度文库的文档由百度用户上传，需要经过百度的审核才能发布，百度自身不编辑或修改用户上传的文档内容，网友可以在线阅读和下载这些文档。百度文库的文档包括教学资料、考试题库、专业资料、公文写作、法律文件等多个领域的资料。百度用户上传文档可以得到一定的积分，下载有标价的文档则需要消耗积分。当前平台支持主流的文件格式。

百度文库平台于2009年11月12日推出，2010年7月8日，百度文库手机版上线。2010年11月10日，百度文库文档数量突破1 000万。2011年12月，百度文库优化改版，内容专注于教育、PPT、专业文献、应用文书四大领域。2013年11月正式推出文库个人认证项目。截至2014年4月，百度文库文档数量已突破1亿。

2019年5月，原归属于百度EBG（新兴业务事业群）的百度教育事业部被裁撤。原百度教育事业部旗下产品百度文库业务进入百度内容生态部门。11月7日，百度文库与首都版权产业联盟等单位联合推出版权保护"文源计划"，力求"为每篇文档找到源头"。

百度文库的积分分为经验值和积分两部分，与用户等级相关的是经验值。经验值是根据用户在文库的行为获得，同时，经验值决定了用户在文库的等级，用户头衔随经验值增加而晋级并获得更高的头衔。

数据交易模式为面向开放服务的数据共享交流提供了新的视角和平台。该模式立足数据集特征，在数据发布方式、发布渠道、技术工具的应用等方面沿用传统数据集的共享管理方法，其亮点在于共享模式的内在运行机制不同于以往公益性的开放共享，它将数据共享活动视为一种经济交易活动推向市场。数据供给与需求的角色定位更为清晰，治理规则主要依靠经济市场"看不见的手"来调节，这为共享激励措施注入了新的元素，为面向开放服务的数据模式选择提供了新的契机和思路①。

基于情景再现不难看到，数据池模式在开放服务大环境中虽显粗糙，却是当前数据共享不可或缺的方式之一，并将在相当长一段时间内持续有力地支持公益性数据的原始积累。数据出版模式则较好地调动了数据生产者的积极性，既重视共享意愿的培养，也促进共享文化的形成，是面向开放服务日趋主流的数据共享模式之一。与此同时，由于市场力量的介入，数据交易模式将是未来面向开放服务不可或缺的选择，但由于数据资产专用性的高门槛一直存在，这类模式在相当长时间内仍将以科学研究共享活动中的补充形式存在。数据交易模式应用的前提是预先理顺公益性经费支持的数据生产与有偿共享服务的界限——只有具有一定附加值并能够独立核算成本投入的数据，才可根据行业领域情况尝试该模式的运用②。

---

① 张丽丽. 信息共享的制度经济学浅析 [J]. 图书情报工作，2013，57（19）：57-61.

② 王晴. 论科学数据开放共享的运行模式、保障机制及优化策略 [J]. 国家图书馆学刊，2014，23（1）：3-9.

第四章　研究设计与数据分析

第二章通过对现有影响科研人员科学数据共享行为理论的梳理和分析，发现每种理论对本书都有可借鉴之处，通过理论间的结合和相互完善，本书参考现有的理论和实证研究，根据已有的理论和相关结论，通过观察和总结，提出科研工作者共享科学数据意愿和行为的因素模型和假设。

第一节　研究设计

科学研究中，理论的提出均需要实证的支撑。本书提出的假设和理论模型也是建立在理论基础上，因此需要实证研究来检验理论是否存在偏差。实证研究不仅能验证研究中的理论假设，还有可能揭示出研究所忽略的其他影响因素。根据调查的可行性和实际情况，本书采用调查问卷的方式进行实证研究的数据收集。

一、问卷设计

本书通过问卷星、知网、万方等二手资料，参考 5 份数据共享问卷设计内容，结合本书研究的目的和群体，进行缜密的设计，并通过头脑风暴法、专家咨询法对问卷进行多次内部评审和修改，最终形成正式问卷。

1. 问卷设计的原则与要求

调查问卷作为调查统计研究中的主要测量工具，问卷设计就成为调查研究的关键前提。1978 年，Dillman 建议设计问卷应该遵循以下要求：问卷前有一个简短的问卷调查说明和解释；问卷内容满足研究的要求，问卷结构清晰，问卷的题项尽量采用封闭式问题，语句通俗易懂；问卷题项不要过多，填答问卷的时间最好在 20 分钟以内。

随后，Schwab（1980）、Salant 和 Dillrnany（1994）又补充了一些更为全面的问卷设计原则，以减少因问卷设计不当而造成的统计偏差。

（1）问卷的长度：控制在 6~8 页纸，以 20 分钟内能够填答完成为宜。通常问卷越长，问卷的效率越低。

（2）问卷的说明：可以简单介绍研究目的，进行简明的填答指导。

（3）问卷的语言：应避免使用复杂的术语、行话或缩写，应使用大多数回答者能够理解的朴素、简单、日常的语言。

（4）问卷的结构和内容：问卷结构要简单、明晰，同一量表里的问题要具有同质性和相关性，但所有题项间要确保互相排他。

（5）问题的设计方式：尽量使用封闭式问题，少用或不用开放式问题。

（6）量表的级数：随着量表级数的增加，问卷的可靠性也随之增加，但当级数高于 5 后，问卷可靠性增加的比例会放缓。

2. 问卷的设计过程

在问卷调查法中，问卷设计过程也非常重要，设计过程适宜，研究才更可靠和具有价值。本书中的问卷设计过程见图 4-1①。

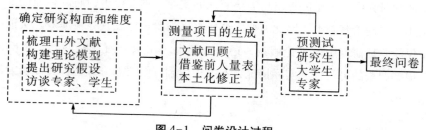

图 4-1　问卷设计过程

（1）确定研究构面和维度。研究构面的确定，就是将研究模型中涉及的概念变量用具体的、可测量的维度明确地表示出来。从本书的研究模型中可以看到，本书的主要研究构面是科学数据共享意愿、科学数据共享因素、科学数据共享行为、科学数据共享制度和人口统计学变量。

（2）确定研究构面和研究维度的题项构成。本书充分借鉴了国内外相关

① 武文颖. 大学生网络素养对网络沉迷的影响研究 ［D］. 大连：大连理工大学，2017.

研究人员已经开发和使用过的量表，这些量表经过了信度和效度的检验。笔者研读了相关文献，确定了研究目的、研究问题和研究对象，通过专家鉴定、信效度检测及结合中国语言、文化特点、样本区域的实际状况，修正完善了调查问卷。设计问卷题项的过程帮助笔者进一步深化了对理论和研究模型的认知。

值得一提的是，在社会科学定量研究中，多数研究者倾向选择使用李克特多选项量表，因为李克特多选项量表具有等距变量的性质，可以进行求平均数、相关、回归等有意义的数据统计分析与归纳出合理的结论。因此本研究问卷李克特量表为主进行设计和编制。

本书中的预调查问卷共分为6个部分：第一部分是个人基本情况，涵盖个人年龄、职称、专业、科研课题等方面的14个题项；第二部分为科研人员科学数据类型及管理行为，涵盖数据类型、数据保存期限、数据处理、数据管理等方面的8个题项；第三部分为科研人员科学数据共享现状，涵盖数据共享对象、数据共享原因、数据共享阶段、数据共享范围、数据共享形式、数据共享内容7个题项；第四部分为科研人员科学数据共享意愿与共享能力，涵盖数据共享意愿与共享能力方面的8个题项；第五部分为科研人员科学数据需求程度与获取意愿，涵盖获取他人数据的愿望、态度、对数据获取的感知难度和成本、获取数据后的产出等方面7个题项；第六部分为科学数据共享的影响因素分析，涵盖数据共享的经济障碍、法律障碍、管理障碍等4个题项。

（3）为提高问卷的效度和信度，问卷初稿设计完成后进行了预测试

问卷前期预测时选取样本数应该多大最为适宜。根据专家意见和以往的实地研究表明，预测对象人数的原则应该是遵循问卷中那个题项最多分量表的3～5倍。科研人员科学数据共享意愿与共享能力包含8个题项，则预测对象最好是在24～40。问卷预调查首先在笔者所在单位部门和同学之间进行，25名科研人员参与了预测，主要考察了问卷的长度和耗时、题项语言是否明白易懂、问题和答项设置是否合理等。问卷耗时平均为30分钟，时间稍有些长，根据预测试结果分析，笔者调整了一些题项。然后，笔者通过抽样的方式，将80份问卷发放给四川省社会科学院的在读研究生（涵盖多个专业和年级）进行问卷前测，以测试问卷中所涉及的题项的合理性及是否有纰漏等。

3. 问卷预调查结果

（1）预测试样本特征分布

问卷前测期间共发放问卷80份，回收问卷78份，笔者逐份检查筛选了问

卷，删除了不诚实填答、数据不全或同一性答案的问卷，获得有效问卷75份，有效回收率93.75%，得出的预测试样本特征分布见表4-1。

表4-1 预测试样本特征分布

性别	人数/人	占比/%
男	40	53.3
女	35	46.7

（2）预调查问卷的项目分析

通过问卷信息整理，笔者删减了一些不重要的题项和一些具有多重含义的题项，增加了一些选项，如问卷第五题，增加了选项"一般工作人员"和"其他"两个选项，原问卷没有考虑到政府工作人员的职务选项。并用SPSS软件和层次分析方法（AHP）对预调研数据进行了分析，主要是数据共享的影响路径和权重，再次调整，删减了一些题项，使调查问卷更加全面，能正确反映课题的研究目的。

（3）预调查问卷的效度分析

效度是指测量工具正确衡量研究对象的程度，即准确性。效度越高，表示测量结果越能准确显现测量对象的真正特质。效度是一个多层面的概念，效度检验必须针对特定的研究目的、适用范围，从不同角度分别收集数据进行分析。本研究主要从内容效度和结构效度两方面来分析预调查问卷的效度。

①内容效度

内容效度指的是实际内容与所测内容的吻合程度，内容效度没有量化指标，只是推理和判断的过程。确定内容效度有两个条件，一是要有定义完好的内容范围；二是题项应是所测内容的代表性取样，如果题项恰当地代表了所界定内容，则说明问卷具有比较好的内容效度。保证比较好的内容效度的方法之一是请专业领域专家对量表进行反复评价。此外，为了设计具有较好内容效度的问卷，研究者需要依照研究理论框架，收集相关问题，选择能够涵盖所测研究范围的问题，这样才能保证研究工具的内容效度。本书对于各个变量的测量都是建立在充分研读文献的基础上，本书从问卷设计之初就尽力避免各种误差的发生。问卷设计注意题项的无偏差、完备，内容参考国内外相关研究论文中的成熟量表，注重版面设计，使问卷尽可能做到可信、清晰、易懂。在正式施测之前对问卷进行了预测试，对一些信度和效度不高的题项进行了合并和删减，问卷回答时间控制在 20 分钟以内，使受访者不至于产生厌倦。调整后的问卷又征询了专家的意见。通过了较为严格的修正程序，最终确定了本研究的量表，可认为该量表已具有较好的内容效度。

②结构效度

结构效度是了解测量工具是否反映了概念和命题的内部结构，比较所得结果中的二组或多组题型，若二者间有某种相关关系存在时，就表示此问卷具有某种程度的结构效度。由于结构效度的方法是通过与理论假设相比较来建立的，因此又被称为理论效度。结构效度可分为"收敛效度"与"区别效度"两种形式。收敛效度指的是用不同方法测量同一个构面时，两个测量结果间具有较高的相关程度。而区别效度指的是用相同方法来测量不同构面时，其两个测量结果之间具有较低的相关程度。本书将采用主成分因素分析法来检验问卷的结构效度。做主成分因素分析时，当测量同一构面的一组题项落在一个因子上时，那么量表就具有收敛效度，当理论上有区别的构面不具有高度相关性时，那么量表就具有区别效度。

另外，在问卷前测的过程中，笔者发现很多被测试者潜意识中认为"不愿意共享数据""一些情况下不愿意和品质不好的人共享数据"是一种负面情形，故在这部分问卷中刻意回避一些问题，没有填答出真实想法。故在问卷正式发放前，我们把问卷中不愿意共享数据的原因修改为数据共享障碍。

二、问卷的正式实施

1. 正式问卷的构成

正式施测的问卷一共包含 48 个问题，分为 6 个部分，经过测试大概需要 15~20 分钟填答完成。问卷开头简要说明了研究目的，并提供了答题指导。第一部分是个人基本情况，涵盖个人年龄、职称、专业、科研课题等方面的 14 个题项。第二部分为科研人员科学数据类型及管理行为，涵盖数据类型、数据保存期限、数据处理、数据管理等方面的 8 个题项。第三部分为科研人员科学数据共享现状，涵盖数据共享对象、数据共享原因、数据共享阶段、数据共享范围、数据共享形式、数据共享内容等方面 7 个题项。第四部分为科研人员科学数据共享意愿与共享能力，涵盖数据共享意愿与共享能力 8 个题项。第五部分为科研人员科学数据需求程度与获取意愿，涵盖获取他人数据的愿望、态度，对数据获取的感知难易度和成本，获取数据后的产出等方面 7 个题项。第六部分为科学数据共享的影响因素分析，涵盖数据共享的经济障碍、法律障碍、管理障碍等4个题项。具体详见附录1。

2. 调查目的和调查结果

本书为了较好地回应共享社会背景下科研人员对科学数据共享的影响的现实关切，以科研人员为研究对象，进而提出研究问题和研究假设，构建科研人员科学数据共享的多因素影响综合模型，通过问卷调查，运用SPSS高级统计分析方法进行模型验证，具体量化各影响因素对科研人员科学数据共享的影响，最终构建网络素养教育视角下的科研人员科学数据共享的机制。

本书采取了匿名问卷调查方法。由笔者、笔者同学和研究生作为调查人员，笔者专门对研究生进行了调查培训。为确保数据的公正性，被调查科研人员采用匿名填答方式，问卷发放按照分层随机抽样方式进行。

在组织实施调查过程中，严格控制调查过程中诸多人为影响因素，确保问卷的信度。主要过程如下：

①调查问卷经过前测、修改和多次论证，确定正式问卷内容。

②对研究生进行事先发放培训，明确告知本次调查的目的和实施方法。

③按照面对面发放问卷的方式，给填答者讲解不明之处，然后发放问卷链接。

④严格控制调查的各个环节，由笔者一人负责问卷审核，剔除废卷，确保调查质量。

⑤笔者和课题组成员对被调查者进行随机电话回访，再次确保问卷的真实性和质量。

3. 问卷的发放与回收

本问卷的调查目的是通过研究科研人员科学数据共享的经历进而分析影响科研人员科学数据共享意愿和行为的因素，问卷发放对象主要是科研人员，科研人员的工作单位主要是高校和科研单位，考虑到可触达性，本问卷的发放对象集中在高校，以高校内硕士研究生和博士研究生为主。问卷通过问卷星平台进行编辑和发放，通过微信朋友圈和硕士研究生或者博士研究生聚集的微信群进行转发扩散，并邀请周边同学进行转发，以达到足够数量，便于满足问卷的后期统计分析①。

---

① 闫珂珂. 基于科学数据共享平台的激励机制研究［D］. 北京：北京邮电大学，2018.

第二节　问卷描述性统计分析结果

一、个人因素描述性统计结果

个人因素包括性别、职业、学历、工作理念等。可以看出设计问卷的发放结果能够基本满足调查研究目的，问卷问题的设计较为合理使问卷得以有效回收，被调研对象的所在学科专业类型不尽相同，身份亦不单一，并对被调研对象的海外留学经历、科研合作情况展开调研，使得研究结果具有一定的代表性、广泛性和新颖性。

1. 性别描述性统计结果

参与本课题问卷调查的研究人员，男女比例为 42∶58，性别适当均衡。具体如表 4-2 和表 4-3 所示。

表 4-2　性别基本情况统计表

名称	选项	数量	百分比/%
性别	男	100	39.84
	女	151	60.16
合计		251	100

表 4-3　性别频数分析结果

频数分析结果				
名称	选项	频数	百分比/%	累积百分比/%
性别	男	100	39.84	39.84
	女	151	60.16	100
合计		251	100	100

2. 年龄描述性统计结果

由表 4-4 和表 4-5 可知，样本中年龄在 30 岁以下的居多，占比为 44.62%，代表着新一代的科研人员正在逐渐成为社会科学研究的主力；有 23.51% 的样本为 "31~40 岁"，41~50 岁样本的比例是 22.71%。通过统计分析，可以看出 20~44 岁的研究人员占总数的 68.13%。该年龄段的科研人员已具备一定科研经验，思维活跃，学术视野开阔，接受研究新方法、新工具的能力强，是科研的主力军。其获取、保存、管理和共享科研数据的状况可在很大程度上反映科研人员在此方面的整体状况①。

表 4-4　年龄统计基本情况表

选项	小计	比例/%
20~30 岁	112	44.62
31~40 岁	59	23.51
41~50 岁	57	22.71
51~60 岁	17	6.77
60 岁以上	6	2.39
本题有效填写人次	251	
选项	小计	比例/%
20~30 岁	112	44.62
31~40 岁	59	23.51
41~50 岁	57	22.71
51~60 岁	17	6.77
60 岁以上	6	2.39
本题有效填写人次	251	

表 4-5　年龄频数分析结果表

名称	选项	频数	百分比/%	累积百分比/%
年龄	20~30 岁	112	44.62	44.62
	31~40 岁	59	23.51	68.13
	41~50 岁	57	22.71	90.84
	51~60 岁	17	6.77	97.61
	60 岁以上	6	2.39	100
合计		251	100	100

---

① 司莉，庄晓喆. 我国高校科研机构库联盟的建设需求调查与分析 [J]. 图书馆，2017 (7)：19-26.

3. 职称描述性统计结果

由表4-6和表4-7可知，本书的调研对象绝大多数为科研机构科研人员和高校师生，其中在读硕士生人数占比最高，为31.47%，占比最少的为初级职称人员①，为1.2%。评了职称中的调查对象，调研人数最多的为具有副高职称的研究人员，占比21.51%，也是本书的研究对象。这和笔者的副研究员职称有一定的关系，无形中在一定程度上影响了调查对象的选择。问卷中的"其他"是指政府工作人员和企业研究人员。

表4-6　职称统计基本情况

选项	小计	比例/%
正高（研究员、教授等）	26	10.36
副高（副研究员、副教授等）	54	21.51
中级（讲师、助理研究员等）	43	17.13
初级（助教等）	3	1.2
在读博士研究生	13	5.18
在读硕士研究生	79	31.47
其他	33	13.15
本题有效填写人次	251	

表4-7　职称频数分析结果表

频数分析结果

名称	选项	频数	百分比/%	累积百分比/%
	正高（研究员、教授等）	26	10.36	10.36
	副高（副研究员、副教授等）	54	21.51	31.87
	中级（讲师、助理研究员等）	43	17.13	49
职称	初级（助教等）	3	1.2	50.2
	在读博士研究生	13	5.18	55.38
	在读硕士研究生	79	31.47	86.85
	其他	33	13.15	100
合计		251	100	100

① 主要是指助教、助理研究员、实习讲师、实习助理研究员，一般为刚毕业进入单位还未评职称的年轻科研人员。

4. 专业描述性统计结果

由表4-8可知，从学科背景看，调查对象来自自然科学领域和社会科学领域，其中社会科学领域占比达到91.63%，这与课题组的学科背景有很大关系，课题组负责人是经济管理专业，课题组成员多数来自社会科学领域，如区域经济学、劳动经济学、信息经济学、文献信息学等。

表4-8 专业统计表①

选项	小计	比例/%
自然科学	21	8.37
社会科学	230	91.63
本题有效填写人次	251	

5. 工作年限描述性统计分析

由表4-9和表4-10可知，调查对象的工作年限分布比较均匀。"没有工作经历"者主要是在读硕士研究生和在读博士研究生，占比最高，为26.69%，最少的为"工作31年以上"，占比3.59%。

表4-9 工作年限统计结果

选项	小计	比例/%
1~5年	63	25.11
6~10年	29	11.55
11~20年	42	16.73
21~30年	41	16.33
没有工作经历	67	26.69
31年以上	9	3.59
本题有效填写人次	251	

---

① 由于研究的需要，并没有细分具体的专业，如管理学、经济学、社会学。

表 4-10　工作年限频数分析结果

名称	选项	频数	百分比/%	累积百分比/%
工作年限	1～5 年	63	25.11	25.11
	6～10 年	29	11.55	36.65
	11～20 年	42	16.73	53.39
	21～30 年	41	16.33	69.72
	没有工作经历	67	26.69	96.41
	31 年以上	9	3.59	100
合计		251	100	100

6. 编制描述性统计分析

由表 4-11 和表 4-12 可知，调研对象中有编制的人员为 134 人，占比为 53.39%，无编制人员为 117 人，占比 46.61%。有编制的人员超过 50%，没有编制的人员中大部分为在读博士研究生和硕士研究生，剩余人员一部分为企业的科研人员，例如国美大数据研究院和阿里研究院的科研人员，一部分为科研院所引进的博士研究生，但是是合同制，没有编制。例如北京大学、清华大学、厦门大学，都在招聘合同制研究人员，招聘公告表明待遇与有编制的科研人员一样，但是具体实施过程中是否一样，没有具体的数据和案例支撑，这也是未来研究的一个方向。

表 4-11　编制统计结果

选项	小计	比例/%
有	134	53.39
无	117	46.61
本题有效填写人次	251	

表 4-12　编制频数结果

名称	选项	频数	百分比/%	累积百分比/%
是否有编制	有	134	53.39	53.39
	无	117	46.61	100
合计		251	100	100

案例 4-1 阿里研究院简介

阿里研究院是依托阿里巴巴集团海量数据、深耕小企业前沿案例、集结全球商业智慧，以开放、合作、共建、共创的方式打造的具有影响力的新商业知识平台。

自 2007 年 4 月成立以来，阿里研究院与业界顶尖学者、机构紧密合作，聚焦电子商务生态、产业升级、宏观经济等研究领域，共同推出 aSPI-core、aSPI、aEDI、aCCI、aBAI 及数据地图等多个创新性数据产品、大量优秀信息经济领域研究报告，以及数千个经典小企业研究案例。

阿里研究院发起"阿里开放研究计划"活动，目标是搭建"网商+研究者"在线对接的平台，发掘阿里平台案例和数据的价值，同时支持研究者成长，促进世界一流研究成果诞生，从而推动中国电子商务研究水平提升。

阿里开放研究计划是"阿里巴巴青年学者支持计划"的继承和升级，同后者相比，"阿里开放研究计划"有了更新的内涵，支持对象从青年学者拓展到了电子商务相关研究者，研究领域则聚焦网络消费、产业升级、小企业、宏观经济等领域，在运行机制上，每一个研究方向都将由阿里研究院的专职研究专家对接。

7. 所属机构描述性统计分析

由表 4-13 和表 4-14 可知，本次调研对象中普通公办院校占比最高，为 43.03%；其次为研究所，占比为 17.93%，排在第三位的为 211 工程院校，占比为 17.13%。

表 4-13 所属机构统计结果

选项	小计	比例/%
研究所	45	17.93
985 工程院校	17	6.77
211 工程院校	43	17.13
普通公办院校	108	43.03
民办院校	5	1.99
政府机构	15	5.98

表4-13（续）

选项	小计	比例/%
私营企业	2	0.8
其他	16	6.37
本题有效填写人次	251	

表 4-14　所属机构频数结果

频数分析结果

名称	选项	频数	百分比/%	累积百分比/%
	研究所	45	17.93	17.93
	985 工程院校	17	6.77	24.7
	211 工程院校	43	17.13	41.83
所属机构	普通公办院校	108	43.03	84.86
	民办院校	5	1.99	86.85
	政府机构	15	5.98	92.83
	私营企业	2	0.8	93.63
	其他	16	6.37	100
合计		251	100	100

8. 单位或公司所在地描述性统计分析

单位或公司所在地统计结果和频数结果分别见表 4-15 和表 4-16。

表 4-15　单位或公司所在地统计结果

选项	小计	比例/%
省会城市	141	56.18
直辖市	30	11.95
地级市	68	27.09
县城	12	4.78
本题有效填写人次	251	

表 4-16　单位或公司所在地频数结果

名称	选项	频数	百分比/%	累积百分比/%
单位或公司所在地	省会城市	141	56.18	56.18
	直辖市	30	11.95	68.13
	地级市	68	27.09	95.22
	县城	12	4.78	100
合计		251	100	100

9. 工作区域描述性统计结果

工作单位地理区域统计结果和频数结果分别见表 4-17 和表 4-18。

表 4-17　工作单位地理区域统计结果

选项	小计	比例/%
东北	10	3.98
华东	49	19.52
华中	27	10.76
华南	14	5.58
西南	98	39.04
西北	6	2.39
华北	47	18.73
本题有效填写人次	251	

表 4-18　工作单位地理区域频数结果

名称	选项	频数	百分比/%	累积百分比/%
地理区域	东北	10	3.98	3.98
	华东	49	19.52	23.51
	华中	27	10.76	34.26
	华南	14	5.58	39.84
	西南	98	39.04	78.88
	西北	6	2.39	81.27
	华北	47	18.73	100
合计		251	100	100

10. 最高学历描述性统计分析

由表 4-19 和表 4-20 可知，调查对象中具有研究生学历者占 75.7%，其中博士研究生占比为 31.08%，硕士研究生占比 44.62%。这部分群体研究活动频繁，对科研数据管理与共享的认识较深刻，有助于调查结果更准确地揭示科研人员对科学数据共享的看法和需求。值得一提的是，通过对原始数据的分析发现，本科生分为两部分：一部分为 55 岁以上的科研人员，一部分为基层政府的工作人员。这也是本书的一部分特殊样本。

表 4-19　最高学历统计结果

选项	小计	比例/%
博士研究生	78	31.08
硕士研究生	112	44.62
本科	55	21.91
其他	6	2.39
本题有效填写人次	251	

表 4-20　最高学历频数结果

名称	选项	频数	百分比/%	累积百分比/%
最高学历	博士研究生	78	31.08	31.08
	硕士研究生	112	44.62	75.7
	本科	55	21.91	97.61
	其他	6	2.39	100
合计		251	100	100

11. 主持过的最高级别的课题描述性统计分析

主持过的最高级别的课题和主寺过最高级别的课题频数结果分别见表 4-21 和表 4-22。

表 4-21　主持过的最高级别的课题

选项	小计	比例/%
国家级（数量）	43	17.13

表4-21(续)

选项	小计	比例/%
省部级（数量）	51	20.32
地市级（数量）	19	7.57
本单位（数量）	23	9.16
其他（数量）	29	11.55
没有主持过	86	34.26
本题有效填写人次	251	

表 4-22　主持过最高级别的课题频数结果

名称	选项	频数	百分比/%	累积百分比/%
您主持过的最高级别的课题	国家级（数量）	43	17.14	17.14
	省部级（数量）	51	20.32	37.45
	地市级（数量）	19	7.57	45.02
	本单位（数量）	23	9.16	54.18
	其他（数量）	29	11.55	65.74
	没有主持过	86	34.26	100
合计		251	100	100

12. 海外留学经历描述性统计分析

由表4-23和表4-24可知，被调查者中85.66%是没有海外留学经历的人，可以看出本书的研究对象中，国内高校的科研人员占大多数。

表 4-23　海外留学经历表

选项	小计	比例/%
有	36	14.34
无	215	85.66
本题有效填写人次	251	

表 4-24 海外留学频数结果

名称	选项	频数	百分比/%	累积百分比/%
是否有海外留学经历或工作经历	有	36	14.34	14.34
	无	215	85.66	100
合计		251	100	100

13. 在数据共享中的角色描述性统计分析

由表 4-25 和表 4-26 可知，数据共享主体包括数据提供者和数据消费者；数据共享促进者，包括提供多种增值服务的数据分发者以及建立数据标准、从事工具研发的促进者等①。本书界定的数据提供者角色主要负责对数据源信息进行注册，可以让大家共享；消费者是共享资源的使用者，主要是查询想要的数据对共享资源进行申请或订阅。

表 4-25 数据共享中角色分析表

选项	小计	比例/%
数据提供者	20	7.97
数据消费者	114	45.42
两者都是	71	28.29
两者都不是	46	18.33
本题有效填写人次	251	

表 4-26 数据共享中角色频数分析

频数分析结果

名称	选项	频数	百分比/%	累积百分比/%
在科学数据共享中的角色	数据提供者	20	7.97	7.97
	数据消费者	114	45.42	53.39
	两者都是	71	28.29	81.67
	两者都不是	46	18.33	100
合计		251	100	100

---

① 屈宝强，王凯，彭洁，等. 面向利益相关者的科学数据共享政策分析 [J]. 中国科技资源导刊，2015，47 (6)：35-40.

14. 科研人员以往合作课题情况

由表4-27可知，本书研究科研人员以往的科研项目合作情况的目的是了解以往科研项目合作对未来科学数据共享意愿和共享行为有无影响，如果有的话，影响是否显著[1]。拟合优度检验呈现出显著性（chi = 113.026，p = 0.000 < 0.05），意味着各项的选择比例具有明显差异性，可通过响应率或普及率具体对比差异性。具体来看，与科研院所合作、单位内部合作、与行政单位合作共3项的响应率和普及率明显较高。

表4-27　科研人员以往合作课题表

选项	小计	比例/%
单位内部合作	149	59.36
国际合作	29	11.55
与科研院所合作	67	26.69
与大专院校合作	39	15.54
与行政单位合作	89	35.46
与企业合作	63	25.1
其他	61	24.3
本题有效填写人次	251	

二、科学数据类型及管理行为描述性统计分析

1. 科学研究过程中产生的数据类型

数据按不同属性分成不同类别。科研人员在课题从申请到研究过程再到结题过程中产生的科研数据特征，包括数据来源、数据类型与数据量大小。由于数据量大小无法准确统计，所以作为忽略因子，但是绝对不会影响研究结果的信度。

由表4-28可知，科研人员在科研过程中产生的数据类型主要有课题研究报告、社会调查数据（一手数据）、课题申请书、对现有数据的分析计算、网络平台记录的数据、教学资料（例如PPT），其他。其中数据类型最多的为课

---

① 张素琪，高星，郭京津，等. 科研项目合作网络的分析与研究 [J]. 科研管理，2018，39（5）：86-93.

题研究报告，占 70.52%；其次为社会调查数据①（一手数据），占 61.35%；第三位是对现有数据的分析计算②，占 46.61%。

由表 4-29 可知，课题研究过程中科研数据来源多样化，即数据采集渠道多样化，不同平台产生的数据多样化，其中最主要的来源是各种数据库（例如知网、万方、维普，还有一些学校的硕士博士毕业论文数据库），占 86.94%；其次是社会调查研究，占 73.06%。值得关注的是"同行提供"，同行一般指同事、朋友以及研究方向类似的专家学者，"提供"一般是免费提供。由于课题类型和要求不同，科研人员从课题立项会产生不同格式和类型的数据，其中文本数据占比最高，为 92.24%。本书研究的"文本数据"主要包括调研报告、调研问卷、课题申请书（如国家社会科学基金、国家自然科学基金、四川软科学、四川省社会科学规划课题）以及产生的数据库；图片数据紧随其次，占比 46.94%，本课题研究的"图片数据"主要指课题研究过程中拍摄的图片以及其他单位或人提供的图片。

表 4-28　科研过程中产生的数据类型

选项	小计	比例/%
课题研究报告	177	70.52
社会调查（一手数据）	154	61.35
课题申请书（如国家社会科学基金、国家自然科学基金、省规划课题、省软科学等）	100	39.84
对现有数据的分析计算	117	46.61
网络平台记录的数据	64	25.5
教学资料（例如 PPT）	41	16.33
其他	31	12.35
本题有效填写人次	251	

①　一手数据主要分为两种，一种是面对面的访谈，如问卷调查，开放式访谈，质量有保障；一种是网上问卷调查，虽有一定范围的限制，但是谁填写是未知，质量无法保障。

②　现在数据主要是指一些数据库，例如×××市农业统计年鉴、工业统计年鉴，一些大学垄断性的数据库，有的滞后三年或者五年公开，以保持专业成果的垄断性和创新性。

表 4-29　科研数据特征

数据来源	社会调研	数据库（网络采集）	同行提供	购买	自创
比例/%	73.06	86.94	28.57	19.18	10.61
数据类型	文本数据	图片数据	视频数据	模型	其他
比例/%	92.24	46.94	16.33	20.41	8.16

2. 科学数据的储存方式

严格来讲，科研人员层面，并不是科研数据管理，而只相当于科研数据保管。

由表 4-30 可知，由于科学数据形式的特殊性和价值的不可估量，受调查者有意无意中至少采取了三种保存方式，具体如下：数据保存在个人电脑中占88.45%，使用 U 盘或移动硬盘加以备份占 62.15%，使用单位电脑保存数据占19.92%，而把数据保存在网络数据平台（如百度网盘）仅仅占 8.37%，只有2.37%的科研人员会把数据上传到结构服务器。值得关注的是，在当今的数字信息时代，虽然智能的数据保存工具相当多，但仍然有相当高比例的科研人员用纸质笔记本记录科研数据，占 17.93%。

表 4-30　科学数据的存储方式

选项	小计	比例/%
纸质笔记本	45	17.93
个人电脑	222	88.45
单位电脑	50	19.92
机构服务器	6	2.39
U 盘或硬盘、光盘	156	62.15
网络数据平台	21	8.37
其他	14	5.58
本题有效填写人次	251	

不管采用哪种数据存储方式，现状是数据只是单纯地保存在科研人员手里，数据潜在的效益未能发挥。出于安全性和可靠性的考虑，大部分科研人员认为电子版本最容易共享，纸质的共享起来费时费力，且共享范围较窄。只有13.06%的受调查者选择将科研数据存在网络数据平台，如百度云盘、阿里云

云盘、360 云盘。86.53%的受调查者认为电子邮箱也是一个不错的存储方式，这种方式不是主动行为，是和其他人资料沟通交换过程中无意存储数据。仅有5.31%的受调查者认为专业数据机构比较安全可靠，因而一般会选择专业数据机构。一方面，这说明目前科研人员科学数据的共享程度较低，数据共享意识薄弱；另一方面，也说明了目前我国的网络数据管理平台和专业数据管理机构的功能还没有完全满足科研人员的需求。

科学数据的获取往往需要投入大量的人力、物力和财力，有时要科学地提示和描述某些科学规律，如生态环境变化规律、农民收入变化趋势，需要有长时间序列数据的支持，往往是时间序列越长，数据越有价值，因为生态环境系统的变化是一个十分缓慢的过程，而且许多变化过程是不可逆的。许多数据的产生者或拥有者在使用过几次数据后，一般就不再使用这些数据而搁置在一边，而他们的同行却渴望得到和使用这些数据，如果能够以某种方式共享这些数据，不仅能够最大程度地发挥这些数据的价值，而且还能避免重复投入[①]。

关于论文或成果发表后原始数据的处置方式，51.84%的科研人员习惯性地将其归档，45.71%的科研人员顺其自然，对保存在原来位置的数据不再管理。在面对面访谈中，有些科研人员的电脑桌面全部铺满。有的科研人员每次做完一个课题就把课题的申请书、研究过程中搜集的资料、问卷设计方案、结题报告等一套资料完整地保存；调查对象中有20%的人会将相关科研数据随科研成果提交给项目资助单位和本单位科研管理部门。

这也从另一个侧面说明，目前四川省的科学数据缺乏有效的管理和共享机制，大量的数据散落在研究者个人手中，不利于数据的管理、共享和再利用。保管数据的方式和人员也会影响数据管理的安全性，数据越分散，越容易丢失[②]。

3. 科学数据的存储期限

由表 4-31 可知，对于"您的论文和成果发表后，原始数据一般保存多长时间？"这个问题，44.62%的科研人员选择保存 3 年以上，13.55%的科研人员会保存 6~12 个月，32.67%的科研人员保存 1~3 年，仅有 9.16%的科研人

---

① 魏东原，朱照宇. 专业图书馆如何实现科学数据共享 [J]. 图书馆论坛，2007，27（6）：253-256.

② 吴丹，陈晶. 我国医学从业者科学数据共享行为调查研究 [J]. 图书情报工作，2015，59（18）：30-39.

员会保存半年以下。可见，对于数据的保存期限是由研究人员和课题组自行确定。另外，仅有10%的科研人员选择在项目结束后永久保存科学数据。

表4-31　科学数据存储期限

选项	小计	比例/%
半年以下	23	9.16
6~12个月	34	13.55
1~3年	82	32.67
3年以上	112	44.62
本题有效填写人次	251	

4. 科学数据丢失问题

由表4-32可知，对于"您曾经发生过数据丢失问题吗?"这个问题，3.19%的科研人员经常发生，41.83%科研人员偶尔遇到过，37.45%的科研人员从未发生过数据丢失的问题。

由表4-33可知，对于当前的状况，19.12%的科研人员对当前的数据管理及保存方式满意，将近60.96%的科研人员对当前的数据管理及保存方式基本满意，有13.55%的科研人员表示不满意，有6.37%科研人员不确定是否满意。

表4-32　数据丢失问题统计结果表

选项	小计	比例/%
经常发生	8	3.19
偶尔发生	105	41.83
从未发生	94	37.45
不确定是否发生	44	17.53
本题有效填写人次	251	

表4-33　数据保存方式结果统计表

选项	小计	比例/%
满意	48	19.12
基本满意	153	60.96
不满意	34	13.55

表4-33(续)

选项	小计	比例/%
不确定是否满意	16	6.37
本题有效填写人次	251	

遗憾的是，以课题组为团队的科研数据管理工作还有待加强。由表 4-34 可知，有 39.04% 的科研人员显示课题组无专人统一管理数据；有 37.45% 的科研人员归档发表后的数据；仅仅有 14.34% 课题组有数据保存流程和平台，有的建立结构数据库。毫无疑问，加强科研数据的管理与保存，确保重要数据的安全性、可靠性是相当必要且紧迫的。

表 4-34　参加过的课题组如何管理数据

选项	小计	比例/%
无专人管理，各管各的	98	39.04
定期向负责人汇报统计搜集的数据	108	43.03
归档发表后的数据	94	37.45
课题组有数据保存流程和平台	36	14.34
其他	38	15.14
本题有效填写人次	251	

第三节　科学数据共享的相关性分析

相关性分析是指对两个或多个具备相关性的变量元素进行分析，从而衡量两个变量因素的相关密切程度。具有相关性的元素之间需要存在一定的联系才可以进行相关性分析。相关性不等于因果性，也不是简单的个性化，相关性所涵盖的范围和领域几乎覆盖了我们所见到的方方面面，相关性在不同的学科里面的定义也有很大的差异。本节主要分析年龄、性别、职称、工作年限、学历以及主持过的最高级别课题等与科研人员科学数据共享中角色、共享范围和共享时间的相关性。

一、年龄和共享角色、共享时间、共享范围的相关性分析

由表 4-35 可知，利用相关分析去研究年龄分别和"您在科学数据共享中

的角色为""您科学数据共享的范围为""您曾经将您的数据共享给他人吗"共3项之间的相关关系，使用 Pearson 相关系数去表示相关关系的强弱情况。具体分析可知：年龄和"您在科学数据共享中的角色为"之间的相关系数值为0，并且p值为1.000>0.05，因而说明年龄和"您在科学数据共享中的角色为"之间并没有相关关系；年龄和"您科学数据共享的范围"之间的相关系数值为-0.5，接近于0，并且p值为0.667>0.05，因而说明年龄和"您科学数据共享的范围"之间并没有相关关系；年龄和"您曾经将您的数据共享给他人吗"之间的相关系数值为1.000，并且呈现出0.01水平的显著性，因而说明年龄和"您曾经将您的数据共享给他人吗"有着显著的正相关关系。

表4-35　年龄和关系角色、共享时间、共享范围的相关性分析表

		年龄
您在科学数据共享中的角色为	相关系数	0
	p 值	1
您数据共享的范围为	相关系数	-0.5
	p 值	0.667
您曾经将您的数据共享给他人吗	相关系数	1.000**
	p 值	0
* p<0.05　** p<0.01		

二、职称和共享角色、共享时间、共享范围的相关性分析

由表4-36可知，利用相关分析去研究职称分别和"您在科学数据共享中的角色为""您数据共享的范围为""您曾经将您的数据共享给他人吗"共3项之间的相关关系，使用 Pearson 相关系数去表示相关关系的强弱情况。具体分析可知：职称和"您在科学数据共享中的角色为"之间的相关系数值为0，并且p值为1.000>0.05，因而说明职称和"您在科学数据共享中的角色为"之间并没有相关关系；职称和"您数据共享的范围为"之间的相关系数值为0，并且p值为1.000>0.05，因而说明职称和"您数据共享的范围为"之间并没有相关关系；职称和"您曾经将您的数据共享给他人吗"之间的相关系数值为0，并且p值为1.000>0.05，因而说明职称和"您曾经将您的数据共享给他人吗"之间并没有相关关系。

表4-36　职称和共享角色、共享时间、共享范围的相关性分析

Pearson 相关—详细格式		
		职称
"您在科学数据共享中的角色为"	相关系数	0
	p 值	1
"您数据共享的范围为"	相关系数	0
	p 值	1
"您曾经将您的数据共享给他人吗"	相关系数	0
	p 值	1
* p<0.05 ** p<0.01		

三、性别和共享角色、共享时间、共享范围的相关性分析

由表4-37可知，利用相关分析去研究性别分别和"您在科学数据共享中的角色为""您数据共享的范围为""您曾经将您的数据共享给他人吗"共3项之间的相关关系，使用Pearson相关系数去表示相关关系的强弱情况。具体分析可知：性别和"您在科学数据共享中的角色为"之间的相关系数值为0，并且p值为1.000>0.05，因而说明性别和"您在科学数据共享中的角色为"之间没有相关关系；性别和"您数据共享的范围为"之间的相关系数值为0.5，接近于0，并且p值为0.667>0.05，因而说明性别和"您数据共享的范围为"之间并没有相关关系；性别和"您曾经将您的数据共享给他人吗"之间的相关系数值为−1.000，并且呈现出0.01水平的显著性，因而说明性别和"您曾经将您的数据共享给他人吗"之间有着显著的负相关关系。

表4-37　性别和共享角色、共享时间、共享范围的相关性分析

Pearson 相关—详细格式		
		性别
"您在科学数据共享中的角色为"	相关系数	0
	p 值	1
"您数据共享的范围为"	相关系数	0.5
	p 值	0.667

表4-37(续)

Pearson 相关—详细格式		
"您曾经将您的数据共享给他人吗"	相关系数	-1.000**
	p 值	0

* p<0.05 ＊＊p<0.01

四、学历和共享角色、共享时间、共享范围的相关性分析

由表4-38可知，利用相关分析去研究学历分别和"您在科学数据共享中的角色为""您数据共享的范围为""您曾经将您的数据共享给他人吗"共3项之间的相关关系，使用 Pearson 相关系数去表示相关关系的强弱情况。具体分析可知：学历和"您在科学数据共享中的角色为"之间的相关系数值为0，并且 p 值为 1.000>0.05，因而说明学历和"您在科学数据共享中的角色为"之间并没有相关关系；学历和"您数据共享的范围为"之间的相关系数值为0，并且 p 值为 1.000>0.05，因而说明学历和"您数据共享的范围为"之间并没有相关关系；学历和"您曾经将您的数据共享给他人吗"之间的相关系数值为0，并且 p 值为 1.000>0.05，因而说明学历和"您曾经将您的数据共享给他人吗"之间并没有相关关系。

表4-38　学历和共享角色、共享时间、共享范围的相关性分析

Pearson 相关—详细格式		
		学历
"您在科学数据共享中的角色为"	相关系数	0
	p 值	1
"您数据共享的范围为"	相关系数	0
	p 值	1
"您曾经将您的数据共享给他人吗"	相关系数	0
	p 值	1

* p<0.05 ＊＊p<0.01

五、工作年限和共享角色、共享时间、共享范围的相关性分析

由表4-39可知，利用相关分析去研究工作年限分别和"您在科学数据共

享中的角色为""您数据共享的范围为""您曾经将您的数据共享给他人吗"共 3 项之间的相关关系，使用 Pearson 相关系数去表示相关关系的强弱情况。具体分析可知：工作年限和"您在科学数据共享中的角色为"之间的相关系数值为 0，并且 p 值是 1.000>0.05，因而说明工作年限和"您在科学数据共享中的角色为"之间并没有相关关系；工作年限和"您数据共享的范围为"之间的相关系数值为 -0.500，接近于 0，并且 p 值为 0.667>0.05，因而说明工作年限和"您数据共享的范围为"之间并没有相关关系；工作年限和"您曾经将您的数据共享给他人吗"之间的相关系数值为 1.000，并且呈现出 0.01 水平的显著性，因而说明工作年限和"您曾经将您的数据共享给他人吗"之间有着显著的正相关关系。

表 4-39 工作年限和共享角色、共享时间、共享范围的相关性分析

Pearson 相关—详细格式		
		工作年限
"您在科学数据共享中的角色为"	相关系数	0
	p 值	1
"您数据共享的范围为"	相关系数	-0.5
	p 值	0.667
"您曾经将您的数据共享给他人吗"	相关系数	1.000 **
	p 值	0

* p<0.05 * * p<0.01

六、主持过的最高级别课题和共享角色、共享时间、共享范围的相关性分析

由表 4-40 可知，利用相关分析去研究您主持过的最高级别的课题分别和"您在科学数据共享中的角色为""您数据共享的范围为""您曾经将您的数据共享给他人吗"共 3 项之间的相关关系，使用 Pearson 相关系数去表示相关关系的强弱情况。具体分析可知：您主持过的最高级别的课题和"您在科学数据共享中的角色为""您数据共享的范围为""您曾经将您的数据共享给他人吗"共 3 项之间的相关系数值为 0，并且 p 值为 1.000>0.05，因而说明您主持过的最高级别的课题和"您在科学数据共享中的角色为""您数据共享的范围为""您曾经将您的数据共享给他人吗"之间没有相关关系。

表 4-40　主持过的最高级别课题和共享角色、共享时间、共享范围的相关性分析

Pearson 相关—详细格式		
		主持过的最高级别课题
"您在科学数据共享中的角色为"	相关系数	0
	p 值	1
"您数据共享的范围为"	相关系数	0
	p 值	1
"您曾经将您的数据共享给他人吗"	相关系数	0
	p 值	1

*p<0.05　**p<0.01

第五章 科研人员科学数据共享需求行为研究

科研人员科学数据共享必须以需求为前提，没有需求的供给是过剩供给和无效供给，社会需求是科研人员科学数据网络化共享发展的最强劲推动力。随着数据密集型科研范式的形成和发展，科学研究过程所涉及的关键要素及层次关系渐趋复杂化和动态化，而且在环境、空间、资源和服务的相互作用下，科研活动呈现出数据驱动化和需求中心化等表征。

第一节 科研人员科学数据共享需求的内涵

一、科学数据共享需求的内涵

通过回顾相关文献发现，科学数据共享需求是图书情报领域的核心概念之一。针对需求的含义或内涵，很多专家学者都曾深入探讨，但从未获得一致的意见。在不考虑专业差异性的前提下，笔者认为需求定义包括三层含义：①需求是实际状态与目标状态之间的差距；②需求是一种有条件的、具有可行性的偏好，是个人自己感觉的喜好或者欲望，需要说明的是这种喜好仅仅是针对某个人，其他人并不一定是喜欢，有可能是讨厌；③需求是一种不足，是个体未能达到或保持最低的满足水准。根据不同的侧重点，需求可分为比较性需求、感觉性需求、基本需求和规范需求①。

笔者和课题组认为科研人员对科学数据共享的需求首先是一种现实的信息需求。而信息需求是指个人的内在认知与外在环境接触后所感觉到的差异、不足和不确定，通过自己习惯的形式表达出来及时获取解决问题所需的信息，来消除差异和不足，判断此不确定事物的一种要求。可以看出，科学数据共享主要满足的是个体的基本信息需求，是从信息系统的角度定义的用户需求。

其次，它是一种用户导向的信息需求。需要以科研人员为中心研究信息寻求过程中的认知、感觉、行动、情境。因此，共享需求除了对科学数据客体的需求，也包括获取和利用科学数据的需求以及向外发布和传递科学数据的需求，其基点是实现对外的数据信息沟通与交流，达到科学研究活动和社会活动中的某种目标。

科研人员科学数据共享需求的实质是以自己熟知的方式及时、快速、完全地获取多种类型和载体形式多样的科学数据，满足自身的特定科研活动需要。其数据共享需求是由科研人员自身决定的。由于不同研究领域的科研人员总处于一定的社会环境中，其数据共享需求必须适应社会发展的需求。数据共享需求本身是有结构的，而数据载体也是多样的，并且对数据需求的表达存在差异，导致了需求的层次性。所以，科研人员的数据共享需求表现出结构化的特点。其基本结构包括对科学数据本身的需求以及为了满足这一需求而产生的对数据检索工具系统和数据共享服务方面的需求。

1. 科学数据内容需求

数据内容需求包括对一手数据和二手数据的需求。一手数据的获取通常较为直截了当，可以通过观察、测量记录，或是通过问卷、实验等方法生产，包括实验数据、仪器测量数据、社会调研数据、爬虫爬取的数据、计算数据等。二手数据通常指已存在的，统计好的数据，常见的有政府公布的数据、大数据平台数据、咨询公司研究报告数据、行业数据库数据、文献中的数据等。

在科研中，获取数据是科研人员最重要的数据内容需求。一手数据中除了较为常见的实验、调查等数据获取方式，利用爬虫爬取数据也越来越受到研究人员的重视，采集网络数据也逐渐成为一种常规的数据获取方式。采集网络数据的目的是从海量数据中获取有用信息，通过分析提炼出有价值的原创性内

---

① 张莉. 中国农业科学数据共享发展研究 [D]. 北京：中国农业科学院，2006.

容。二手数据中较为常见的是在开放可获取的数据库或数据平台中收集数据，国家统计局等官方统计机构可以获得较为全面且宏观统计数据。如今，网络指数也成为科研人员数据获取的重要渠道，以百度指数、微博热搜为代表的网络舆情相关方面的研究成为研究的热点之一。百度指数可以发现关键词热度的变化，研究舆情发展，自2012年以来，知网中以百度指数为主题的论文逐年增多，呈现出稳定上升的趋势。

综合访谈资料来看，科研人员的数据内容需求体现在希望能够获得高质量的数据，以数据作支撑，使研究成果更具严谨性①。

2. 科学数据行为需求

科研人员的科研数据需求除了对数据内容的需求之外，还包括为了利用分享数据而产生的一系列行为，包括对数据进行共享、管理和重现研究过程等方面。大数据背景下，数据洪流的冲击使人们开始思考如何更有效地完成组织、存储、检索和维护等任务，发挥科研数据的价值，减少不必要的劳动。国内外的研究机构、政府、科研人员也意识到并且付诸行动，将科研数据整合集成到数据共享平台，为科研人员、学科发展等方面带来有价值的收益。但是目前国内"只给看论文、无法看数据"的现象依旧存在，缺少强制性的数据公开和共享要求，过程数据零散地分散在每个研究人员手里和研究的每个阶段。此外，利用原始数据检验或重现研究过程，也是许多受访者的需求之一。重现研究过程可为研究者了解他人研究过程，获得研究启示，也可以检验他人的研究。

二、分析方法：5W1H 分析法

5W1H 分析法也叫六何分析法，是一种思考方法，是对选定的项目、工序或操作，都要从原因（why）、对象（what）、地点（where）、时间（when）、人员（who）、方法（how）6个方面提出问题进行思考。

基于本书的研究目的，笔者将研究方法由 5W1H 拓展到 6W2H，增加了 1 个 W（which）和 1 个 H（how much），具体如表5-1所示。

---

① 沈玖玖，王志远，戴家武，等. 基于扎根理论的科研数据需求及影响因素分析［J］. 情报杂志，2019（4）：175-180.

表 5-1 6W2H 分析方法

	现状如何	为什么	能否改善提升
why	科学数据共享的目的是什么	为什么是这些？深层次的原因是什么？	未来共享的目的是否会变化？
what	科学数据共享的内容是什么	为什么是这些内容？这些内容的特殊性？	未来共享的内容是否会涉及更多内容？
where	在什么场合共享数据？	为什么在这些场合共享？这些场合的特殊性？	未来是否会在其他场合共享？拓展共享渠道？
who	谁来实施科学数据共享？	为什么只有这些数据共享？相关利益关系？	未来是否会有其他相关人员共享科学数据？
when	针对数据的不同类型，什么时间共享数据？	为什么是这些时间段？	未来共享时机是否会变化？
how	怎样去科学共享数据？	数据共享政策？	
how much	科学数据共享需要花费的成本？卖出去的价钱？	怎么定价？怎么计算成本？	
which	数据共享方式、数据共享平台等选择哪一个？	选择理由是什么？	未来期望

三、执行研究：扎根理论

1. 研究框架

在定性方法论发展历程中，西方主流研究者提出了诸多定性研究方法，其中，扎根理论因克服了在研究过程难以追溯和检验、研究结论缺乏说服力等一般定性研究方法存在的问题，而被认为是最具有科学性的方法（Denzin & Lincoln，2011）。扎根理论产生于社会学领域，是一种探索性研究，主张直接从原始资料中进行经验概括、生成概念和形成理论。Claser & Strauss（1967）指出扎根理论是为了回答在社会研究过程中，如何在符合实际情境的条件下通过系统化的方式获得与分析资料以构建理论，并在解释、说明实践问题的同时指导实践活动，简言之，扎根理论就是从资料、数据中发现理论的方法论。

程序化扎根理论具体的过程包括以下几步：第一步，问题产生。界定现象或产生研究问题，现象或问题的产生可以来自对现实的观察，也可以来自对文献的归纳与思考。第二步，收集资料。陈向明（2000）指出质性研究过程中最常见的资料收集方法有深度访谈法、跟踪观察法、实物分析法三种，另外，还包括口述史法、叙事分析法、历史法等方法，本书主要采用深度访谈法完成资料收集工作。第三步，进行资料分析。资料分析是扎根理论研究的核心步骤，主要包括开放性编码、主轴性编码和选择性编码三个步骤（Strauss，Anselm & Juliet Corbin，1990）。第四步，建立初步的理论框架。在第三步编码的基础上，将形成的概念或范畴组织起来以建构理论框架或分析模型。第五步，检验所构建的理论框架的饱和度。通过与以往文献对比检验构建理论的饱和度，若饱和，则可进行研究结论讨论，若不饱和，则补充资料，重新进行资料分析与理论构建①。

2. 深度访谈对象的确定

专家小组成员规模可由 20~50 人构成（Everett & O'Neil，1990；Graves，1993；Thach & Murphy，1995，Delbecq et al.，1975）。鉴于此，本书共选取了涵盖学术界与实践界的 20 名专家作为专家组成员，其中包括 16 名来自大学、科研机构的管理学及经济学、社会学、新闻学专业的教授和研究者（7 名教授/研究员、7 名副教授/副研究员、2 名讲师和 1 名在读研究生），保证了专家组成员的专业性；另外包括 2 名政府部门工作人员，其中 1 名为一般工作人员，1 名为副处长，他们都参与过很多课题，还撰写了很多行业规划和对策建议；2 名单位科研管理者，保证了专家组成员的全面性与代表性。专家组成员构成如表 5-2 所示。

表 5-2　深度访谈调查对象成员信息汇总

序号	单位	区域	性别	年龄分布	专家职务/岗位
1	××农业大学	长沙	男	36~45 岁	教授
2	××社会科学院	成都	男	36~45 岁	副研究员
3	××财经政法大学	武汉	女	36~45 岁	副教授
4	××市社会科学院	青岛	男	56 岁以上	研究员
5	××大学商学院	无锡	南	36~45 岁	教授

---

① 魏海波. 基于双元柔性的能力导向型人力资源实践系统与组织适应性绩效关系研究 [D]. 天津：南开大学，2018.

表5-2(续)

序号	单位	区域	性别	年龄分布	专家职务/岗位
6	××大学商学院	无锡	男	25岁以下	在读硕士研究生
7	××农业大学	保定	女	36~45岁	副教授
8	××建筑学院	济南	女	36~45岁	副教授
9	××大学	成都	男	36~45岁	教授
10	××财经大学	成都	女	36~45岁	教授
11	××民族大学	成都	男	56岁以上	教授
12	××学院	西昌	女	26~35岁	讲师
13	××信息工程大学	成都	女	36~45岁	讲师
14	××职业技术学院	保定	男	36~45岁	副教授
15	××师范大学	石家庄	女	36~45岁	副教授
16	××农业大学	北京	女	36~45岁	副研究员
17	××师范学院	绵阳	男	36~45岁	教授
18	××社会科学院	成都	女	25~36岁	科研管理者
19	××经济和信息化委员会	成都	男	36~45岁	信息化专员
20	××省工业经济研究中心	成都	女	26~35岁	信息化专员

3. 深度访谈过程

在进行深度访谈前，研究者与每位专家成员进行了充分沟通，并申明此次访谈的保密性与学术性。深度访谈开展时间为2019年6月中至2020年8月底，访谈主要依托电话、视频、语音聊天或文字交流等方式，由研究者本人依据访谈提纲对受访者进行提问，在征得受访者同意的前提下将访谈录音或记录整理为文。

4. 深度访谈主要内容

本次研究以科研人员科学数据共享影响因素为核心议题对专家组员开展深度访谈进行资料收集。课题组对访谈提纲进行了多次修订。最终访谈的内容主要涉及五个方面的内容：

（1）曾经的科研数据共享经历。如果有数据共享经历，那么数据共享内容是什么？何时共享？与谁共享？

（2）共享过程中有无特殊情况和个性案例。如侵权行为、别人乱用自己的数据。在以后的数据共享中应该注意的事项。

（3）如果没有共享经历，则研究过程中的数据从何而来？怎么朝别人要数据？

要数据时，别人有无其他要求（如仅限你一人参考，下次如果你有同类型的数据或者报告可以给我一份?)？被人拒绝时，自己的感受？

（4）评价一下现在单位同事之间科研数据共享的现状、氛围。与你知道的其他单位数据共享进行对比。

（5）科研人员科学数据共享对策建议。

5. 模型饱和度检验

本书在 22 份访谈文字记录中随机抽取了 20 份用于编码过程，剩余 2 份访谈记录则用于检验模型的饱和度。通过这 2 份访谈记录资料编码分析，结果并未产生新的概念和范畴，而且范畴间也没有出现新的联结关系，这表明本研究通过扎根理论归纳的核心概念和范畴已达到理论饱和。

第二节　科研生命周期各阶段数据需求分析

本节基于抽样访谈和文本编码，提炼出科研人员科学数据需求内容，再利用 NYivo11 软件的编码频次统计功能，得出各信息需求的资料编码汇总。本文参照 Miskon S. 等人的研究将编码占比（编码参考点占总编码参考点的百分比）作为衡量用户整体信息需求强度的指标，即编码占比越高，数据需求强度就越高，需求就越迫切。基于科研生命周期模型，科研人员科学数据需求可以归纳为 5 个类别，每个类别下分别包含不同强度的信息需求，具体阐述如下。

一、研究构想数据需求

基于扎根理论，科研人员对研究构想阶段的需求强度较高，如课题申请时，题目的构想；写论文时，论文题目的设定。资料编码占比 35.1%，包括主题的国内外研究现状（25.89%）、研究的热点与前沿（7.96%）、相关类似问题研究（1.25%）。其中科研人员对相关主题的国内外研究现状的数据需求强度较高，对相关类似问题的研究需求较低。

1. 在国内外研究现状上，科研人员希望相关学术平台，如知网、万方数据库可以提供相关主题的研究现状，有利于相关课题的申请和论文的撰写。

❖ 每年的国家社会科学基金申请书都要写国内外研究现状，找资料很麻烦。

❖ 每年的国家自然科学基金申请书，国内外研究现状和重点难点是最考验个人能力的部分之一。

❖ 投稿时论文的文献综述不是简单资料的堆积，是对现有资料的一个整理、归纳和总结。

2. 在研究热点与前沿上，科研人员希望所在单位、专业会议、知网等专业的学术圈子可以实时推送学术动态，持续跟踪研究领域内的学者动态，密切关注研究课题指南。

❖ 希望单位的科研动态管理系统能开辟一个专栏，主要介绍最新课题立项、结项情况，有利于我获取与我研究方向相同或类似的研究报告。

❖ 希望知网、维普以及一些专业的微信公众号能及时发布国家级基金项目申报情况，例如国家社会科学基金、国家自然科学基金、教育部项目，甚至一些部级课题，例如农业部软科学、国家统计局的统计专项课题，还有学者关心的一级期刊会议选题指南，帮助我获取未来研究的主题。

❖ "如果我们单位科研微信群以及知网、维普等网络平台能推送时政热点与政策方针方面的内容，例如中央一号文件解读、专项文件的解读，这对我申请相关课题以及撰写文章和投稿有很好的指引作用。"

3. 在文献获取上，科研人员主要需要专业文献阅读和专业文献求助两方面的数据。

❖ 希望有些学校的博士毕业论文能开放，例如北京大学、清华大学，他们学校的毕业论文写得很好，但是都不对外开放，不能满足我更好地阅读专业文献的需求。

❖ 我申请课题的名称以及写论文的主题都是建立在阅读了大量的论文、调研报告以及政府相关文件的基础之上，其中成都市图书馆的文献对我的帮助很大。

❖ 在研究讨论和分享上，科研人员需要学术社交网络组建自己的学术交流圈子并能实现实时交流。

❖ 我希望在学术社交网络中可以找到自己研究方向的学术群组，或者说学术社交网络允许用户自由组建学术圈子，方便科研人员交流讨论。

❖ 我希望学术社交网络进一步细分专业领域，让科研人员能找到自己研究领域的学术圈子。

二、研究规划数据需求

科研人员对研究规划阶段的需求强度较低，资料编码占 15.94%，包括研究进展（7.97%）、研究方法（3.98%）、科研协作（1.99%）和资金支持（1.99%），可以看出，科研人员总体来讲对这些数据需求的强度均较低。

1. 在研究进展上，主要是引文分析和经典文献推荐两方面的需求。

❖ 我想通过网络数据库和一些知名专家写的书来获取返乡创业的资料，包括未来研究趋势、研究热点等信息。

❖ 我希望自己的同事、师弟师妹师兄师姐可以根据自己当前的研究主题——乡村振兴、新农村建设，推荐一些经典文章和研究报告等供我学习参考。

2. 在研究方法上，科研人员希望学术社交网络整合自己研究领域的最新研究方法以及最新的统计工具，提供最新研究方法的推送与指导。

❖ 我希望学术圈子整合与自己专业相关的研究方法，方便我去写论文和研究报告。

❖ 对于我来说，经常运用的研究方法主要是文献研究法、比较研究法、案例研究法、层次分析法等，大约 7 种左右，但是随着研究方法的不断创新，我要不断地学习这些方法，更新自己的研究方法，运用到自己的研究报告和论文中。

3. 在科研协助上，科研人员一方面希望在由同事、同学等组成的固定学术圈子中与同行进行更深一步的学术交流与合作，另一方面也希望进行跨部门、跨单位、跨专业的正式交流与非正式交流。

❖ 我十分希望能与同行交流科研合作，尤其是与知名专家学者共同学习进步。

❖ 我很希望学术社交网络能够发挥加强研究交流的作用。

❖ 我觉得学术交流不要局限于同领域同专业之间，也希望学术社交网络中能提供更多的跨学科交流的机会。

4. 在资金支持上，科研人员不仅需要学术交流、学术协作提供纵向基金项目（主要是国家社会科学基金和国家自然科学基金）的经验交流，而且需要提供横向资助项目（如省软科学课题、省规划课题、省社会科学基金孵化项目）的申报支持。

❖ 单位每年到国家社会科学基金项目申请时，都会请专家来进行指导。对我而言，提供国家社会科学基金申报经验交流的板块和专家的指导，是非常有帮助的，也希望我自己能中一个基金项目。

❖ 我希望学术社交网络能够搭建横向资助项目的平台，帮助企业与科研人员建立项目联系。

三、研究项目实施时数据需求

研究项目阶段分为两种：课题项目实施阶段和论文写作阶段。两者对于数据需求强度存在明显差异。课题项目又分为两种，一种是横向课题，如××市十四五规划课题、××县商贸局十四五规划课题、××县农业集体经济发展课题、××区科技园区发展规划课题；另一种是纵向课题，如国家社会科学基金、民委委托课题、国家统计专项课题、农业部软科学。这两种课题对于数据需求的强烈程度也存在明显差异。

1. 科研人员对纵向课题实施阶段数据需求强度强烈，资料编码占59.76%，包括文献资料管理（11.95%）、科研工具（15.94%）、数据管理（15.14%）、部门数据（16.73）。其中科研人员对科研工具和部门数据的需求强度较高，对文献资料整理的需求强度较低。

❖ 我的国家社会科学基金项目在调研过程中，特别需要市县商务局、就业局的统计数据，但是这些数据有些是网上查不到的。

2. 科研人员对横向课题实施阶段数据需求强烈程度一般，资料编码占23.90%，包括文献资料搜集（9.96%）、科研工具（3.98%）、数据管理（1.99%）、部门数据（7.97%）

❖ ××市十四五规划课题，单位安排调研时间和地点，所以搜集资料和数据很方便，对于数据工具要求不高，不需要复杂的统计模型。

❖ 横向课题好结题，因为数据好搜集。

3. 在文献资料管理上，科研人员主要包括资料管理空间和学术资料分享两方面的需求。

❖ 我希望一些网络学术平台和数据分享平台增加一个拓展性功能，就是为参与者开辟个人知识管理空间，帮助我管理文献资料，生成我需要的格式。

❖ 作为一个在读硕士研究生，我对很多的专业网络和知识平台不是很了解，所以目前最需要的是希望一些数据共享平台可以增加及时的在线专业资料和科学数据分享的功能。

4. 在科研工具上，科研人员主要有最新科研工具的介绍使用和科研工具免费使用两方面的需求。

❖ 现在一些软件的下载很麻烦；有的软件明明下载了，使用的时候总会遇到一些问题，最终只有卸载。如果有专业网站可以有软件下载或提供官方下载链接，付费都可以接受。

❖ 我最近在使用问卷星里面的模型软件，我感觉软件分享和介绍做得很专业，如果我在使用过程中有疑问，有个专门的使用答疑环节，让我很快能运用并得到我的数据分析结果。

5. 在科学数据管理上，科研人员主要包括科学数据收集与科学数据处理两方面的需求。

❖ 除了知网，一些数据共享平台如百度学术，希望有数据处理经验交流这方面的内容，现在主要都是文字表述的经验交流，如果有视频介绍，当然是最好的。

❖ 我很希望能在现在一些自媒体上看到，一些科研人员分享关于如何整理与收集数据的一些经验，例如快手、抖音。

四、研究成果的发布与传播需求

科研人员对研究成果的发布与传播阶段的需求强烈，尤其是论文的发表（也算是数据共享的一种形式）需求更强烈①，资料编码占 79.68%，包括学术出版（71.72%）、成果传播与转化（1.99%）、数据共享（1.99%）和知识产权（3.98%）。很明显，科研人员对学术成果的出版需求十分强烈，高达71.71%，对成果传播与转化和数据共享需求强度较低。

1. 在科研成果发表方面，科研人员希望通过期刊的 QQ 群、微信群，提供期刊投稿交流与点评的服务。如告知现在某一种期刊约稿的重点和热点，审稿

---

① 这跟当前很多单位考核和职称评审制度有很大关系，即以论文和课题定职称。同时，被调查者中的硕士研究生、博士研究生对论文的发表更强烈，这跟学校的毕业要求相关。

的要点。希望期刊能尽快回复审稿结果、修改意见等。

✦ 现在投稿回复速度太慢了，有的需要 1~2 个月，有的甚至需要半年，刊用的话要等一年。真希望有渠道可以提供关于期刊投稿经验的分享服务，提高论文投稿命中率。

✦ 我希望××经济杂志和×××研究杂志引导科研人员根据杂志的风格合理投稿，提高命中率。

✦ 希望快手或者抖音等自媒体，有专家学者分享投稿经验或者课题申请经验，快速简洁。

2. 在成果传播与转化上，科研人员主要包括成果传播和成果转化两方面的需求。专业不同，对于成果传播与转化上的需求强烈程度也不一样。人文社科类的重在成果传播①，理工类的重在科研成果的转化②。

✦ 我希望学术社交网络能精准推广我的研究成果，扩大受众。或者被某企业相中，生产我设计的产品。

✦ 我认为政府或者企业构建成果转化平台十分有必要，因为这样可以促进产学研一体化，提高科研转化率。

✦ 我有时候在网上查询一下，什么样的产品可以申请专利，申请专利的程序，需要多少钱。

3. 在数据共享上，科研人员希望在学术社交网络中和一些政府网站、专业网站等能获取公开数据和共享研究成果数据。

✦ 我觉得学术社交网络可以做一个数据开放共享的平台，把很多科研人员分享的一些调研数据和调研报告整合起来。

✦ 我看到省软科学一些立项课题与我的研究方向相近，很想在科技厅网站上看到结题报告，学习学习。这有助于我后期的相关研究。

✦ 院长有个课题很具有前瞻性，但是不敢找她要报告，她的成果到底发在哪个网站上，怎么才能共享？

---

① 主要有两方面：一方面是科研成果转化成对策建议，被省部级领导批阅或传阅，扩大影响力；另一方面是论文被转载、引用，现在很多院校看中的是论文被人大复印资料转载。有的院校规定一篇论文被人大复印资料转载视为发表一篇三类刊物，有的视为二类刊物。

② 主要有两方面：一方面是科研成果能被企业转化成实在的产品并销售，为广大人民群众接收使用；另一方面是申请专利，代表一定的垄断性。

4. 在知识产权上，科研人员有知识产权保护的需求。

❖ 我觉得知识共享平台应该做好科研人员的知识产权保护，科研人员也应该追踪自己数据和成果的保护。

五、研究评价需求

科研人员对研究评价阶段的需求强度一般，资料编码占 24.7%，包括学者宣传（9.16%）、影响力评价（11.16%）和研究预测（4.38%）。其中用户对影响力评价的需求强度一般，对学者宣传和研究预测的需求强度较低。

1. 在学者宣传上，科研人员希望管理与宣传自己的科研主页。

❖ 我希望在单位网页上和一些政府网站展示自己的科研成果，分享自己的科研动态，提升自己的知名度。

❖ 我希望在学术社交网络中有自己的学术名片，展示自己的科研经历。

❖ 我希望在百度等知名网站一搜索自己的名字，能显出自己全部的相关学术资料。

2. 在影响力评价上，科研人员主要包括研究成果评价和学术社区评价两方面的需求。

❖ 希望知网可以从多维角度来统计自己的科研成果被利用的情况，评价自己的科研影响力。

❖ 希望单位的网页能多多地宣传自己。

❖ 希望自己发表的文章在知网上下载次数多、转引多。

3. 在研究预测上，科研人员主要包括研究主题推荐和研究趋势分析两方面的需求。

❖ 希望学术社交网络可以基于自己的搜索行为习惯与研究方向，进行研究主题的精准推送。

❖ 希望学术社交网络可以帮助自己发现关联研究，并及时提醒我。

❖ 希望根据以往研究成果，有些相关会议能主动推送给我。

第三节 科研人员科学数据素养教育需求分析

目前国内尚未出现正式的数据素养教育，针对科研人员的数据素养教育更是少之又少，以文献检索课或信息检索为主要方式的信息素养教育可以使科研人员对起码的信息素养有一定的认识，然而，对于数据意识及其技能的培养并未引起科研单位足够的重视。这样的事实使得对目前科研人员所具备的数据素养进行调查显得尤为重要。只有了解当今科研人员的数据素养现状，才能够有效地进行数据素养教育工作。基于国内外数据素养教育课程的相关内容以及数据素养的内涵，本次调查旨在发现科研人员在数据意识、数据发现与获取、数据评价、数据处理与分析、数据存储与保护、数据交流与数据伦理等方面的行为表现，以分析其数据素养的基本现状，并了解他们的数据素养能力水平和需求方向。

一、科研人员科学数据素养能力现状

科研人员要不断提升自己的科学数据素养，以适应数据资源类型不断变化以及数据处理技术不断更新的社会。进行科学数据素养培养，前提是充分了解当前科研人员的科学数据素养能力水平，只有这样才能在服务发展上实现创新。

1. 数据意识与知识

（1）数据意识

数据意识是现代科学中最重要的思维方法，科研人员能否及时检索和获取科研活动中所需的数据，关系到他们在进行数据处理和应用上能否做到态度认真、行为严谨。调查结果显示，95.6%的被调查者认为科学数据在科学研究和生活中占有十分重要的地位，81.7%的科研人员能够发现自身数据需求，并及时通过各种渠道检索所需数据。被调查者全部肯定科学数据在科研活动和生产生活中的重要性。超过80.0%的科研人员能及时准确地发现自身数据需求，其中有超过50.0%的科研人员在意识到自身数据需求的同时积极查询数据，进行相关调研活动并深入研究。88.0%的科研人员强烈渴望学习数据知识和处理技能，对单位组织的培训学习和专业机构组织的培训十分渴望，有的还购买了专

业数据模型书籍学习。由表5-3可知，绝大多数科研人员认识到了科学数据素养的重要作用，而且对数据相关知识及其技术存在强烈的学习意愿。

表5-3　科研人员数据意识统计表

	非常不符合	一般不符合	不符合	符合	比较符合	一般符合	非常符合	平均分
我认为科学数据保存和管理重要	2.79	0	1.2	5.58	7.17	21.51	61.75	6.26
我能快速地找到研究课题或撰写论文所需要的科学数据	3.19	5.18	9.96	23.9	23.51	19.52	14.74	4.77
我有能力分辨对本工作有价值的数据	1.2	0.8	4.38	7.57	25.5	29.08	31.47	5.69

（2）数据技能

丰富的科学数据知识是良好科学数据素养的基础。科学数据知识能有效帮助科研人员挖掘科学数据中更深层的价值，创新科研内容。251人中有187人认为科学数据存在生命周期，但是有64人认为数据不存在生命周期，说明科学数据素养知识教育仍需要多方努力普及。63.7%的被调查者了解本学科的主要科学数据平台以及知名的专业学者，16.3%的被调查者不了解本学科主要科学数据平台以及知名专家学者，还有20%的被调查者表示不清楚，这反映了一部分科研人员缺乏对数据源的认知，这将妨碍他们对科学数据的使用。通过对问卷星数据源的进一步分析，这20%的科研人员中有部分人员只是在科研机构工作，但是现在已经基本不从事科研工作；有的现在已经50多岁，但是还是初级职称（助理研究员、讲师）。

在科学数据知识获取途径方面，排在前三位的依次为：通过网络咨询、专业网站、专业数据库，占71.7%；通过专著、调查报告等纸质资料，占39.4%；通过讲座或课程培训，占31.9%。

再进一步分析发现，工作的科研人员与在读硕博生获取途径有显著差异，科教人员通过与他人交流获取科学数据的占比超过80%，与在读硕博生相比，科研人员有更多外出交流、参会和培训的机会，使其能通过与他们交流获取前沿的数据知识。

在问到有关科研人员能否识别数据类型、转换数据格式上以及熟练运用相关数据模型时，有59.8%的人同意或一般同意，但是仍然有32%的人选择了非常不同意，主要原因是不能熟练运用数据模型，说明科研人员对数理模型方面的知识比较缺乏。可通过小班制或研讨等形式加强对科教人员有关数据数据模型的教育培训。

（3）数据共享

数据共享可以发挥数据的最大价值（潜在价值）、扩大科学研究的影响力，获得一定经济效益等。在大数据背景下，在相对自由开放的网络环境中，受信息共享观念的影响，绝大多数科研人员科学数据共享态度是明确的。但是对于科学数据共享的范围有一定的"潜规则"，对于科学数据共享的时间有内心底线，这与前面分析的结论一样。科研人员不愿在全国范围内共享数据的原因，可能是担心数据泄露对科研工作带来威胁，因此，要对科研人员进行数据法律意识教育，促使科研数据被合理共享利用，在根源上预防可能存在的违法行为。

（4）数据伦理

在西方文化中，伦理一词的词源可追溯到希腊文"ethos"，具有风俗、习性、品性等含义。在中国文化中，伦理一词最早出现于《乐记》："乐者，通伦理者也。"我国古代思想家们都对伦理学十分重视，"三纲五常"就是基于伦理学产生的。最开始对伦理学的应用主要体现在对于家庭长幼辈分的界定，后又延伸至对社会关系的界定。

科学数据伦理指的是因数据技术的产生和使用而引发的社会问题，是集体和人与人之间关系的行为准则问题，本书中的科学数据伦理主要是指科研人员进行科研活动时必须遵循的法律法规和政策准则，并在行为规范基础上形成的伦理关系。数据伦理调查结果汇总表展现了科研人员在科研活动表现出来的道德观念和行为品质，其中"引用别人数据能注明出处"和"遵守相应的数据规范"指标上得分均比较高。这说明随着国家科研诚信、科研道德政策的出台以及对各单位、科研院所在学术道德和伦理教育的加强和社会知识成果保护的重视，科研人员对科学数据伦理都有较高的自我评价。

2. 数据基本职能

科学数据的技能主要包括数据检索技能、数据管理技能、数据分析处理技能和评估技能四方面的能力，科研人员的数据技能可以通过接受特定的教育培训得到提升，例如大学的统计专业教育学习、网上的专业数据模型培训。

（1）数据获取能力

在"我能熟练检索到所需的数据"中，科研人员得分 3.82，低于科学数据素养能力综合平均分 5.55。参加过科研项目的被调查者数据获取能力要高于没有参加过的科研人员。在"您的科研数据获取途径有哪些?"多项选择中，网络搜索是获取数据的最主要途径。排在第二位的是公开发表论文中的数据源。大部分的科研人员既使用一手数据也使用二手数据。

（2）数据管理能力

有效的科学数据管理是进行数据分析的基础与前提，而数据分析是长期以来大数据保存与不断积累的结果，只有在海量数据的长期保存下才能揭示一定规律，挖掘数据深层次的价值。对于科学数据的管理，主要从数据保存和数据管理两方面来考察科研人员。由于科研人员长期处于科学研究活动中，因此增加管理数据花费的时间和精力以及数据更新两方面。由表 5-4 可知，个人电脑保存是保存数据的主要方式，占 88.45%；62.15%的科研人员表示会将科学数据存在固定的 U 盘、硬盘、光盘。参加过科研项目的科研人员数据保存意识明显高于没参加过科研项目的科研人员，主要原因是保存数据的主要方式还是自我保存，数据保存处于自由分散的状态，主要保存工具为自己的电脑或 U 盘，缺乏数据统一保存管理的机构和平台。

表 5-4　利用数据储存方法将数据有效保存情况

选项	小计	比例/%
纸质笔记本	45	17.93
个人电脑	222	88.45
单位电脑	50	19.92
机构服务器	6	2.39
U 盘、硬盘、光盘	156	62.15
网络数据平台	21	8.37
其他	14	5.58
本题有效填写人次	251	

（3）数据分析能力和处理能力

在数据处理软件使用情况中，由于科研人员平常使用科学数据分析软件较为分散，因此没做具体软件名称的统计。调查显示，Excel 是所有群体都在使用和接触的数据分析软件；其次是 SPSS，占 39.84%，成为使用频率第二高的数据处理软件；科教人员使用 Citspace 和 Matlab 的比例也较高。这在某些程度上会制约科研人员对数据的利用和挖掘能力。数据的分析和处理是科研过程中最复杂的部分，调研发现科研人员数据处理和分析能力水平较低，虽然已陆续开展 SPSS 等数据分析软件的培训，但是存在效果不显著、软件种类少等问题，应拓宽数据处理和分析软件种类，加强对数据可视化工具使用方法和技巧的教育。

（4）数据评估能力

数据评估能力不是朝夕之间形成的，而是通过长期评价数据积累形成的，对数据质量的判断离不开数据评估。约 75.7% 的被调查者能迅速识别有用数据，并能与自己进行的科研项目或正在撰写的论文紧密结合。15.1% 的被调查者不能识别现有数据是否对正在进行的科研项目或正在撰写的论文有用，54.77% 的被调查者表示能剔除错误或无效的数据。进一步分析发现，识别错误或无效的数据比识别有用的数据难度更大。科研人员对数据质量的判断很大程度上以获取方式作为依据。科研人员对科学数据质量的判断依据"您首选的科学数据来自——"，对数据科学性及准确性的判断主要依靠发布数据机构的权威性，其次为信得过的熟人。

二、科研人员科学数据素养教育需求情况

本部分主要从数据培训需求、数据基础设施需求、具体数据分析软件的需求以及科研人员青睐的培训方式四个方面考察了科研人员对科学数据服务的需求情况。

1. 数据培训需求

由表 5-5 可知，71.71% 的被调查者对数据分析与处理有强烈需求，53.39% 的被调查者对数据交流与共享有需求，21.11% 的被调查者对数据检索有需求，39.44% 对数据质量评估有需求。这部分反映出，科研人员对数据分析与处理的需求最为浓烈，数据的检索、数据质量评估、数据的交流与共享的需求平均。整体而言，科研人员在数据引用咨询和元数据标准咨询方面需求较弱。此外，53.39% 的科研人员希望高校图书馆在双休日向社会提供科学数据

素养服务，说明科研人员对图书馆相关培训质量比较信任。

表 5-5　科研人员对科学数据培训的需求

	数据检索	数据分析处理	数据质量评估	数据交流与共享
人数/个	53	180	99	134
占比/%	21.11	71.71	39.44	53.39

2. 数据基础设施需求

在数据基础设施需求中，科研人员最大的需求是高校图书馆、省市图书馆以及其他专业数据库可以提供数据分析工具和储存平台，由此可见科研人员对数据设施的需求与对数据分析工具的期待是息息相关的。由于大部分科研人员保存数据的方式是依靠个人电脑和设备保存，因此他们希望图书馆能提供数据保存的平台，这说明图书馆在数据分析工具和数据储存平台的建设上有很大建设空间。超过一半的科研人员期待建立虚拟的交流社区，便于相互学习探讨以及数据的共享，这一期望在年轻的科研人员尤其是在读硕博生群体中表现得更为强烈。

3. 具体数据分析软件需求

在具体软件需求方面，科研人员对数据分析、数据管理及其可视化软件的需求均超过 60%，其中 SPSS 需求量最大，占 79.28%；其次是对 Citespace 等文献可视化软件的需求，占 63.72%，对 NoteExpress 等文献管理软件的需求为53.78%。虽然不少高校陆续开展 SPSS 分析软件和 NoteExpress 等文献管理软件培训，但是这类高校比例不高，且由于讲授时间过短、宣传力度不够等原因使得大多数学生主要通过自学来掌握。学生不能熟练运用数据分析软件和管理软件也是导致学生科学数据分析能力低的原因。超过 70%的社会人员期望能得到Excel 等 Office 高级应用办公软件和数据可视化软件的培训，软件种类的需求更多由他们的工作任务决定。

4. 科研人员青睐的培训方式

按照不同科研人员对科学数据素养培训方式喜爱程度由高到低排列，在读博士研究生和硕士研究生的喜爱方式依次是网络在线课堂、嵌入式课堂、讲座和研讨小组。科教人员喜爱的培训方式依次是讲座、在线课堂、外出培训和研讨小组。总体而言，网络在线培训受到不同调研主体的喜爱，这启示高校图书馆基于科研人员需求的不同进行线上资源建设和培训。另外，不同群体由于学习时间的宽裕度不同，兴趣爱好差异，对科学数据素养教育方式的喜爱和接受程度也不同，这就启示图书馆要根据教育培训的群体和培训内容，灵活选择教育方式，因人施策，从而使教育效果呈现最优化。

第四节　科研人员科学数据需求的影响因素分析

科研数据是科研人员研究过程中的重要组成部分，分析科研人员对科学数据需求及其影响因素，一方面可以为院校、图书馆、数据库网站等提升数据服务提供参考，另一方面也可以为政府部门制定数据共享政策提供基础数据。同时，由科研人员科学数据需求刺激引发的一系列数据行为也都将作用于数据需求的实现过程，推动科学研究各环节的交接。

一、科研投入

科研投入是指某一科研项目或者课题在实施阶段的经费投入，这是狭义上的投入。广义上的科研投入，除了经费以外，还包括时间、效率和资源的投入，即无形的投入。

科研有形的经费组成包含人员经费、数据购买费用、咨询费、仪器设备费、耗材费等费用。在电话沟通和微信访谈中，很多科研人员认为有限的课题经费制约了科研数据的有序搜集和记录，包括一些最基础的社会调研一手数据。虽然一些数据平台提供收费服务，却往往因为收费过高而无法获得自己课题需要的数据。

案例5-1　以省规划课题为例

××省规划统计专项课题经费为1.5万元，如果要保障课题的质量，必须需要大约300~500个科研人员的样本。收集方式有两种，一种是问卷星搜集直接投放，一种是靠熟人关系投放。前者的优点是搜集速度快、样本丰富；缺点是价格高，没有面对面的访谈，资料的真实性打折扣。问卷星一份问卷的收费大概是100~250元，按照这个价格的话，课题费远远不够。如果按照后者搜集问卷，优点是面对面访谈比重高，问卷质量高，可以得到真实的数据；缺点是时间长、速度慢，全靠私人关系搜集问卷，欠了人情债。

案例 5-2   以国家社会科学基金课题为例

国家社会科学基金一般项目经费为 20 万元，算是经费充足，但是要求质量高，样本的数量要求多。张××曾经找人民网谈问卷搜集事项，8 万元起，保证至少搜集 5 万份问卷，问卷质量有保障。找××省省报投放问卷，3 万元起，保证至少搜集 1 万份问卷，问卷质量无保障，时间不保障。这些只是基本的数据搜集，再加上实地调研搜集数据的话，费用必须要认认真真地计划。

以理工科为例，"做实验、做工程都面临缺钱的困难，明明有想法，因为缺少经费购买不了最新的实验机器，实现不了课题的快速进行和高质量的完成。"毫无疑问，无论是人文社科，还是自然科学，科研经费都对数据的获取影响较大，当需要进行实地调查收集一手资料时，需要足够的人力支持[①]，如调查农村土地流转情况，除了当地政府的宏观数据记录和相关文件，实地调研需要大量人员参与面对面访谈，可想而知人力成本是非常巨大的。以××省研究生人力成本为例，一般是 200 元/人（管吃管住），外出省内问卷调研至少带 4 个学生，一天的人力成本为 800 元，住宿按三个标间算 300×3 = 900 元，餐费一天按 450 元算，一天的成本共计 2 150 元，租车成本一天 1 500 元[②]，一天成本为 3 650 元。一次调查按 4 天计算，费用为 14 600 元。如果省内调查 3 个点的话，费用为 43 800 元。如果三个省的话，费用为 131 400 元。仅仅差旅费就占了总经费的 65.7%。有的科研人员因经费缺乏就减少调查点，三个省变成两个省甚至一个省。数据需求与经费的需求与供给脱节。

理工科的科研人员进行实验需要购买实验耗材、仪器等设备。若实验室的仪器设备损坏或因设备陈旧需要更换，都会影响科研活动的正常进行。目前，科学数据作为一项重要资产，大数据平台提供了各类收费的解决方案，用户可以直接购买所需要的数据，也可以定制自己的数据需求方案，但是科研经费会制约数据购买力度，若经费较为紧张则会影响对数据的需求程度。时间效率也是科研投入的重要组成部分，如果时间成本超过了预期收益，科研人员可能会放弃所需的数据，转而利用其他的解决方法。科学研究本身要投入大量的时间，讲求效率不仅需要扎实的科研基础，更要专注的科研精神，还要充分考虑

---

① 根据调研，一般以在读硕士研究生、在读博士研究生为主，有时候需要专业相似人员带队。

② 1 500 元按平均价计算，如果到山区出差租越野车的话，一天至少 2 000 元。

时间所带来的影响，如国内外课题组之间的竞争。资源投入也是科研投入的重要影响因素，科研人员的日常工作需要各类数据、文献或其他资源的支持，若数据库没有购买而无法访问，将会对科研造成较大的不便。

目前，清华大学图书馆所购买的国内外电子资源数据库达到了 118 个，这对高校来说是一笔极大的支出，但是可以方便地为科研人员提供所需要的任何信息。此外，高校也应加强基础设施的建设，加强服务器资源、网络资源等，使科研环境更加稳定而不受干扰。

二、数据利用能力

数据利用能力包括科研人员的基本数据素养和检索与处理能力。基本数据素养包括且不仅限于理论知识、阅读能力、建模能力、实验操作、语言水平、专业经验和文献阅读等。

优秀的检索能力指能充分利用当今发达的网络资源、知识数据共享平台、各种自媒体等找到科研人员最关心、最需要的数据资料。从访谈情况来看，理工科对于理论基础、建模能力、实验操作有着较高的要求。此外，外文文献阅读虽然可以借助翻译软件，但部分受访对象反映检索效率和阅读效率限制了对外文数据库数据的获取和利用程度。对于文科和社会科学研究人员来说，影响更加体现在理论知识和文献数据检索与处理上[①]。尤其是一些国外的数据库，例如学术界知名的三大科技文献检索系统指的是 SCI（science citation index，科学引文索引）、EI（engineering index，工程索引）和 CPCI-S（conference proceedings citation index-science，科技会议引文索引），这三大检索系统的论文收录情况是评价国家、单位和科研人员的成绩与水平的重要依据之一。但是对科研人员的英语和应用软件要求较高。

检索与处理能力体现在对数据的检索和处理分析过程中。对于研究人员来说，检索方式以及检索策略等因素会影响检索结果的准确性，在访谈中也发现，一些科研人员缺乏信息检索的必要知识。对数据的加工、处理、分析会影响科研数据的利用程度，而数据的处理分析需要用到相关的软件。从访谈内容来看，软件操作对科研人员的障碍主要体现在软件熟练度上，软件的专业性限

---

① 沈玖玖，王志远，戴家武，等. 基于扎根理论的科研科研数据需求及影响因素分析 [J]. 情报杂志，2019，38（4）：175-180.

制了新手的熟练度。其次，科研中使用到的软件有些是国外开发的，且一些软件不提供中文版本，需求用户较少，找不到学习的途径，导致软件学习成本较高，从而影响到对数据的利用。此外，在数据处理前的准备工作中，整理数据和清洗数据是软件分析的基础，掌握有效的方法技巧，可以提升效率，更好地完成后续工作。

案例5-3　文献检索

在科研活动中，专业文献的检索、阅读和整理工作几乎占据了所有工作时间的一半。专业文献在科研工作中的重要性体现在两个方面：一是科研文献是前人科研成果的总结，对以后的学者具有重要的学习借鉴意义；二是论文专著（如科研报告、学位论文等）是科研成果体现的载体，是工作评定和考核的重要参考。无论是在文献调研或科研选题时，还是在论文撰写或项目汇报过程中，都需要基本的文献检索与整理能力作为保障。如有受访者表示："我们团队是做社会经济研究的，前期研究的基本数据需求是建立在大量的非结构化和半结构化的数据基础上，前期数据比较好找，但是后期就需要专业领域的数据了，而且有时获取困难，关键是不愿共享。"

三、数据渠道壁垒

一些客观存在的阻碍因素影响了科研数据的获取。数据获取主要通过一手资料和二手资料，但其中获取的途径和方式又非常之多，数据能否得到，在哪里得到这些数据，怎样获得这些数据，成为科研人员面临的一个重要问题。其次，在获得数据之后，数据质量会影响对数据的利用。数据质量包括数据是否完整，来源是否权威，数据的可信度、时效性、真实性、有效性等属性。对一手数据来说，数据来源包含了实验或调研等方式所得到、生产的数据，若来源渠道出现了不可靠或不稳定因素，必然会对结果产生影响，因此收集数据时要保证过程的严谨可靠。对二手数据来说，要对数据的各个属性进行全面评估，以判断数据对科研的价值。实地调研的困难之一是常常难以获得足够数量且合适的调研对象，首先要确定哪些是调研对象，还要确定调研数量、范围；其次，调研对象的配合程度也会对结果产生较大影响，不确定的因素主要包括受访人员能否配合调研且真实反映具体情况。相比实地调研，数据访问权限不足则要面临更大的困难。访问权限不足可分为两种情况，一是没有购买，得不到授权；二是出于保密原因无法获得。对于前者，需要机构投入足够的资源或通过购买来解决。但对于一些机密的数据或数据方没有意愿公开，会使得获取难度和代价非常高。对于政府数据存在着访问权限的难题，其中一个可能的原因是数据管理者没有开放共享权限。即便是公布的数据，也可能因为数据质量不佳，无法应用到科研中。此外，数据体量也是科研人员面临的一大问题。大数据时代的特征之一是数据体量非常庞大，数据密集型科研对研究人员获取和处理大量数据提出了新的要求。

第六章 科研人员科学数据共享行为、意愿研究

科研人员是科学数据的生产者和使用者，是科学数据共享体系中的重要主体。将科学数据共享体系中的科研人员的共享行为划分为分享信息与不分享信息两种，并将其放在演化博弈的理论框架中，建立参与科学数据共享的科研人员间的演化博弈模型，分析科学数据共享的动态演化过程。科研数据资源的共享与利用是以科研协同目标为导向的主要科研交互形式，科研协同实践中的数据共享与利用行为具体表现为基于科研协同关系的数据资源共建共享、基于开放数据平台的数据存取和基于调研机构的社会调研数据发布等方面。

第一节　科研人员科学数据共享经历分析

一、科学数据概念及数据共享政策了解程度

1. 对科学数据概念的了解程度

由图 6-1 可知，被调研者中对科学数据概念完全不了解的有 35 人，占 13.9%；不太了解的有 51 人，占 20.3%；有些了解的有 101 人，占 40.23%；比较了解的有 50 人，占 19.9%；完全了解的有 14 人，占 5.58%。说明科研人员中对科学数据概念有所了解的人数较多，为本书研究调查科学数据共享意愿奠定了较好的基础。

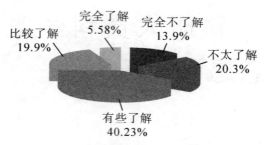

图 6-1　科学数据概念的了解程度

2. 对科学数据共享政策的了解程度

由图 6-2 可知，被调研者中对国家科学数据共享政策完全不了解的有 74 人，占 29.5%；不太了解的有 80 人，占 31.87%；有些了解的有 30 人，占 11.95%；比较了解的有 50 人，占 19.92%；完全了解的有 17 人，占 6.77%。数据说明科研人员中对国家科学数据共享政策的了解不够深入、不太全面，太多数人对科学数据共享政策不了解、不关注。此状态可能与国内（2018 年 3 月前①）未对科学数据共享出台相应制度法规，相关单位宣传推广力度不强有关。

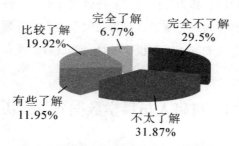

图 6-2　科学数据共享政策的了解程度

---

① 2018 年 4 月 2 日，国务院办公厅关于印发科学数据管理办法的通知国办发〔2018〕17 号，《科学数据管理办法》是为进一步加强和规范科学数据管理，保障科学数据安全，提高开放共享水平，更好支撑国家科技创新、经济社会发展和国家安全，根据《中华人民共和国科学技术进步法》《中华人民共和国促进科技成果转化法》和《政务信息资源共享管理暂行办法》等规定制定的法规。

二、产生、获取科学数据的类型与方式

1. 产生、获取科学数据的类型

由图 6-3 可知，被调研者产生、获取的科学数据类型主要有数值型数据、模型数据、文本型数据、图片型数据、软件数据，生产和获取其他类型数据的较少。其中，科研人员关注数据的重点为文本型数据，其次是数值型数据。进一步调查分析可以发现其中理工类和经管类专业产生和获取的数据类型相差不大，以数值型、图片型、模型数据为主，哲学、文学、教育学等文科类专业则以文本型居多。专业数据偏好差异性明显。

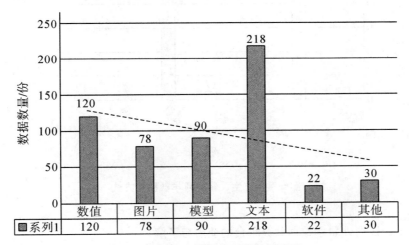

图 6-3　产生、获取的科学数据类型

访谈记录 K18：前几年很多杂志投稿必须有模型，但是很多模型我看不懂，只有用到时才去认真钻研。我更关注的是，作者对问题的文字分析描述，看结果和结论，看用词。

访谈记录 K21：社会学专业的文章和经济的文章还是有很大差别的，社会学文章以模型为辅，更注重的是用社会学的语言进行分析。知网上，我下载知名专家学者的文章，看他们怎么分析，学习他们怎么分析。

2. 产生、获取科学数据的方式

由图 6-4 中可知，被调研者产生、获取科学数据的途径主要是通过社会调

研、网络调研、建模、同学提供，通过实验室①、购买产生、获取的数据较少。进一步调查分析，可以发现不同学科专业的科研人员，生产和获取数据的方式有所区别，其中理工类学科大多以实验室实验辅之网络调研和建模的方式，经管类学科主要通过网络调研、社会调研的方式，教育学、文学类专业普遍采用网络调研和社会调研的方式。其中经管类学科通过同事或同学来获取数据的人数较多，可以显示出经管类学科对从同行处获取数据的接受度较高，同行间联系较为紧密。

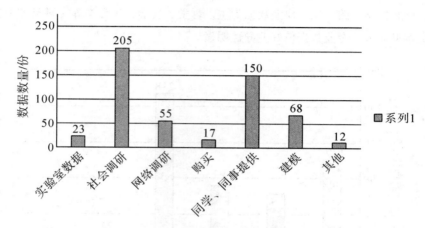

图6-4 产生、获取科学数据的方式

三、国内外科学数据共享平台的使用与了解

统计问卷回收的调查数据发现，使用过国内科学数据共享平台并接受过相应平台服务的科研人员为221人，占比88.05%，其余11.95%的高校科研人员并未使用过，而使用过国外科学数据共享平台的科研人员为58人，仅占比23.11%，且与使用过国内科学数据共享平台的人员大部分重叠，可见目前科研人员中参与科学数据共享的仅是少部分，多数科研人员对科学数据共享参与度不高也不甚了解其内容与流程，虽然部分科研人员中使用过科学数据共享平台的次数较少，但在他们中的绝大多数人其实是知晓科学数据共享平台的，其中认可度最高为中国知网，其次为政府数据平台。虽然万方、维普的认可度不

---

① 这并不表明实验室获取的数据不重要，这和样本选择有关，样本专业中社会科学占比较大。

高，但其有些优势是其他网络数据共享平台无法比拟的。

访谈记录3：每年的国家社会科学基金、省规划课题、省软科学课题等申请书里面都有"研究现状述评"，我都是从知网搜索，主要是知名专家学者的文章、一类期刊的文章，甚至一些知名大学的博士毕业论文，尤其是博士毕业论文，里面的文献综述写得十分精炼。

访谈记录11：从硕士生导师到博士生导师，都告诉我怎么选一篇好的文章，其中最关键的一条就是知网上文章的引用量和下载量。所以从读硕士开始到现在，我搜集资料都用知网。我的同学几乎都是用知网。但是维普也有些优势，例如他能把一个作者近几年发的文章汇总，包括主题和数量。

四、科学数据是否曾经共享

数据共享主体包括数据提供者和数据消费者；数据共享促进者，包括提供多种增值服务的数据分发者以及建立数据标准、从事工具研发的促进者等。本书界定的数据提供者角色主要负责对数据源信息进行注册，可以让大家共享；数据消费者是共享资源的使用者，主要是查询想要的数据，对共享资源进行申请或订阅。

由图6-5可知，被调查者中有135人"曾经都无偿提供过数据"，占53.78%；有103人表示"从未有人索取过"，占41.04%；"曾经有人索取，但是拒绝了"有39人，占15.54%；"曾经有偿提供"只有9人，占3.59%。进一步深入挖掘可以发现，第三种情况主要因为：一方面是课题处于研究阶段，暂时不方便公开申请书和阶段性调研报告；另一方面是对索取人不熟悉或认为索取人人品不好，如果提供，后续的影响不在可控范围之内，因而委婉拒绝。

访谈记录1：有个同事找我要国家社会科学基金的申请书，开始我不愿意给，因为还在研究阶段。更为主要的是，和我的研究方向相近。不过在认真思考后，想这么多年这个同事为人和善、真诚、热心，人品值得依赖，后来还是把申请书给他了，不过再三叮嘱，只让他一个人看，不要外传了。

访谈记录14：大学教授，博士生导师，电话访谈

如果有个陌生人找您要现在的相关课题的研究资料，你是否会给？这个教授明确回答：不会。首先对此人不了解，谁知道他拿了我的数据后做什么用途，万一是犯法或盈利，都不好；其次，我要保证我科研的垄断性和创新性，所以我可能不会把自己的数据资料外传。如果给予一定的报酬的话，是否会给

予数据资料？教授还是明确回答：不会，一是到了这个阶段，钱不是自己做科研的主要动力，二是感觉总不踏实。

访谈记录19：大学副教授，硕士生导师，微信访谈

我的一个师姐中了国家自然科学基金项目，后来有个师兄（不在一个城市）要了申请书，后来另外一个师姐告知，师兄拿她的申请书稍微改了改申请了教育部课题。我的师姐很伤心，此后将师兄拉入黑名单。

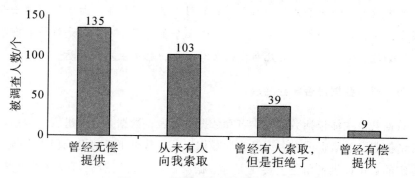

图6-5 科学数据是否曾经共享过

五、曾经共享数据的原因

在251个被调查中，有46人既没有获取相关数据也没有与他人共享过数据，有205人曾经提供或获取过数据，即有过科学数据共享行为。本部分主要是针对有过科学数据共享行为的人进行的调查，目的是了解曾经共享科学数据的原因，为后续的数据共享障碍分析和对策建议提供数据对比分析。

由图6-6可知，数据共享意愿和行为因研究背景而异，数据共享意愿与实际行为存在差距，数据再利用经验与共享倾向相关。"朋友、同事、师弟、师妹等熟人索取"是曾经共享科学数据的主要原因，有109人，占比43.6%；其次为"研究团队之间的数据交换"，有101人，占比40.4%；第三位为"单位、部门要求"，有72人，占比28.8%。进一步分析发现，排在前两位的为熟人圈子或熟人学术圈子。这也印证了面对面访谈中的一些科研人员的说法：做学术就是做圈子，做调查做的是人情。

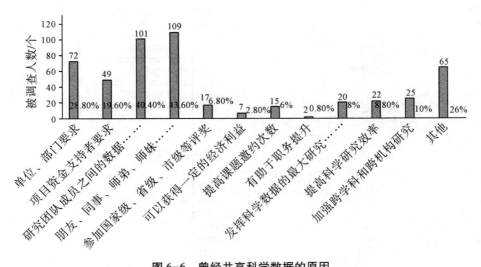

图 6-6　曾经共享科学数据的原因

当初设计问卷时，课题组假设的是，可能很多科研人员科学数据共享的原因是看到未来潜在的利益，一方面是金钱利益：如别人知道你从事类似课题，以后课题邀约次数会增加，课题评审会邀请到评审专家，无形中增加了经济收入；另一方面是政治利益，如职务的提升，年底评优秀职工、优秀党员、优秀教师，甚至一些单位评资深教授、资深研究员等。政治利益无形中增加了一定的经济利益，两者密不可分。但是，在调研中，可能谈到经济利益和政治利益比较敏感，可能出于面子问题等多方面原因，大家避而不谈此问题。然而在深度访谈中，大家都间断性、无意识地提到了相关问题。后续课题组思考时，其实与熟人共享数据时多少都考虑到了未来的潜在收益。

六、科学数据范围

由图 6-7 可知，科研人员是在有限制条件约束下进行科研数据共享的。科研人员有自己内心界定的"数据共享圈子"，此圈子是基于信任建立起来的，主要分为四方面：一是读书期间的硕士导师、博士导师以及师兄弟、师姐妹；二是现在工作及以往工作单位的同事；三是上述两方面的朋友；四是做课题过程中交往的朋友。

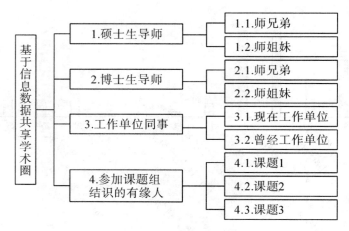

图 6-7　数据共享圈子

七、科学数据共享阶段

科研人员共享的科学数据主要为论文数据和课题数据，撰写论文的相关数据共享阶段如 6-8 所示。

设计此问题时，课题组假设的"论文发表后数据"占比至少达到 80% 以上，论文发表前的数据共享占比较少。统计结果显示，"论文发表后"数据共享的为 150 人，占比 59.76%。进一步分析发现，论文发表前 39 人数据共享的原因是找专家、同事或者其他同行指点论文的修改，不断提高论文的质量，提高投稿命中率。

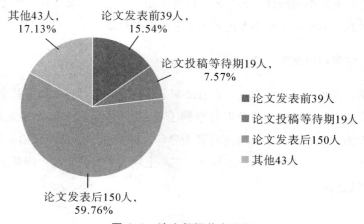

图 6-8　论文数据共享阶段

基于课题生命周期考察科研人员的数据共享阶段如图6-9所示。

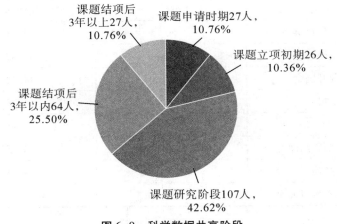

图6-9　科学数据共享阶段

八、科学数据共享形式

当前科研人员科学数据与他人互动方式可以划分为两种基本模式：正式数据共享和非正式数据共享。目前文献中并没有统一的定义，学者们通常认为二者的根本区别在于制度安排和行为约束方式的不同。笔者根据前期相关专家学者的研究，结合本书实际，认为正式数据共享的基本特征是数据共享主要依赖于正式的组织制度，有着较为固定的内容、程序或形式，主要有固定的开题会、大型研讨会①、成果报告会以及论文发表后的共享。非正式数据共享的基本特征是依赖于个体社会关系而非组织制度获取知识，体现了个体间基于私人关系的一种知识援助，具有典型的非正式特征。如表6-1所示，正式数据共享模式中，科学数据共享形式最多的为成果报告会（54.98%），其次为课题开题会（44.22%），再次为大型研讨会（22.31%）。非正式数据共享模式中，小型研讨会占比最高，为45.02%，其次为电话、微信等沟通，占38.25%。进一步深入分析发现，组织各单元及成员之间的非正式交往、兴趣小组、网上论坛、实践社区等则成为非正式数据共享的主要途径。数据在这个过程中以共享价值观和非正式网络为载体被有意或无意传播。

总体而言，正式数据共享还是当前科研人员科学数据共享的主要形式。

---

① 本书把"小型研讨会"定义为非正式数据共享模式。

表6-1　科学数据共享形式

选项	小计	比例/%
大型研讨会	56	22.31
小型研讨会	113	45.02
课题开题会	111	44.22
成果报告会	138	54.98
即兴讨论	58	23.11
电话、微信等沟通交流	96	38.25
其他	37	14.74
本题有效填写人次	251	

九、共享的科学数据特征

从表6-2所示的编码来看，影响科研人员共享数据特征的因素主要包括数据的涉密性、权威性、数据质量及共享限定四个方面[①]。

表6-2　问卷数据和访谈数据关键词提取

	与数据属性相关的文本抽取	概念识别	范畴提取
1	我们单位的红头文件只能看，不能外传	国家安全	
2	我们实验室数据管理有严格的规定，只限参与导师课题的师兄弟可以随便翻阅	保密性	涉密性
3	作为＊＊企业顾问，有自己的职业道德，比如企业的一些合同，是绝对不会透漏出去的	商业秘密	
4	我的一个学生的研究报告得出的结论：一看就知道问卷调查有问题，或者说选取样本不合理	问卷质量	
5	曾经看到两篇文章针对一个省份的研究，结果得出不同的结论，我有点迷糊	文章质量	数据质量
6	我的课题从开始到结题创新性很强，暂时不会给其他人看，等2~3年后再共享，我要保证我的专家地位	专家地位	权威性

---

① 王芳，储君，张琪敏. 跨部门政府数据共享：一个五力模型的构建 [J]. 信息资源管理学报，2018，8（1）：19-28.

表6-2(续)

与数据属性相关的文本抽取	概念识别	范畴提取
7	这个调研报告我准备精炼下，整理成文章发表，你只能看看	限定范围	共享限定
8	我有个师妹很气人，我只是让她帮我把调研报告排版，结果她整理成了毕业论文，还没有告诉我	限定用途	

1. 涉密数据

涉密信息一般情况下指国家安全、科技、军事等领域的绝密文件及保密设施的信息及内容等，一般范围为对内涉密和对外涉密。另外一类为企业的商业保密文件的信息内容等。

在调查中发现，涉密性对于科研数据提供者的共享态度影响很大。由于缺乏明确的权责规定与可操作的具体标准，对于没有明确规定不涉密的数据，提供部门一般比较保守。

2. 权威性

权威性主要是指权威部门对数据真实性或原始性的认证。在政府实践中，多个部门可能持有同一种数据，但是权威性却不同，比如公安局的人口数据比民政局的更权威，国土局的土地数据又比住建局权威。就同种数据而言，科研工作者普遍希望获取来源权威性更高的数据。再者，一本书的书评，都愿意找知名专家写，都愿意在影响力高的杂志或报纸上刊发，这就是权威性。

案例6-1 四川大学某副教授，41岁，专业为马列主义。2018年，其写了篇文章，感觉选题创新性很强，逻辑性强，投到了《人民日报》和《光明日报》等权威的报纸，结果未刊发。但是没过几个月，《人民日报》刊发了题目、内容与其很相似的文章，他百思不得其解。其导师55岁左右，一句点破，比如马列专业，很多提法我提出来比你更具权威性。

3. 科学数据质量

科研数据质量的关键所在包括完整性、一致性、准确性、有效性和及时性这五个组件。科研数据质量是影响数据所有者共享意愿的因素之一。数据所有者担心，一方面质量不高的数据共享后引起连锁副反应，使得研究结果出现巨大偏差；另一方面数据共享后的使用者由于使用方法、计量模型、数据理解偏差等原因导致偏离数据的真实面目，也会引起研究结论不具有普遍性。所以科研数据所有者会排斥共享数据。

4. 共享的限定

本课题所说的共享的限定前提是免费的，无交换条件的。如果科研数据或调研报告已经公开发表或者通过其他明码标价的方式共享了，就无须做共享限定。

再者共享限定分为两部分：一是共享限定是指政策法规对特定数据的共享范围、共享条件进行明文规定，直接关系到数据共享的途径和方式；二是数据创造者或数据所有者对无偿使用人的一种限定，例如原始科研数据只能限于借用者一人看，不能再次传阅其他人；限定只能看，不能使用其发表文章或者获利。严格来说，前者是法律规定，后者是君子协定。

调研显示，目前科研人员科学数据共享范围较窄。保持原始数据真实性以及衍生数据的真实性，是科研数据使用过程中必须坚持的首要原则，也是所有数据共享的源头。而可靠性则是基于多年交往信任关系建立，主要是科研人员个体在学术圈的声誉和科研数据提供方对获取方的人际信任。

第二节　科研人员科学数据共享意愿分析

一、问卷的信度与效度分析

1. 问卷的信度分析

本书利用 SPSS26.0 软件对调查问卷进行信度和效度检验。信度是指测量结果的一致性、可靠性是否符合标准，它是指采用同样的方法对同一对象重复测量时取得结果的一致性程度，信度指标多以相关系数表示。学者们普遍认为，当信度指标 α 系数值高于 0.8，则开发设计的量表内部可靠性极高；如果 α 系数介于 0.7~0.8，则说明信度较好；如果 α 系数介于 0.6~0.7，则说明信度可接受；如果 α 系数小于 0.6，说明信度不佳。由表6-3可知，α 系数值为 0.908，大于 0.8，因而说明研究数据信度质量很高。针对 "题项已删除的 α 系数"，任意题项被删除后，信度系数并不会有明显的上升，因此说明题项不应该被删除处理。针对 "CITC 值"，分析项的 CITC 值均大于 0.4，说明分析项之间具有良好的相关关系，同时也说明信度水平良好。综上所述，研究数据信度指标 α 系数值高于 0.8，综合说明数据信度质量高，可用于进一步分析。

表 6-3　问卷信度分析

名称	校正项总计相关性（CITC）	题项已删除的 α 系数	α 系数
1. 我乐意与他人分享自己相关课题调研报告或数据库与经验	0.69	0.901	
2. 参与相关课题、论文讨论时，我会尽可能提供自己的意见和观点	0.752	0.892	0.908
3. 对于同事提出的问题，我会尽可能地提供帮助	0.719	0.896	
4. 同事需要帮助时，我会尽量提供资料与调研数据	0.803	0.884	
5. 我认为与他人分享知识、分享科研数据是一件很有成就感的事情	0.75	0.892	0.908
10. 总体来讲，我自己的科学数据十分愿意共享给他人	0.784	0.886	
标准化 Cronbach α 系数：0.910			

2. 问卷的效度分析

问卷的效度是指问卷测量结果的有效性或正确性，即一个问卷能够测量出研究者想要测量的概念或者特性的程度。学者们普遍认为，如果 KMO 值高于0.8，则说明效度高；如果 KMO 值介于 0.7~0.8，则说明效度较好；如果 KMO 值介于 0.6~0.7，则说明效度可接受；如果 KMO 值小于 0.6，说明效度不佳（如果仅两个题，则 KMO 无论如何均为 0.5）。

效度研究用于分析研究项是否合理、有意义，效度分析使用因子分析这种数据分析方法进行研究，分别通过 KMO 值、共同度、方差解释率值、因子载荷系数值等指标进行综合分析，以验证出数据的效度水平情况。KMO 值用于判断是否有效度，共同度值用于排除不合理研究项，方差解释率值用于说明信息提取水平，因子载荷系数用于衡量因子（维度）和题项的对应关系。

由表 6-4 可知，所有研究项对应的共同度值均高于 0.4，说明研究项信息可以被有效地提取。另外，KMO 值为 0.869，大于 0.6，意味着数据具有效度。另外，因子 1 的方差解释率值是 69.149%，旋转后累积方差解释率为69.149%>50%，意味着研究项的信息量可以有效地提取出来。最后，结合因子载荷系数，去确认因子（维度）和研究项对应关系，是否与预期相符，如果相符则说明具有效度，反之则需要进行调整。因子载荷系数绝对值大于 0.4，说明选项和因子有对应关系。

表 6-4　问卷效度分析

名称	因子载荷系数 因子1	共同度（公因子方差）
1. 我乐意与他人分享自己相关课题调研报告或数据库与经验	0.781	0.61
2. 参与相关课题、论文讨论时，我会尽可能提供自己的意见和观点	0.836	0.698
3. 对于同事提出的问题，我会尽可能提供帮助	0.815	0.664
4. 同事需要帮忙时，我会尽量提供资料与调研数据	0.872	0.76
5. 我认为与他人分享知识、分享科研数据是一件很有成就感的事情	0.828	0.686
10. 总体来讲，我自己的科学数据十分愿意共享给他人	0.855	0.731
特征根值（旋转前）	4.149	—
方差解释率（旋转前）	69.149%	—
累积方差解释率（旋转前）	69.149%	—
特征根值（旋转后）	4.149	—
方差解释率（旋转后）	69.149%	—
累积方差解释率（旋转后）	69.149%	—
KMO 值	0.869	—
巴特球形值	979.478	—
df	15	—
p 值	0	—

如表 6-5 所示，使用 KMO 和 Bartlett 检验进行效度验证，从表 6-4 可以看出：KMO 值为 0.869，KMO 值大于 0.8，研究数据效度非常好。

表 6-5　KMO 和 Bartlett 的检验

KMO 值		0. 869
Bartlett 球形度检验	近似卡方	979. 478
	df	15
	p 值	0

二、验证性因子分析

验证性因子分析是对社会调查数据进行的一种统计分析，它测试一个因子与相对应的测度项之间的关系是否符合研究者设计的理论关系。验证性因子分析往往通过结构方程建模来测试。在实际科研中，验证性因子分析的过程也就是测度模型的检验过程。验证性因子分析（CFA）的主要目的在于进行效度验证，同时还可以进行共同方法偏差 CMV 的分析。

本次针对共 1 个因子和 5 个分析项进行验证性因子分析。本次分析有效样本量为 251，超出分析项数量的 10 倍，样本量适中，如表 6-6 所示。

表 6-6　因子载荷系数表格

Factor（潜变量）	分析项（显变量）	非标准载荷系数（Coef.）	标准误（Std. Error）	z	p	标准载荷系数（Std. Estimate）
数据共享意愿	1. 我乐意与他人分享自己相关课题调研报告或数据库与经验	1	—	—	—	0. 712
	2. 参与相关课题、论文讨论时，我会尽可能提供自己的意见和观点	0. 98	0. 08	12. 187	0	0. 826
	3. 对于同事提出的问题，我会尽可能地提供帮助	0. 975	0. 08	12. 159	0	0. 824
	4. 同事需要帮助时，我会尽量提供资料与调研数据	1. 015	0. 083	12. 231	0	0. 83
	5. 我认为与他人分享知识和科研数据是一件很有成就感的事情	1. 045	0. 095	10. 975	0	0. 739

1. 因子载荷系数分析

因子载荷系数值用于展示因子（潜变量）与分析项（显变量）之间的相关关系。

第一：通常使用标准载荷系数值表示因子与分析项之间的相关关系；

第二：如果呈现出显著性，且标准载荷系数值大于 0.70，说明有着较强的相关关系；

第三：如果没有呈现出显著性，或者标准载荷系数值较低（比如低于 0.4），说明该分析项与因子间相关关系较弱。

2. AVE（平均方差萃取）和 CR（组合信度）

AVE（平均方差萃取）和 CR（组合信度）用于聚合效度（收敛效度）分析。

第一：通常情况下 AVE 大于 0.5 且 CR 值大于 0.7，则说明聚合效度较高。

第二：如果 AVE 或 CR 值较低，可考虑移除某因子后重新分析聚合效度。

本次针对共 1 个因子和 5 个分析项进行验证性因子分析。由表 6-7 可知，共 1 个因子对应的 AVE 值全部均大于 0.5，且 CR 值全部高于 0.7，意味着本次分析数据具有良好的聚合（收敛）效度。

表 6-7　模型 AVE 和 CR 指标结果

	平均方差萃取 AVE 值	组合信度 CR 值
数据共享意愿	0.608	0.886

三、科学数据共享意愿的描述性分析

通过之前对信度和效度的分析，本书确定了样本数据的可用性，因此接下来要对样本进行描述性统计分析。本部分研究中涉及 6 个变量，都为量表题，采用七分制，其中：1 代表非常不符合；2 代表不符合；3 代表有点不符合；4 代表一般；5 代表较符合；6 代表符合；7 代表非常符合。具体分析如下。

本部分的六个量表题目为：1. 我乐意与他人分享自己相关课题调研报告或数据库与经验；2. 参与相关课题、论文讨论时，我会尽可能提供自己的意见和观点；3. 对于同事提出的问题，我会尽可能地提供帮助；4. 同事需要帮助时，我会尽量提供资料与调研数据；5. 我认为与他人分享知识和科研数据是一件很有成就感的事情；6. 总体来讲，我自己的科学数据十分愿意分享给

他人，如表 6-8 所示。

表 6-8　各变量的描述性统计结果

题目	1	2	3	4	5	6
1（非常不符合）	1.99%	0.8%	0.8%	0.8%	1.99%	1.59%
2（不符合）	1.2%	0.4%	0.8%	0.4%	1.2%	1.99%
3（有点不符合）	3.59%	1.2%	1.2%	2.79%	3.19%	3.59%
4（一般）	21.51%	10.76%	8.37%	11.55%	12.35%	13.15%
5（比较符合）	25.1%	22.71%	19.92%	27.09%	24.3%	26.69%
6（符合）	23.11%	30.28%	32.27%	28.29%	23.51%	22.31%
7（非常符合）	23.51%	33.86%	36.65%	29.08%	33.47%	30.68%
8（平均得分）	5.3	5.8	5.89	5.65	5.6	5.51

通过均值分析，各变量的得分均在 5.3 分以上，属于中等偏上水平，说明被调查者对科学数据的共享态度和共享意愿还是很高的。但是问题 1 "我乐意与他人分享自己相关课题调研报告或数据库与经验"分数偏低，才 5.3 分，可能原因有三：一是被调查者有 92 人为在读研究生[①]，属于自己的课题数据或者调研报告很少，即使有也属于课题组或者导师课题组的，这直接导致其科学数据共享的参与程度不高；二是被调查者是数据获取方的有 114 人，占比 45.42%，两者都不是的有 46 人，占比 18.33%，被调查者的科学数据支配能力相应较低；三是共享中的科学数据大多是团队数据而非个人数据，加上数据所有权问题和一些重大科研数据的机密性限制，数据共享的个人感知行为控制不高。

四、人口特征对不同研究变量的方差分析

考虑到被调查者的背景因素可能会影响调查结果，因此要对被调查者的人口特征进行研究，以确保结果的可靠性，便于提出更有针对性的建议。本书中进行分析的人口特征因素主要是性别、年龄、受教育程度以及工作年限。

———————————

① 　其中在读博士研究生 13 人，在读硕士研究生 79 人。

1. 性别对科学数据共享意愿的差异分析

性别特征只有两种：男性和女性。因此，本书采用独立样本 t 检验的方法对性别差异进行研究。性别对科学数据共享意愿 t 检验分析结果见表 6-9。

表 6-9　性别对科学数据共享意愿 t 检验分析结果

	t 检验分析结果			
	1. 性别：（平均值±标准差）		t	p
	男（n=100）	女（n=151）		
1. 我乐意与他人分享自己相关课题调研报告或数据库与经验	5.21±1.53	5.36±1.25	−0.836	0.404
2. 参与相关课题、论文讨论时，我会尽可能提供自己的意见和观点	5.71±1.30	5.87±1.05	−1.058	0.291
3. 对于同事提出的问题，我会尽可能地提供帮助	5.78±1.26	5.97±1.07	−1.259	0.209
4. 同事需要帮助时，我会尽量提供资料与调研数据	5.56±1.33	5.71±1.09	−0.967	0.335
5. 我认为与他人分享知识和科研数据是一件很有成就感的事情	5.59±1.32	5.61±1.42	−0.108	0.914
10. 总体来讲，我自己的科学数据十分愿意共享给他人	5.39±1.53	5.59±1.27	−1.121	0.264

* p<0.05　** p<0.01

由表 6-9 可知，不同性别对于"1. 我乐意与他人分享自己相关课题调研报告或数据库与经验""2. 参与相关课题、论文讨论时，我会尽可能提供自己的意见和观点""3. 对于同事提出的问题，我会尽可能地提供帮助""4. 同事需要帮助时，我会尽量提供资料与调研数据""5. 我认为与他人分享知识和科研数据是一件很有成就感的事情""10. 总体来讲，我自己的科学数据十分愿意分享给他人"全部均不会表现出显著性（p>0.05），意味着性别对共享意愿全部均表现出一致性，并没有差异性。

2. 年龄对各变量的差异分析

由于年龄分组较多，不适合用独立样本 t 检验方法，本研究中将采用单因素独立样本分析法，分析结果见表 6-10。

表 6-10　年龄对科学数据共享意愿方差分析结果

方差分析结果

	2. 年龄：（平均值±标准差）					F	p
	20~30 岁 （n=112）	31~40 岁 （n=59）	41~50 岁 （n=57）	51~60 岁 （n=17）	60 以上 （n=6）		
1. 我乐意与他人分享自己相关课题调研报告或数据库与经验	5.29± 1.31	4.93± 1.46	5.44± 1.38	5.65± 1.27	6.67± 0.52	3.078	0.017 *
2. 参与相关课题、论文讨论时，我会尽可能提供自己的意见和观点	5.57± 1.27	5.63± 1.11	6.12± 0.89	6.47± 0.72	7.00± 0.00	6.043	0.000 **
3. 对于同事提出的问题，我会尽可能地提供帮助	5.66± 1.28	5.83± 1.09	6.09± 0.99	6.65± 0.49	6.83± 0.41	4.663	0.001 **
4. 同事需要帮助时，我会尽量提供资料与调研数据	5.47± 1.29	5.42± 1.05	5.95± 1.03	6.24± 1.09	6.67± 0.82	4.375	0.002 **
5. 我认为与他人分享知识和科研数据是一件很有成就感的事情	5.44± 1.51	5.34± 1.31	6.07± 0.98	5.76± 1.60	6.33± 1.03	3.173	0.014 *
10. 总体来讲，我自己的科学数据十分愿意分享给他人	5.21± 1.48	5.31± 1.28	6.02± 1.13	6.00± 1.22	7.00± 0.00	6.404	0.000 **

＊ p<0.05　＊＊ p<0.01

由表6-10可知，利用方差分析（全称为单因素方差分析）去研究年龄对于"1. 我乐意与他人分享自己相关课题调研报告或数据库与经验""2. 参与相关课题、论文讨论时，我会尽可能提供自己的意见和观点""3. 对于同事提出的问题，我会尽可能地提供帮助""4. 同事需要帮助时，我会尽量提供资料与调研数据""5. 我认为与他人分享知识和科研数据是一件很有成就感的事情""10. 总体来讲，我自己的科学数据十分愿意分享给他人"共6项的差异性，从表6-10可以看出：不同年龄样本对于"1. 我乐意与他人分享自己相关课题调研报告或数据库与经验""2. 参与相关课题、论文讨论时，我会尽可能提供自己的意见和观点""3. 对于同事提出的问题，我会尽可能地提供帮助""4. 同事需要帮助时，我会尽量提供资料与调研数据""5. 我认为与他人分享知识和科研数据是一件很有成就感的事情""10. 总体来讲，我自己的科学数据十分愿意分享给他人"6项全部均呈现出显著性（p<0.05），意味着不同年龄样本对于科学数据共享意愿的6个题目均有着差异性。具体分析可知：

（1）年龄"1. 我乐意与他人分享自己相关课题调研报告或数据库与经验"呈现出0.05的水平显著性（F=3.078，p=0.017）。具体对比差异可知，有着较为明显差异的组别平均值得分对比结果为"60岁以上>20~30岁；41~50岁>31~40岁；60岁以上>31~40岁；60岁以上>41~50岁"，同时也可以使用折线图进行直观展示，见图6-10。

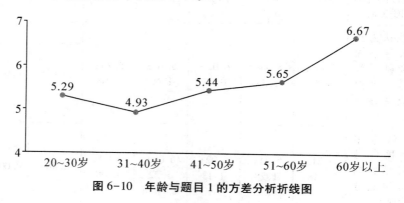

图6-10　年龄与题目1的方差分析折线图

（2）年龄对于"2. 参与相关课题、论文讨论时，我会尽可能提供自己的意见和观点"呈现出0.01的水平显著性（F=6.043，p=0.000）。具体对比差异可知，有着较为明显差异的组别平均值得分对比结果为"41~50岁>20~30

岁；51~60 岁>20~30 岁；60 岁以上>20~30 岁；41~50 岁>31~40 岁；51~60 岁>31~40 岁；60 岁以上>31~40 岁"，同时也可以使用折线图进行直观展示，见图 6-11。

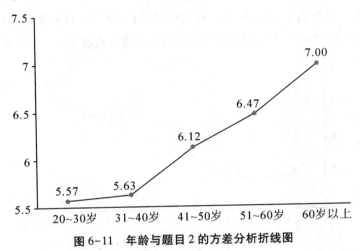

图 6-11　年龄与题目 2 的方差分析折线图

（3）年龄对于"3. 对于同事提出的问题，我会尽可能地提供帮助"呈现出 0.01 的水平显著性（F=4.663，p=0.001）。具体对比差异可知，有着较为明显差异的组别平均值得分对比结果为"41~50 岁>20~30 岁；51~60 岁>20~30 岁；60 岁以上>20~30 岁；51~60 岁>31~40 岁；60 岁以上>31~40 岁"，同时也可以使用折线图进行直观展示，见图 6-12。

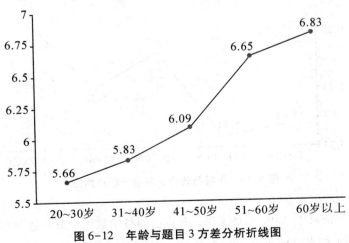

图 6-12　年龄与题目 3 方差分析折线图

（4）年龄对于"4.同事需要帮助时，我会尽量提供资料与调研数据"呈现出0.01的水平显著性（F=4.375，p=0.002）。具体对比差异可知，有着较为明显差异的组别平均值得分对比结果为"41~50岁>20~30岁；51~60岁>20~30岁；60岁以上>20~30岁；41~50岁>31~40岁；51~60岁>31~40岁；60岁以上>31~40岁"，同时也可以使用折线图进行直观展示，见图6-13。

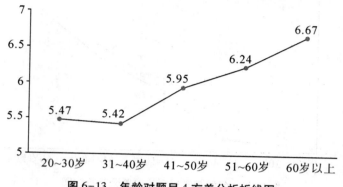

图6-13　年龄对题目4方差分析折线图

（5）年龄对于"5.我认为与他人分享知识和科研数据是一件很有成就感的事情"呈现出0.05的水平显著性（F=3.173，p=0.014）。具体对比差异可知，有着较为明显差异的组别平均值得分对比结果为"41~50岁>20~30岁；41~50岁>31~40岁"，同时也可以使用折线图进行直观展示，见图6-14。

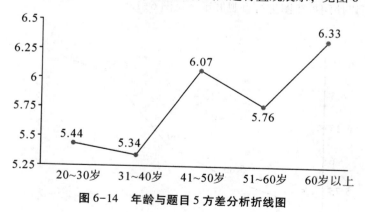

图6-14　年龄与题目5方差分析折线图

（6）年龄对于"10.总体来讲，我自己的科学数据十分愿意共享给他人"呈现出0.01的水平显著性（F=6.404，p=0.000）。具体对比差异可知，有着较为明显差异的组别平均值得分对比结果为"41~50岁>20~30岁；51~60岁>20~30岁；60岁以上>20~30岁；41~50岁>31~40岁；60岁以上>31~40岁"，同时也可以使用折线图进行直观展示，见图6-15。

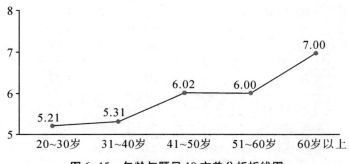

图6-15　年龄与题目10方差分析折线图

综上所述，不同年龄对于科学数据共享意愿的6个题目全部均呈现出显著性差异。

3. 职称对各变量的差异分析

由表6-11可知，利用方差分析（全称为单因素方差分析）去研究职称对于"1. 我乐意与他人分享自己相关课题调研报告或数据库与经验""2. 参与相关课题、论文讨论时，我会尽可能提供自己的意见和观点""3. 对于同事提出的问题，我会尽可能地提供帮助""4. 同事需要帮助时，我会尽量提供资料与调研数据""5. 我认为与他人分享知识和科研数据是一件很有成就感的事情""10. 总体来讲，我自己的科学数据十分愿意共享给他人"共6项的差异性。

表6-11　职称对科学数据共享意愿方法分析结果

方差分析结果（普通格式）						
分析项	题项	样本量	平均值	标准差	F	p
1. 我乐意与他人分享自己相关课题调研报告或数据库与经验	正高（研究员、教授等）	26	5.96	1.25	3.171	0.005**
	副高（副研究员、副教授等）	54	5.26	1.33		
	中级（讲师、助理研究员等）	43	4.72	1.5		
	初级（助教等）	3	4.33	0.58		
	在读博士研究生	13	5.31	1.32		

表6-11(续)

方差分析结果（普通格式）

分析项	题项	样本量	平均值	标准差	F	p
1. 我乐意与他人分享自己相关课题调研报告或数据库与经验	在读硕士研究生	79	5.29	1.22	3.171	0.005**
	其他	33	5.7	1.47		
	总计	251	5.3	1.37		
2. 参与相关课题、论文讨论时，我会尽可能提供自己的意见和观点	正高（研究员、教授等）	26	6.46	0.86	3.143	0.006**
	副高（副研究员、副教授等）	54	5.93	1.03		
	中级（讲师、助理研究员等）	43	5.7	1.15		
	初级（助教等）	3	4.67	0.58		
	在读博士研究生	13	5.92	1.12		
	在读硕士研究生	79	5.52	1.18		
	其他	33	5.97	1.33		
	总计	251	5.8	1.15		
3. 对于同事提出的问题，我会尽可能地提供帮助	正高（研究员、教授等）	26	6.5	0.71	2.316	0.034*
	副高（副研究员、副教授等）	54	6.02	1.02		
	中级（讲师、助理研究员等）	43	5.7	1.12		
	初级（助教等）	3	6	1		
	在读博士研究生	13	5.85	0.9		
	在读硕士研究生	79	5.65	1.2		
	其他	33	6.06	1.48		
	总计	251	5.89	1.15		
4. 同事需要帮助时，我会尽量提供资料和调研数据	正高（研究员、教授等）	26	5.96	1.18	2.405	0.028*
	副高（副研究员、副教授等）	54	5.87	1.06		
	中级（讲师、助理研究员等）	43	5.33	0.92		
	初级（助教等）	3	4.67	1.53		
	在读博士研究生	13	5.15	1.21		
	在读硕士研究生	79	5.56	1.21		
	其他	33	5.97	1.47		
	总计	251	5.65	1.19		

表6-11（续）

方差分析结果（普通格式）

分析项	题项	样本量	平均值	标准差	F	p
5. 我认为与他人分享知识和科研数据是一件很有成就感的事情	正高（研究员、教授等）	26	6.08	1.06	1.742	0.112
	副高（副研究员、副教授等）	54	5.85	1.22		
	中级（讲师、助理研究员等）	43	5.28	1.28		
	初级（助教等）	3	5.33	1.53		
	在读博士研究生	13	5.08	1.5		
	在读硕士研究生	79	5.48	1.47		
	其他	33	5.76	1.58		
	总计	251	5.6	1.38		
10. 总体来讲，我自己的科学数据十分愿意共享给他人	正高（研究员、教授等）	26	5.96	1.25	3.819	0.001**
	副高（副研究员、副教授等）	54	6.02	1.12		
	中级（讲师、助理研究员等）	43	5.05	1.36		
	初级（助教等）	3	4.67	2.08		
	在读博士研究生	13	4.92	1.71		
	在读硕士研究生	79	5.29	1.28		
	其他	33	5.76	1.58		
	总计	251	5.51	1.38		

$* p<0.05 \quad ** p<0.01$

由表6-11可知，不同的职称样本对于"5. 我认为与他人分享知识和科研数据是一件很有成就感的事情"共1项不会表现出显著性（$p>0.05$），意味着不同的职称样本对于"5. 我认为与他人分享知识和科研数据是一件很有成就感的事情"全部均表现出一致性，并没有差异性。另外职称样本对于"1. 我乐意与他人分享自己相关课题调研报告或数据库与经验""2. 参与相关课题、论文讨论时，我会尽可能提供自己的意见和观点""3. 对于同事提出的问题，我会尽可能地提供帮助""4. 同事需要帮助时，我会尽量提供资料和调研数据""10. 总体来讲，我自己的科学数据十分愿意共享给他人"共5项呈现出显著性（$p<0.05$）。具体分析可知：

（1）职称对于"1. 我乐意与他人分享自己相关课题调研报告或数据库与经验"呈现出0.01的水平显著性（$F=3.171$，$p=0.005$）。具体对比差异可知，有着较为明显差异的组别平均值得分对比结果为"正高（研究员、教授等）＞副高（副研究员、副教授等）；正高（研究员、教授等）＞中级（讲师、助理研究员等）；正高（研究员、教授等）＞初级（助教等）；正高（研究员、教授等）＞在读硕士研究生；副高（副研究员、副教授等）＞中级（讲师、助理研究员等）；在读硕士研究生＞中级（讲师、助理研究员等）；其他＞中级（讲师、助理研究员等）"，同时也可以使用折线图进行直观展示，见图6-16。

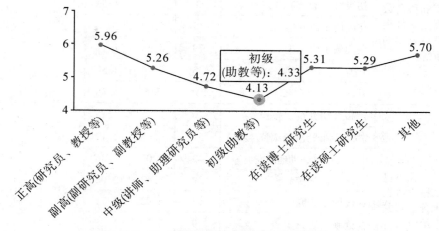

图6-16　职称与题目1方差分析折线图

（2）职称对于"2.参与相关课题、论文讨论时，我会尽可能提供自己的意见和观点"呈现出0.01水平显著性（$F=3.143$，$p=0.006$）。具体对比差异可知，有着较为明显差异的组别平均值得分对比结果为"正高（研究员、教授等）＞副高（副研究员、副教授等）；正高（研究员、教授等）＞中级（讲师、助理研究员等）；正高（研究员、教授等）＞初级（助教等）；正高（研究员、教授等）＞在读硕士研究生；副高（副研究员、副教授等）＞在读硕士研究生"，同时也可以使用折线图进行直观展示，见图6-17。

（3）职称对于"3.对于同事提出的问题，我会尽可能地提供帮助"呈现出0.05的水平显著性（$F=2.316$，$p=0.034$）。具体对比差异可知，有着较为明显差异的组别平均值得分对比结果为"正高（研究员、教授等）＞中级（讲师、助理研究员等）；正高（研究员、教授等）＞在读硕士研究生"，同时也可以使用折线图进行直观展示，见图6-18。

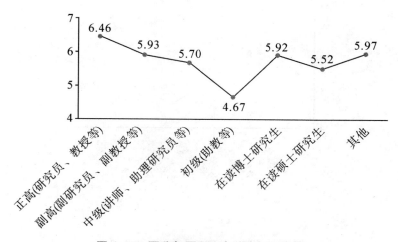

图 6-17　职称与题目 2 方差分析折线图

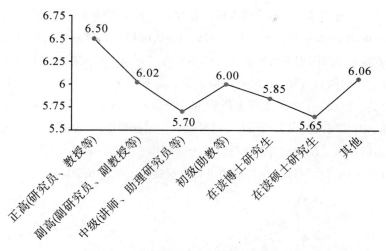

图 6-18　职称与题目 3 方差分析折线图

（4）职称对于"4. 同事需要帮助时，我会尽量提供资料与调研数据"呈现出 0.05 的水平显著性（$F = 2.405$，$p = 0.028$）。具体对比差异可知，有着较为明显差异的组别平均值得分对比结果为"正高（研究员、教授等）>中级（讲师、助理研究员等）；正高（研究员、教授等）>在读博士研究生；副高（副研究员、副教授等）>中级（讲师、助理研究员等）；副高（副研究员、副教授等）>在读博士研究生；其他>中级（讲师、助理研究员等）；其他>在读博士研究生"，同时也可以使用折线图进行直观展示，见图 6-19。

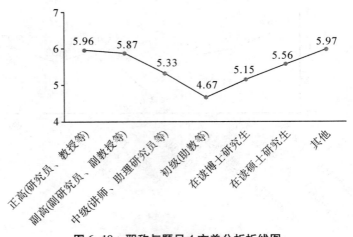

图 6-19　职称与题目 4 方差分析折线图

（5）职称对于"10. 总体来讲，我自己的科学数据十分愿意共享给他人"
呈现出 0.01 的水平显著性（F=3.819，p=0.001）。具体对比差异可知，有着
较为明显差异的组别平均值得分对比结果为"正高（研究员、教授等）>中级
（讲师、助理研究员等）；正高（研究员、教授等）>在读博士研究生；正高
（研究员、教授等）>在读硕士研究生；副高（副研究员、副教授等）>中级
（讲师、助理研究员等）；副高（副研究员、副教授等）>在读博士研究生；副
高（副研究员、副教授等）>在读硕士研究生；其他>中级（讲师、助理研究
员等）"，同时也可以使用折线图进行直观展示，见图 6-20。

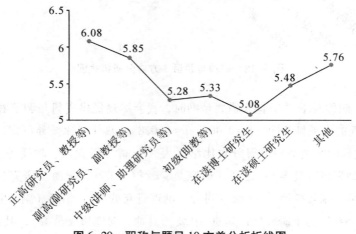

图 6-20　职称与题目 10 方差分析折线图

综上所述，不同的职称样本对于"5. 我认为与他人分享知识和科研数据是一件很有成就感的事情"共 1 项不会表现出显著性差异，对其余 5 项呈现出显著性差异。

4. 工作年限对各变量的差异分析

由表 6-12 可知，利用方差分析（全称为单因素方差分析）去研究工作年限对于"1. 我乐意与他人分享自己相关课题调研报告或数据库与经验""2. 参与相关课题、论文讨论时，我会尽可能提供自己的意见和观点""3. 对于同事提出的问题，我会尽可能地提供帮助。""4. 同事需要帮助时，我会尽量提供资料与调研数据""5. 我认为与他人分享知识和科研数据是一件很有成就感的事情""10. 总体来讲，我自己的科学数据十分愿意共享给他人"共 6 项的差异性。

表 6-12　工作年限对科学数据共享意愿方差分析结果

	5. 您的工作年限：（平均值±标准差）						F	p
	1~5 年 (n=63)	6~10 年 (n=29)	11~20 年 (n=42)	21~30 年 (n=41)	没有工作经历 (n=67)	31 年以上 (n=9)		
1. 我乐意与他人分享自己相关课题调研报告或数据库与经验	5.14± 1.32	4.79± 1.37	4.95± 1.64	5.78± 1.15	5.42± 1.26	6.56± 0.53	4.407	0.001**
2. 参与相关课题、论文讨论时，我会尽可能提供自己的意见和观点	5.59± 1.21	5.76± 1.09	5.83± 1.10	6.22± 0.91	5.61± 1.24	6.89± 0.33	3.664	0.003**
3. 对于同事提出的问题，我会尽可能地提供帮助	5.62± 1.26	5.97± 0.94	5.81± 1.13	6.34± 0.88	5.76± 1.23	6.89± 0.33	3.733	0.003**
4. 同事需要帮助时，我会尽量提供资料与调研数据	5.29± 1.22	5.52± 1.15	5.57± 1.13	6.15± 1.01	5.64± 1.21	6.78± 0.67	4.634	0.000**

表6-12(续)

	5. 您的工作年限：（平均值±标准差）						F	p
	1~5年 (n=63)	6~10年 (n=29)	11~20年 (n=42)	21~30年 (n=41)	没有工作经历 (n=67)	31年以上 (n=9)		
5. 我认为与他人分享知识和科研数据是一件很有成就感的事情	5.14± 1.62	5.55± 1.30	5.64± 1.23	6.00± 1.30	5.72± 1.23	6.11± 1.17	2.513	0.031*
10. 总体来讲，我自己的科学数据十分愿意分享给他人	4.95± 1.62	5.69± 1.17	5.67± 1.34	5.93± 1.17	5.40± 1.22	7.00± 0.00	5.668	0.000**

*p<0.05 **p<0.01

由表6-12可以看出：工作年限对于科学数据共享意愿的6项题目全部均呈现出显著性（p<0.05），均有着差异性。具体分析可知：

（1）工作年限对于"1. 我乐意与他人分享自己相关课题调研报告或数据库与经验"呈现出0.01的水平显著性（F=4.407，p=0.001）。具体对比差异可知，有着较为明显差异的组别平均值得分对比结果为"21~30年>1~5年；31年以上>1~5年；21~30年>6~10年；没有工作经历>6~10年；31年以上>6~10年；21~30年>11~20年；31年以上>11~20年；31年以上>没有工作经历"，同时也可以使用折线图进行直观展示，见图6-21。

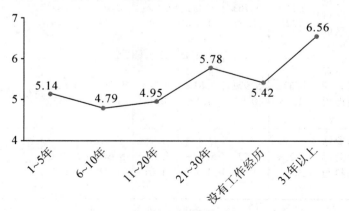

图6-21 工作年限对题目1方差分析折线图

（2）工作年限对于"2. 参与相关课题、论文讨论时，我会尽可能提供自己的意见和观点"呈现出 0.01 的水平显著性（F＝3.664，p＝0.003）。具体对比差异可知，有着较为明显差异的组别平均值得分对比结果为"21～30 年>1～5 年；31 年以上>1～5 年；31 年以上>6～10 年；31 年以上>11～20 年；21～30 年>没有工作经历；31 年以上>没有工作经历"，同时也可以使用折线图进行直观展示，见图 6-22。

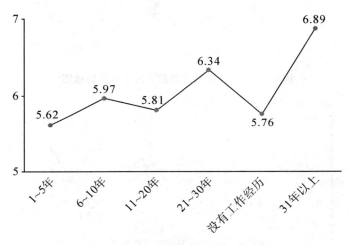

图 6-22　工作年限对题目 2 方差分析折线图

（3）工作年限对于"3. 对于同事提出的问题，我会尽可能地提供帮助"呈现出 0.01 的水平显著性（F＝3.733，p＝0.003）。具体对比差异可知，较为明显差异的组别平均值得分对比结果为"21～30 年>1～5 年；31 年以上>1～5 年；31 年以上>6～10 年；21～30 年>11～20 年；31 年以上>11～20 年；21～30 年>没有工作经历；31 年以上>没有工作经历"，同时也可以使用折线图进行直观展示，见图 6-23。

（4）工作年限对于"4. 同事需要帮助时，我会尽量提供资料与调研数据"呈现出 0.01 的水平显著性（F＝4.634，p＝0.000）。具体对比差异可知，有着较为明显差异的组别平均值得分对比结果为"21～30 年>1～5 年；31 年以上>1～5 年；21～30 年>6～10 年；31 年以上>6～10 年；21～30 年>11～20 年；31 年以上>11～20 年；21～30 年>没有工作经历；31 年以上>没有工作经历"，同时也可以使用折线图进行直观展示，见图 6-24。

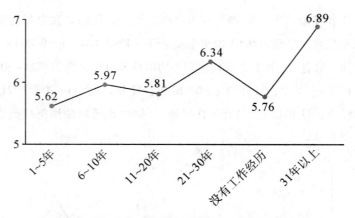

图 6-23　工作年限对题目 3 方差分析折线图

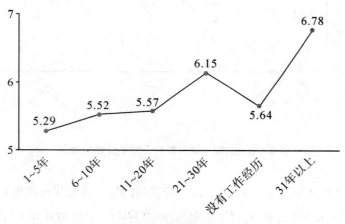

图 6-24　工作年限对题目 4 方差分析折线图

（5）工作年限对于"5. 我认为与他人分享知识和科研数据是一件很有成就感的事情"呈现出 0.05 的水平显著性（F=2.513，p=0.031）。具体对比差异可知，有着较为明显差异的组别平均值得分对比结果为"21~30 年>1~5年；没有工作经历>1~5 年；31 年以上>1~5 年"，同时也可以使用折线图进行直观展示。

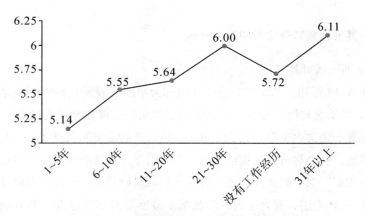

图 6-25 工作年限对题目 5 方差分析折线图

（6）工作年限对于"10. 总体来讲，我自己的科学数据十分愿意共享给他人"呈现出 0.01 的水平显著性（F = 5.668，p = 0.000）。具体对比差异可知，有着较为明显差异的组别平均值得分对比结果为"6～10 年>1～5 年；11～20 年>1～5 年；21～30 年>1～5 年；31 年以上>1～5 年；31 年以上>6～10 年；31 年以上>11～20 年；21～30 年>没有工作经历；31 年以上>21～30 年；31 年以上>没有工作经历"，同时也可以使用折线图进行直观展示，见图 6-26。

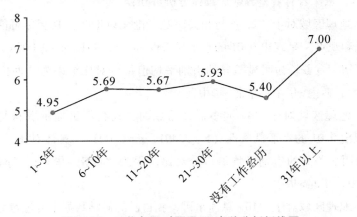

图 6-26 工作年限对题目 10 方差分析折线图

五、其他因素对各变量的方差分析

1. 地理区域对各变量的方差分析

由表 6-13 可知，利用方差分析（全称为单因素方差分析）研究地理区域对于"1. 我乐意与他人分享自己相关课题调研报告或数据库与经验""2. 参与相关课题、论文讨论时，我会尽可能提供自己的意见和观点""3. 对于同事提出的问题，我会尽可能地提供帮助""4. 同事需要帮助时，我会尽量提供资料与调研数据""5. 我认为与他人分享知识和科研数据是一件很有成就感的事情""10. 总体来讲，我自己的科学数据十分愿意共享给他人"共 6 项的差异性。通过分析可以看出：不同地理区域对于"1. 我乐意与他人分享自己相关课题调研报告或数据库与经验""3. 对于同事提出的问题，我会尽可能地提供帮助""5. 我认为与他人分享知识和科研数据是一件很有成就感的事情"共 3 项不会表现出显著性（p>0.05），意味着这 3 项都表现出一致性，并没有差异性。另外地理区域对于"2. 参与相关课题、论文讨论时，我会尽可能提供自己的意见和观点""4. 同事需要帮助时，我会尽量提供资料与调研数据""6. 总体来讲，我自己的科学数据十分愿意分享给他人"这 3 项呈现出显著性（p<0.05），意味着有着差异性。具体分析可知：

（1）地理区域对于"2. 参与相关课题、论文讨论时，我会尽可能提供自己的意见和观点"呈现出 0.01 的水平显著性（F=2.991，p=0.008）。具体对比差异可知，有着较为明显差异的组别平均值得分对比结果为"西南>华东；华南>华中；西南>华中；华北>华中"。

（2）地理区域对于"4. 同事需要帮助时，我会尽量提供资料与调研数据"呈现出 0.01 的水平显著性（F=3.491，p=0.002）。具体对比差异可知，有着较为明显差异的组别平均值得分对比结果为"西南>华东；华南>华中；西南>华中；华北>华中"。

（3）地理区域对于"10. 总体来讲，我自己的科学数据十分愿意分享给他人"呈现出 0.01 的水平显著性（F=3.208，p=0.005），以及具体对比差异可知，有着较为明显差异的组别平均值得分对比结果为"东北>华中；西南>华东；西南>华中；西北>华中；华北>华中"。

表 6-13　地理区域对科学数据共享意愿的方差分析结果

	9. 地理区域：（平均值±标准差）							F	p
	东北 （n=10）	华东 （n=49）	华中 （n=27）	华南 （n=14）	西南 （n=98）	西北 （n=6）	华北 （n=47）		
1. 我乐意与他人分享自己相关课题调研报告或数据库与经验	4.80± 1.23	5.16± 1.31	4.85± 1.35	5.50± 1.09	5.46± 1.35	4.83± 1.60	5.47± 1.52	1.3	0.258
2. 参与相关课题、论文讨论时，我会尽可能提供自己的意见和观点	5.70± 1.42	5.59± 1.14	5.07± 1.17	5.93± 0.92	6.02± 0.99	6.00± 0.89	5.96± 1.35	2.991	0.008 **
3. 对于同事提出的问题，我会尽可能地提供帮助	6.00± 1.05	5.61± 1.27	5.44± 1.15	5.86± 0.95	6.06± 1.00	6.33± 0.82	6.02± 1.34	1.808	0.098
4. 同事需要帮助时，我会尽量提供资料与调研数据	5.40± 1.26	5.41± 1.08	4.89± 1.15	5.93± 1.14	5.93± 1.03	5.67± 0.82	5.72± 1.47	3.491	0.002 **
5. 我认为与他人分享知识、分享科研数据是一件很有成就感的事情	5.70± 1.57	5.39± 1.32	5.04± 1.19	5.93± 1.07	5.83± 1.26	6.00± 0.89	5.51± 1.74	1.673	0.128
10. 总体来讲，我自己的科学数据十分愿意分享给他人	5.80± 1.55	5.24± 1.27	4.63± 1.28	5.50± 1.34	5.80± 1.21	6.00± 0.89	5.57± 1.69	3.208	0.005 **

* p<0.05　** p<0.01

2. 留学经历对各变量的差异分析

由表6-14可知，利用方差分析（全称为单因素方差分析）去研究"是否有海外留学经历或工作经历"对于"1. 我乐意与他人分享自己相关课题调研报告或数据库与经验""2. 参与相关课题、论文讨论时，我会尽可能提供自己的意见和观点""3. 对于同事提出的问题，我会尽可能地提供帮助""4. 同事需要帮助时，我会尽量提供资料与调研数据""5. 我认为与他人分享知识和科研数据是一件很有成就感的事情""10. 总体来讲，我自己的科学数据十分愿意共享给他人"共6项的差异性。通过分析可以看出："是否有海外留学经历或工作经历"对于6项均不会表现出显著性（$p>0.05$），意味着全部表现出一致性，并没有差异性。这与课题组小组讨论时的假设不一样，当初认为有过留学经历或者在海外工作经历的科研人员，科学数据共享意愿会比较强烈。

表6-14 留学经历对科学数据共享意愿的方差分析结果

	12. 是否有海外留学经历或工作经历：（平均值±标准差）		F	p
	有（n=36）	无（n=215）		
1. 我乐意与他人分享自己相关课题调研报告或数据库与经验	5.19±1.31	5.32±1.38	0.243	0.622
2. 参与相关课题、论文讨论时，我会尽可能提供自己的意见和观点	5.86±1.07	5.80±1.17	0.1	0.753
3. 对于同事提出的问题，我会尽可能地提供帮助	6.03±0.97	5.87±1.18	0.579	0.448
4. 同事需要帮助时，我会尽量提供资料与调研数据	5.50±1.28	5.67±1.18	0.659	0.418
5. 我认为与他人分享知识、分享科研数据是一件很有成就感的事情	5.81±1.41	5.57±1.37	0.922	0.338
10. 总体来讲，我自己的科学数据十分愿意共享给他人	5.58±1.38	5.50±1.38	0.118	0.731

* $p<0.05$ ** $p<0.01$

第三节 科研人员科学数据共享能力分析

一、问卷的信度与效度分析

1. 问卷的信度分析

本书利用 SPSS26.0 软件对调查问卷进行信度和效度检验。信度是指测量结果的一致性、可靠性是否符合标准，它是指采用同样的方法对同一对象重复测量时取得结果的一致性程度，信度指标多以相关系数表示。学者们普遍认为，当信度指标 α 系数值高于 0.8，则开发设计的量表内部可靠性极高；如果 α 系数介于 0.7~0.8，则说明信度较好；如果 α 系数介于 0.6~0.7，则说明信度可接受；如果 α 系数小于 0.6，说明信度不佳。由表 6-15 可知，信度系数值为 0.817，大于 0.8，因而说明研究数据信度质量高。针对"题项已删除的 α 系数"，"6. 我能快速地找到研究课题或撰写论文所需要的科学数据"如果被删除，信度系数会有较为明显的上升，因此可考虑对此项进行修正或者删除处理。针对"CITC 值"，分析项的 CITC 值均大于 0.4，说明分析项之间具有良好的相关关系，同时也说明信度水平良好。综上所述，研究数据信度指标 α 系数值高于 0.8，综合说明数据信度质量高，可用于进一步分析。

表 6-15 共享能力问卷信度分析

名称	校正项总计相关性（CITC）	题项已删除的 α 系数	Cronbachα 系数
Cronbach 信度分析			
6. 我能快速地找到研究课题或撰写论文所需要的科学数据	0.456	0.876	
7. 我对别人课题或论文里面的数据会采取接纳的态度	0.75	0.722	0.817
8. 我会以他人理解的方式表达我的意见	0.735	0.733	
9. 我有能力分辨对于本工作有价值的数据	0.685	0.747	
标准化 Cronbachα 系数：0.835			

2. 问卷的效度分析

问卷的效度是指问卷测量结果的有效性或正确性，即一个问卷能够测量出研究者想要测量的概念或者特性的程度。学者们普遍认为，如果 KMO 值高于 0.8，则说明效度高；如果 KMO 介于 0.7~0.8，则说明效度较好；如果 KMO 介于 0.6~0.7，则说明效度可接受，如果 KMO 小于 0.6，说明效度不佳（如果仅两个题，则 KMO 无论如何均为 0.5）。

效度研究用于分析研究项是否合理、有意义，效度分析使用因子分析这种数据分析方法进行研究，分别通过 KMO 值、共同度、方差解释率值、因子载荷系数值等指标进行综合分析，以验证出数据的效度水平情况。KMO 值用于判断是否有效度，共同度值用于排除不合理研究项，方差解释率值用于说明信息提取水平，因子载荷系数用于衡量因子（维度）和题项的对应关系。由表6-16可知：针对共同度而言，共涉及 6. 我能快速地找到研究课题或撰写论文所需要的科学数据。共 1 项，它们对应的共同度值小于 0.4，说明研究项信息无法被有效地表达。因而应该将此 1 项进行删除，删除之后再次进行分析。使用 KMO 和 Bartlett 检验进行效度验证，由表 6-17 可以看出：KMO 值为 0.774，介于 0.7~0.8，研究数据效度较好。

表 6-16　效度分析结果

名称	因子载荷系数	共同度
	因子 1	（公因子方差）
6. 我能快速地找到研究课题或撰写论文所需要的科学数据	0.631	0.398
7. 我对别人课题或论文里面的数据会采取接纳的态度	0.889	0.79
8. 我会以他人理解的方式表达我的意见	0.89	0.791
9. 我有能力分辨对于本工作有价值的数据	0.855	0.73
特征根值（旋转前）	2.71	–
方差解释率%（旋转前）	67.745%	–
累积方差解释率%（旋转前）	67.745%	–
特征根值（旋转后）	2.71	–
方差解释率%（旋转后）	67.745%	–
累积方差解释率%（旋转后）	67.745%	–

表6-16(续)

名称	因子载荷系数	共同度
	因子1	（公因子方差）
KMO 值	0.774	-
巴特球形值	463.873	-
df	6	-
p 值	0	-

表 6-17　KMO 和 Bartlett 的检验

KMO 和 Bartlett 的检验		
KMO 值		0.774
Bartlett 球形度检验	近似卡方	463.873
	df	6
	p 值	0

二、验证性因子分析

验证性因子分析是对社会调查数据进行的一种统计分析，它测试一个因子与相对应的测度项之间的关系是否符合研究者设计的理论关系。验证性因子分析往往通过结构方程建模来测试。在实际科研中，验证性因子分析的过程也就是测度模型的检验过程。验证性因子分析（CFA）的主要目的在于进行效度验证，同时还可以进行共同方法偏差（CMV）的分析。

本次针对共 1 个因子，以及 4 个分析项进行验证性因子分析。本次分析有效样本量为 251，超出分析项数量的 10 倍，样本量适中。

1. 因子载荷系数分析

因子载荷系数值展示因子（潜变量）与分析项（显变量）之间的相关关系，见表 6-18。

第一，通常使用标准载荷系数值表示因子与分析项间的相关关系；

第二，如果呈现出显著性，且标准载荷系数值大于 0.70，则说明有着较强的相关关系；

第三，如果没有呈现出显著性，也或者标准载荷系数值较低（比如低于 0.4），则说明该分析项与因子间相关关系较弱。

表 6-18　因子载荷系数表格

因子载荷系数表格

Factor （潜变量）	分析项 （显变量）	非标准 载荷系数 （Coef.）	标准误 （Std. Error）	z	p	标准载 荷系数 （Std. Estimate）
数据共享能力	6. 我能快速地找到研究课题或撰写论文所需要的科学数据	1	—	—	—	0.479
	7. 我对别人课题或论文里面的数据会采取接纳的态度	1.36	0.178	7.63	0	0.849
	8. 我会以他人理解的方式表达我的意见	1.34	0.174	7.706	0	0.887
	9. 我有能力分辨对于本工作有价值的数据	1.364	0.183	7.45	0	0.792

2. AVE（平均方差萃取）和 CR（组合信度）

AVE（平均方差萃取）和 CR（组合信度）用于聚合效度（收敛效度）分析。第一，通常情况下 AVE 大于 0.5 且 CR 值大于 0.7，则说明聚合效度较高；第二，如果 AVE 或 CR 值较低，可考虑移除某因子后重新分析聚合效度，见表 6-19。

表 6-19　模型 AVE 和 CR 指标结果

Factor	平均方差萃取 AVE 值	组合信度 CR 值
数据共享能力	0.534	0.819

三、科学数据共享意愿的描述性分析

通过之前对信度和效度的分析，本研究确定了样本数据的可用性，因此接下来要对样本进行描述性统计分析。本部分研究中涉及 4 个变量，都为量表题，采用七分制，其中：1 代表非常不符合；2 代表不符合；3 代表有点不符合；4 代表一般；5 代表较符合；6 代表符合；7 代表非常符合。具体分析如下。

本部分的四个量表题目为："1. 我能快速地找到研究课题或撰写论文所需要的科学数据""2. 我对别人课题或论文里面的数据会采取接纳的态度""3. 我会以他人理解的方式表达我的意见""4. 我有能力分辨对于本工作有价值的数据"，具体见表 6-20。通过均值分析，除题目 1 的分值在 5 分以下，其余各

变量的得分均在 5.5 分以上，属于中等偏上水平，说明被调查者对科学数据的共享意愿较强。题目 1 "我能快速地找到研究课题或撰写论文所需要的科学数据"得分相对偏低的原因在于，对于"快速的"理解，有的课题要寻找数据至少半年以上，有时候些论文也要半年以上，因而很多访谈者认为不能快速找到课题组或撰写论文所需要的科学数据。

表 6-20　各变量的描述性统计结果

题目	1	2	3	4
1 非常不符合	3.19%	1.2%	0.8%	1.2%
2 不符合	5.18%	0.4%	0.4%	0.8%
3 有点不符合	9.96%	1.59%	1.2%	4.38%
4 一般	23.9%	13.55%	8.76%	7.57%
5 比较符合	23.51%	27.89%	24.7%	25.5%
6 符合	19.52%	31.47%	33.86%	29.08%
7 非常符合	14.74%	23.9%	30.28%	31.47%
8 平均得分	4.77	5.57	5.79	5.69

四、人口特征对不同研究变量的方差分析

考虑到被调查者的背景因素可能会影响调查结果，因此要对被调查者的人口特征进行研究，以确保结果的可靠性，便于提出更有针对性的建议。本研究中进行分析的人口特征因素主要是年龄、职称、受教育程度以及工作年限。

1. 年龄对各变量的差异分析

由于年龄分组较多，不适合用独立样本 T 检验方法，本研究中将采用单因素独立样本分析方法（One-Way ANOVA），分析结果见表 6-21。

表 6-21　方差分析结果

	2. 年龄：（平均值±标准差）					F	p
	20-30 (n=112)	31-40 (n=59)	41-50 (n=57)	51-60 (n=17)	60 以上 (n=6)		
6. 我能快速地找到研究课题或撰写论文所需要的科学数据	4.83± 1.52	4.80± 1.41	4.49± 1.65	5.29± 1.16	4.50± 2.51	1.061	0.376

表6-21（续）

	2. 年龄：（平均值±标准差）					F	p
	20-30 （n=112）	31-40 （n=59）	41-50 （n=57）	51-60 （n=17）	60以上 （n=6）		
7. 我对别人课题或论文里面的数据会采取接纳的态度	5.45± 1.18	5.46± 1.06	5.63± 1.29	6.12± 0.99	6.67± 0.52	2.786	0.027*
8. 我会以他人理解的方式表达我的意见	5.64± 1.15	5.64± 1.09	5.93± 1.08	6.53± 0.72	6.50± 0.55	3.621	0.007**
9. 我有能力分辨对于本工作有价值的数据	5.29± 1.34	5.58± 1.15	6.16± 1.05	6.65± 0.61	7.00± 0.00	10.302	0.000**
* p<0.05 ** p<0.01							

由表6-21可知，利用方差分析（全称为单因素方差分析）去研究年龄对于"6. 我能快速地找到研究课题或撰写论文所需要的科学数据""7. 我对别人课题或论文里面的数据会采取接纳的态度""8. 我会以他人理解的方式表达我的意见""9. 我有能力分辨对于本工作有价值的数据"共4项的差异性，从表6-21可以看出：不同年龄对于"6. 我能快速地找到研究课题或撰写论文所需要的科学数据"共1项不会表现出显著性（p>0.05），意味着不同年龄对于"6. 我能快速地找到研究课题或撰写论文所需要的科学数据"全部均表现出一致性，并没有差异性。另外年龄对于"7. 我对别人课题或论文里面的数据会采取接纳的态度""8. 我会以他人理解的方式表达我的意见""9. 我有能力分辨对于本工作有价值的数据"共3项呈现出显著性（p<0.05），有着差异性。具体分析可知：

（1）年龄对于"7. 我对别人课题或论文里面的数据会采取接纳的态度"呈现出0.05水平显著性（F=2.786，p=0.027），以及具体对比差异可知，有着较为明显差异的组别平均值得分对比结果为"51~60岁>20~30岁；60岁上<20~30岁；51~60岁<31-40岁；60岁以上<31~40岁；60岁以上>41~50岁"，同时也可以使用折线图进行直观展示，见图6-27。

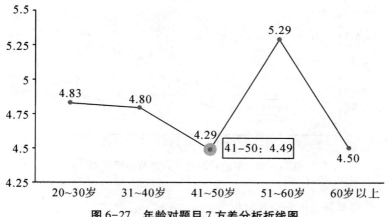

图 6-27　年龄对题目 7 方差分析折线图

（2）年龄对于 "8. 我会以他人理解的方式表达我的意见" 呈现出 0.01 水平显著性（F=3.621，p=0.007），以及具体对比差异可知，有着较为明显差异的组别平均值得分对比结果为 "51~60 岁>20~30 岁；51~60 岁>31~40 岁；51~60 岁>41~50 岁"，同时也可以使用折线图进行直观展示，见图 6-28。

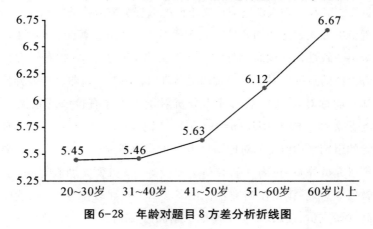

图 6-28　年龄对题目 8 方差分析折线图

（3）年龄对于 "9. 我有能力分辨对于本工作有价值的数据" 呈现出 0.01 水平显著性（F=10.302，p=0.000），以及具体对比差异可知，有着较为明显差异的组别平均值得分对比结果为 "41~50 岁>20~30 岁；51~60 岁>20~30 岁；60 岁以上>20~30 岁；41~50 岁>31~40 岁；51~60 岁>31~40 岁；60 岁以上>31~40 岁"，同时也可以使用折线图进行直观展示，见图 6-29。

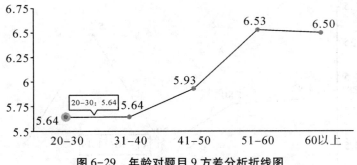

图 6-29　年龄对题目 9 方差分析折线图

2. 职称对各变量的差异分析

由表 6-22 可知，利用方差分析（全称为单因素方差分析）去研究对于"6. 我能快速地找到研究课题或撰写论文所需要的科学数据""7. 我对别人课题或论文里面的数据会采取接纳的态度""8. 我会以他人理解的方式表达我的意见。""9. 我有能力分辨对于本工作有价值的数据"共 4 项的差异性。分析可以看出：不同职称对于"6. 我能快速地找到研究课题或撰写论文所需要的科学数据""7. 我对别人课题或论文里面的数据会采取接纳的态度""8. 我会以他人理解的方式表达我的意见"共 3 项不会表现出显著性（p>0.05），即全部均表现出一致性，并没有差异性。此外，职称对于"9. 我有能力分辨对于本工作有价值的数据"共 1 项呈现出显著性（p<0.05），即有着差异性。具体分析可知：职称对于"9. 我有能力分辨对于本工作有价值的数据"呈现出0.01 水平显著性（F=6.071，p=0.000），以及具体对比差异可知，有着较为明显差异的组别平均值得分对比结果为"正高（研究员、教授等）>中级（讲师、助理研究员等）；正高（研究员、教授等）>初级（助教等）；正高（研究员、教授等）>在读博士研究生；正高（研究员、教授等）>在读硕士研究生；正高（研究员、教授等）>其他；副高（副研究员、副教授等）>中级（讲师、助理研究员等）；副高（副研究员、副教授等）>在读博士研究生；副高（副研究员、副教授等）>在读硕士研究生；其他>在读博士研究生；其他>在读硕士研究生"，同时也可以使用折线图进行直观展示，见图 6-30。

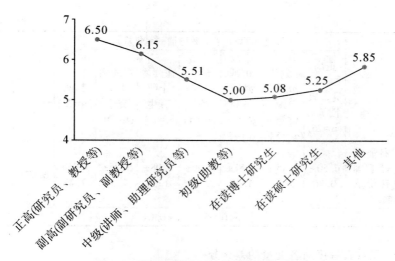

图 6-30　职称对题目 4 方差分析折线图

表 6-22　方差分析结果

	3. 您的职称：（平均值±标准差）							F	p
	正高（研究员，教授等）（n=26）	副高（副研究员，副教授等）（n=54）	中级（讲师，助理研究员等）（n=43）	初级（助教等）（n=3）	在读博士研究生（n=13）	在读硕士研究生（n=79）	其他（n=33）		
6. 我能快速地找到研究课题或撰写论文所需要的科学数据	4.77±1.80	4.63±1.57	4.88±1.31	4.00±1.00	3.69±1.60	4.87±1.44	5.09±1.65	1.634	0.138
7. 我对别人课题或论文里面的数据会采取接纳的态度	5.81±1.36	5.83±1.04	5.21±1.15	5.33±0.58	5.15±0.80	5.47±1.13	5.82±1.40	1.983	0.069
8. 我会以他人理解的方式表达我的意见	6.08±1.20	5.98±0.94	5.58±1.05	6.00±1.00	5.62±1.12	5.63±1.08	5.94±1.39	1.254	0.28

表6-22（续）

	3. 您的职称：（平均值±标准差）							F	p
	正高（研究员，教授等）（n=26）	副高（副研究员，副教授等）（n=54）	中级（讲师，助理研究员等）（n=43）	初级（助教等）（n=3）	在读博士研究生（n=13）	在读硕士研究生（n=79）	其他（n=33）		
9. 我有能力分辨对于本工作有价值的数据	6.50±0.76	6.15±0.81	5.51±1.32	5.00±2.00	5.08±1.38	5.25±1.30	5.85±1.42	6.071	0.000 **
	* p<0.05 ** p<0.01								

3. 受教育程度对各变量的差异分析

由表6-23可知，利用方差分析（全称为单因素方差分析）去研究最高学历对于"6. 我能快速地找到研究课题或撰写论文所需要的科学数据""7. 我对别人课题或论文里面的数据会采取接纳的态度""8. 我会以他人理解的方式表达我的意见""9. 我有能力分辨对于本工作有价值的数据"共4项的差异性，分析性可以看出：不同最高学历对于"6. 我能快速地找到研究课题或撰写论文所需要的科学数据""7. 我对别人课题或论文里面的数据会采取接纳的态度""8. 我会以他人理解的方式表达我的意见""9. 我有能力分辨对于本工作有价值的数据"全部均不会表现出显著性（p>0.05），即全部均表现出一致性，并没有差异性。

总结可知：最高学历对于"6. 我能快速地找到研究课题或撰写论文所需要的科学数据" "7. 我对别人课题或论文里面的数据会采取接纳的态度" "8. 我会以他人理解的方式表达我的意见" "9. 我有能力分辨对于本工作有价值的数据"全部均不会表现出显著性差异。

表6-23　方差分析结果

	10. 最高学历：（平均值±标准差）				F	p
	博士研究生（n=78）	硕士研究生（n=112）	本科（n=55）	其他（n=6）		
6. 我能快速地找到研究课题或撰写论文所需要的科学数据	4.55±1.47	4.83±1.60	4.85±1.37	5.67±2.34	1.33	0.265

表6-23（续）

	10. 最高学历：（平均值±标准差）				F	p
	博士研究生（n=78）	硕士研究生（n=112）	本科（n=55）	其他（n=6）		
7. 我对别人课题或论文里面的数据会采取接纳的态度	5.49±1.24	5.62±1.08	5.55±1.14	5.83±2.40	0.291	0.832
8. 我会以他人理解的方式表达我的意见	5.81±1.13	5.79±1.02	5.76±1.10	5.83±2.40	0.02	0.996
9. 我有能力分辨对于本工作有价值的数据	5.90±1.22	5.58±1.18	5.62±1.34	5.50±2.35	1.084	0.357

* $p<0.05$ * * $p<0.01$

4. 工作年限对各变量的差异分析

由表6-24可知，利用方差分析（全称为单因素方差分析）去研究工作年限对于"6. 我能快速地找到研究课题或撰写论文所需要的科学数据""7. 我对别人课题或论文里面的数据会采取接纳的态度""8. 我会以他人理解的方式表达我的意见""9. 我有能力分辨对于本工作有价值的数据"共4项的差异性，工作年限对于"6. 我能快速地找到研究课题或撰写论文所需要的科学数据"共1项不会表现出显著性（$p>0.05$），意味着不同工作年限对于"6. 我能快速地找到研究课题或撰写论文所需要的科学数据"全部均表现出一致性，并没有差异性。另外工作年限对于"7. 我对别人课题或论文里面的数据会采取接纳的态度""8. 我会以他人理解的方式表达我的意见""9. 我有能力分辨对于本工作有价值的数据"共3项呈现出显著性（$p<0.05$），意味有着差异性。具体分析可知：

（1）5. 工作年限对于"7. 我对别人课题或论文里面的数据会采取接纳的态度"呈现出0.05水平显著性（$F=2.950$，$p=0.013$），以及具体对比差异可知，有着较为明显差异的组别平均值得分对比结果为"31年以上>1~5年；31年以上>6~10年；31年以上>11~20年；31年以上>21~30年；31年以上>没有工作经历"，同时也可以使用折线图进行直观展示，见图6-31。

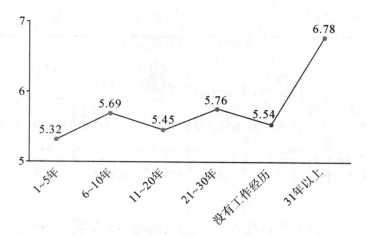

图 6-31　工作年限对题目 7 方差分析折线图

（2）工作年限对于"8. 我会以他人理解的方式表达我的意见"呈现出 0.01 水平显著性（F = 3.687，p = 0.003），以及具体对比差异可知，有着较为明显差异的组别平均值得分对比结果为"6～10 年>1～5 年；21～30 年>1～5 年；31 年以上>1～5 年；6～10 年>11～20 年；21～30 年>11～20 年；31 年以上>11～20 年；31 年以上>没有工作经历"，同时也可以使用折线图进行直观展示，见图 6-32。

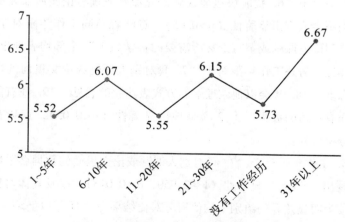

图 6-32　工作年限对题目 8 方差折线图

（3）工作年限对于"9. 我有能力分辨对于本工作有价值的数据"呈现出 0.01 水平显著性（F = 8.572，p = 0.000），以及具体对比差异可知，有着较为明显差异的组别平均值得分对比结果为"6~10年>1~5年；21~30年>1~5年；31年以上>1~5年；6~10年>没有工作经历；31年以上>6~10年；21~30年>11~20年；31年以上>11~20年；21~30年>没有工作经历；31年以上>没有工作经历"，同时也可以使用折线图进行直观展示，见图6-33。

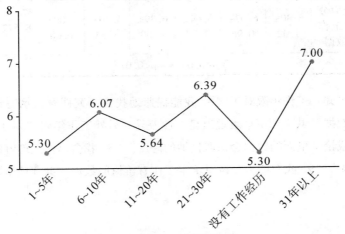

图6-33 工作年限对题目9的方差分析折线图

表6-24 方差分析结果

	5. 您的工作年限：（平均值±标准差）						F	p
	1~5年 (n=63)	6~10年 (n=29)	11~20年 (n=42)	21~30年 (n=41)	没有工作经历 (n=67)	31年以上 (n=9)		
6. 我能快速地找到研究课题或撰写论文所需要的科学数据	4.67± 1.59	5.07± 1.44	4.45± 1.42	4.80± 1.65	4.96± 1.45	4.44± 2.07	0.916	0.471
7. 我对别人课题或论文里面的数据会采取接纳的态度	5.32± 1.13	5.69± 1.14	5.45± 1.23	5.76± 1.20	5.54± 1.16	6.78± 0.44	2.95	0.013*
8. 我会以他人理解的方式表达我的意见	5.52± 1.20	6.07± 1.00	5.55± 1.06	6.15± 1.06	5.73± 1.07	6.67± 0.50	3.687	0.003**

表6-24(续)

	5. 您的工作年限：（平均值±标准差）						F	p
	1~5 年 (n=63)	6~10 年 (n=29)	11~20 年 (n=42)	21~30 年 (n=41)	没有工作经历 (n=67)	31 年以上 (n=9)	F	p
9. 我有能力分辨对于本工作有价值的数据	5.30± 1.32	6.07± 0.96	5.64± 1.27	6.39± 0.80	5.30± 1.33	7.00± 0.00	8.572	0.000 **

$* p<0.05$ $** p<0.01$

总结可知：工作年限对于"6. 我能快速地找到研究课题或撰写论文所需要的科学数据"共1项不会表现出显著性差异，另外工作年限"对于7. 我对别人课题或论文里面的数据会采取接纳的态度""8. 我会以他人理解的方式表达我的意见""9. 我有能力分辨对于本工作有价值的数据"共3项呈现出显著性差异。

第七章　科研人员科学数据共享影响因素的扎根研究

本章通过对不同调查对象（主要包括科研人员、政府部门人员、科研管理部门、在读硕士研究生和博士研究生4个群体）以深度访谈为主的方式收集资料，结合已有的关于科学数据共享因素分析研究，以前述构建的科研人员科研与数据生命周期模型为逻辑思维起点，对研究资料进行收集整理。通过开放式编码、主轴编码和选择性编码三种编码方式，并在此基础上构建了科研人员科学数据共享影响因素理论模型。本章从对访谈资料的编码分析过程进行分别介绍，需要强调的是，本章的编码分析过程是综合进行的，从驱动因素和阻碍因素两个方面对编码过程介绍，是为了提高可读性与易理解性，核心范畴是在编码最终步骤中完成的，并且在理论抽样之后进行了重复的编码。

第一节　研究数据的收集与整理

科研人员在进行项目研究或课题研究时通常都会经历4个阶段：课题研究计划、课题数据收集、课题数据分析和相关研究成果发表。科研人员的科学数据共享在四个阶段都有可能发生。在课题研究计划阶段，科研人员在选题初期，会因为对研究问题的疑问或者产生研究兴趣进而产生科学数据共享需求，主要是通过对己有数据文献的深入分析而助力课题的研究设计。在课题数据收集阶段，科研人员需要通过不同的方式收集课题研究需要的数据，其数据源可以是已经公开的数据，其他研究者持有的数据，也可以是通过实地调研、访谈、问卷调查等从不同的样本中采集到的数据，在此过程中，科研人员会受到不同因素的影响，进而影响其数据收集方式和对数据的质量控制。在科学数据分析阶段，科研人员通过对科学数据的模型分析和提炼得到更加有价值的数据，该数据往往对研究者来说有重要的价值，是否将此科学数据共享给他人，可能会受到成果是否发表等因素的影响。在成果发表阶段，科研人员会将自己的调查报告、撰写的论文或者持有的数据通过不同的渠道公开发表，该成果可能被其他科研人员下载引用，并提出新的科学数据需求。可以看出，在科学研究的4个阶段中，科研人员的科学数据共享行为均会受到各种阻碍或者驱动因素的影响，并且有时某种因素由于环境的不同可能会从驱动因素转变为阻碍因素。同时在对之前访谈者关于科学数据共享参与者的相关资料分析中发现，科研人员、政府部门人员、科研管理部门和在读硕士研究生、博士研究生在此过程中出现的频率较高。

在科学数据共享的扎根研究阶段，数据收集主要有目的性抽样和理论性抽样，以四川省、安徽省、湖南省和北京市的10位社会科学数据共享的参与者为调研对象，包括6位来自985和211高校的社会科学领域的高校研究者、2位从事科学数据共享研究和提供数据服务的工作者、2位社会科学研究领域内的数据提供者，对其科学数据共享的相关活动和感受进行研究。

在得出两个核心范畴之后，为了理论的充实与饱和，进入理论性抽样阶段，本文选择北京市、四川省和湖南省的14位受访者进行理论抽样（其中5份样本作为验证样本并未加入编码统计），并对数据进行编码分析，最终达到理论饱和。通过对所有访谈资料的整理，共获得3小时的录音资料，转录成文本资料4万余字。本部分在编码过程中，采用小组编码的形式，即以小组讨论的形式进行编码命名，以提高编码的效度与信度。在遇到编码命名不一致情况出现时，参考前人已经提出的因素进行命名，对于尚未发现的范畴的命名问题，课题组通过两轮商讨后进行表决，选择票数较高的编码命名，采用小组讨论的形式进行编码命名和编码收敛，是为了最大限度地减少和降低由于个人主观性而导致的编码命名与其内容不一致或表达不完全问题，同时提高编码在收敛时的合理性与代表性，最终达到提高研究的效度与信度的目的。

第二节　科学数据共享的驱动因素分析

在科学数据共享的驱动因素核心范畴中，共包括 3 个主要范畴和 6 个次要范畴，具体的编码及分析过程如下。

一、科学数据共享的驱动因素的开放式编码分析

对访谈资料开放式编码，就是对访谈资料进行概念提取并范畴化。本书对经济补偿、数据管理意识、成本节省、道德激励、数据回报、学术交流、学术认可、政策驱动和社会评价 9 个范畴①进行了开放式编码。

1. 经济补偿

对于直接参与或间接参与科学数据共享过程的科研人员来说，比较直接且容易衡量的驱动因素之一就是经济利益的补偿。本章讨论的经济补偿既包括直接的金钱回报以及一些物质回报，也可以是现在看得到的经济利益，也可以是预期回报。数据的提供者即共享者，对于其提供的数据是否应该收费以及数据收费的定价问题表示出较强的关切。

大多数受访者经常讨论一些数据是否应该收费的问题，大部分表示支持一些数据收费。对科研人员在提供数据时提供一定的经济补偿，可以刺激数据的提供者和拥有者将其自身的数据共享出来。被调查者支持一些数据可以收取一定的费用，目的不是单纯的获利，而是因为在数据收集和提供过程中，会产生一定的成本，这种对成本的补偿和支付，是数据共享者愿意看到的。如表 7-1 所示，对科研人员来说，对数据收集过程中消耗的直接成本和间接成本提供一定的经济补偿将会促进科研人员提供科研数据和提高数据质量。

---

① 考虑到文章篇幅，本文仅对开放式编码中具有代表性的访谈内容进行截取，并展现其最终统计结果。

表 7-1　经济补偿编码截取

三级编码	二级编码	一级编码	访谈内容
经济补偿 （物质奖励）	人力成本 时间成本 乐于助人	①数据调研时都是请了研究生和一些老师参加的； ②只要能帮到同事，还是感觉很幸福的； ③据说他的数据花费了三个月的时间收集	我从同事那里免费得到数据或者调查报告，合适的时候一起吃饭，或者送点小礼物。甚至下次有机会可以一起做课题

此次访谈是以微信语音聊天的方式进行的，该受访者是××省农业大学经济管理学院的一名科研人员，副教授职称，经常参与扶贫的相关调研，有专业的数据库，并为一些人提供经济数据。受访者在提供其所拥有的数据时，表示如果调查者给予一定的物质补偿，他会非常乐意和主动地提供自身所拥有的数据

对调查访谈的案例数据的分析可以看出，支持科学数据收费的同时，对于数据的定价也是科研人员、政府工作人员以及在读硕士研究生和博士研究生较为关心的问题：如果收费，应该怎么收，收多少，数据的价值无法评估。如果数据定价过高，一些科研人员承担不起，或者感觉不值这么高的价钱，尤其是没有课题费支撑的科研项目。因此，科学数据定价对于共享者有着较为重要的意义，合理的数据定价对于花费大量财力物力人力和时间的数据收集者来说，是一种数据成本的核定，也能使其在将数据共享时得到合理的回报与经济补偿。

访谈记录 11：此次访谈是在受访者的办公室进行的，受访者是研究所的副所长，受访者在谈到科学数据共享时，重点谈到数据质量和可靠性，现在的数据搜集真是一分价钱一分质量，你花多少钱就会得到什么质量的数据，因为这些数据是别人花了大量的精力整合出来的。

毫无疑问，任何科研人员在搜集整理科学数据时肯定是耗费了一定的精力和体力，共享科学数据时应当获得相应的经济补偿，即数据应该有合理的定价。通过逐层编码，笔者得到了一级编码：商务的科学数据都收钱，且价钱很高；一些数据问卷的投放需要花费很多的人力物力；他花了大量的精力实地调研。通过对一级编码的进一步范畴化后得到科学数据收费、科学数据定价、科学数据成本三个子范畴。最终通过对编码的分析与统计得到范畴"经济补

偿"，及其子范畴"科学数据收费""科学数据定价"和"经济物质奖励"①。

2. 科学数据的积累意识

科学数据积累意识对于科学数据共享意愿来说是比较间接的一个驱动因素，其更为直接的作用应该体现为对数据保存行为和管理行为。但是在访谈中发现，科学数据保存意识较强的访谈者，在进行科学数据共享时的意识和意愿也较高，这里的数据积累意识主要指对科学数据共享的参与者特别是数据的拥有者来说，其所拥有或者获得的数据是否进行妥善的保存和备份，以备将来需要时或者他人有共享需求时得以提供可靠性、真实性较高的数据。

访谈记录22：我参与的很多课题结束之后，很多调研数据都储存在个人电脑上，办公室电脑是公用的，所以一般不存。基本上，课题结题之后，数据一般就放在电脑里，只有等到电脑要维修时才想起把资料数据整理一下。有时候是遇到和自己未来预期研究相关的主题，也会整理数据的。

从个案访谈和问卷调查可以看出，被调查的科研人员在谈到科学数据存储时，表示一般出于方便的原则存储在个人电脑中，并没有特殊的备份与分类习惯，也没有利用相关的辅助软件，存储的目的主要是为了今后的研究。访谈中，笔者曾经看到一个科研人员的电脑桌面，密密麻麻的很多文件夹，没有专门的分类，也没有定期进行分类管理，可见数据管理意识不强。但是一般的被调查者都会提到课题数据采集和加工之后的存储问题。多次访谈发现，科学数据的良好保存虽然是数据共享的间接驱动因素，但是其还是很大程度上受被调查者的个人数据积累意识或者数据管理意识影响，一些数据积累意识较强的被调查者往往共享意识也较强，而数据积累意识较弱的受访者往往共享意识也较弱。

在对访谈资料的深入分析中，笔者发现数据积累意识的强弱往往与受访者对于数据价值的认识有关，即数据价值越高，其积累意识也就越强。对受访者来说，高价值的数据可能是质量高的数据也可能是数据成本较高的数据。如表7-2所示，由于受访者在收集数据时的难度较高，所以其更会注意数据的保存和积累。

---

① 陈欣. 社会科学数据共享影响因素 [D]. 南京：南京大学，2015.

表 7-2　科学数据积累意识截取

三级编码	二级编码	一级编码	访谈内容
数据积累意识（数据保存管理意识）	数据保存数据管理	获取一手调查研究数据真是不容易；数据对以后申请课题很有用	我一个课题研究结束后会把申请书、最终研究报告以及结题表等一系列资料保存在一个文件夹里，对以后发表文章、申请类似课题都有很大帮助，这是前期研究成果
此次访谈是在受访者的办公室进行的，受访者在谈到对所收集到的科学数据的保存问题时，都会提到数据采集和加工之后的数据存储问题。从此次访谈中，受访者表示对于数据价值较高的数据特别是一手数据，将其积累起来的意识比较强烈，可见对于数据积累意愿的强弱程度也和该数据本身对研究者的价值高低有关，这个价值可能和受访者投入的精力和财力相关，也和其本身的稀有度有关。在今后的访谈中可以适当关注此类问题			

最终通过对编码的分析与统计得出本文范畴之一——"数据积累意识"及其子范畴"科学数据保存""科学数据备份"和"数据格式处理"。

3. 节省成本

节省成本是促进科研人员以及利益相关者参与科学数据共享最为直接的一个驱动因素或者是直接目的。在对多个访谈进行分析后可以发现，节省成本是与之前访谈中提出的数据成本相对应的，因为收集和获取数据需要大量的成本，那么，在课题经费紧张或时间有限的情况下，很多科研人员都会选择寻求现有的数据以节省经济成本、时间成本、人力成本，或者找别人现有的数据进行不同模型的处理。表 7-3 是关于节省成本范畴的部分编码截取，受访者在其中主要谈到了对于科学数据共享可以节省大量的时间和体力，即节省时间成本和人力成本对其有较高的重要性。

表 7-3　节约成本编码截取

三级编码	二级编码	一级编码	访谈内容
节约成本（包括时间成本和人力成本）	节省时间成本；减少人力成本	任何一种数据资源都是要花费时间；数据共享最好；可以减少很多重复劳动缩短研究周期	我觉得任何一种资源，特别是社会科学数据资源，能够共享是最好的，可以减少很多重复劳动，可以为后期的研究进行一些基础性的铺垫，缩短很多课题和项目的研究周期

表7-3（续）

三级编码	二级编码	一级编码	访谈内容
			此次访谈是在受访者的办公室进行的，受访者在谈到其对数据共享的看法时，着重强调了减少重复劳动对社会科学研究的意义，在私下与受访者的交流中，其比较注重的是经济成本和时间成本的节省，以此为目的，受访者愿意积极地寻求数据共享

在对节省成本进行更深一步的理论抽样分析后发现，节省经济成本是节省成本范畴的子范畴之一。如在访谈中，被调查者在谈到社会科学数据共享时，表示："从某一角度讲，科研人员的科学数据共享肯定是有益的，节约资金成本，节约时间成本，有的科学数据采集的时间非常的长，例如农村慢性贫困数据，至少需要4年以上，要想节约时间，用别人的数据也是可取的。同时采集数据时往往会接触到人，有时可能不可避免就会产生一些经济成本，共享的话可以节约这部分成本也是蛮好的。"此段话中，受访者在谈到其对科学数据共享的看法时，强调了对于社会科学领域来说，其数据采集的时间非常长，因此节省时间对于社会科学数据共享来说非常重要，同时提到了在进行数据收集时与人的接触较多，不可避免会产生经济成本，因此节省经济成本也是促进其寻求数据共享的因素之一。最终通过对编码的分析与统计得出本文范畴之一的"节省成本"，以及其3个子范畴——"节省经济成本""节省时间成本""节省人力成本"[1]。

4. 道德激励

通过对访谈资料的编码分析，笔者发现，科研人员在参与科学数据共享时，道德激励是其中一个不可忽视的因素，很多科研人员在访谈时表现出希望共享的科学数据能够帮助到同事朋友。

访谈记录21：对于我来说，我的课题数据与他人分享的原因之一，是我知道获取课题研究数据尤其是一些部门数据时存在很多困难，尤其是一手的实地调研数据和分析数据，需要几个月甚至几年的时间，需要课题组成员花费很大精力，将心比心，我十分理解这些科研人员，我把我的数据分享给其他人，希望可以减少他们的工作量。

被调查者在谈到其将数据共享给他人的动力时，将理解科研人员放到最重要的位置上，并在访谈时着重强调了自身在获取科学数据时的体会，认为科学

---

[1] 陈欣. 社会科学数据共享影响因素 [D]. 南京：南京大学，2015.

数据在获取时比较复杂和不容易，因为自己曾经遇到过某些困难，而希望别人可以避免这些困难，这是作为一名研究者自身的学术素养也是道德素养。建立在此理解上，通过逐层编码，本书得到了一级编码，即十分了解获取数据遇到的困难：获取数据的工作量很大；将心比心，我作为一名科研人员，理解其他研究者。通过对编码的进一步范畴化后得到数据获取有一定难度、数据成本高、理解研究者3个子范畴。

道德激励不仅仅体现在科研人员身上，在科学数据共享中的重要数据来源的政府部门工作人员身上也有体现，他们希望部门数据可以帮助那些深度挖掘数据价值的科研人员，同时也希望了解部门存在的问题及未来发展对策建议。当然这是与政府部门工作人员个人的素养息息相关的。

表7-4是关于道德激励的编码截取。笔者通过对编码的分析与统计得出本文范畴之一的"道德激励"，及其子范畴"体恤同行"和"乐于助人"。

表7-4　道德激励编码截取

三级编码	二级编码	一级编码	访谈内容
道德激励（乐于助人）	对问题感兴趣；乐于助人；很有成就感	帮助同事数据共享很有成就感；他人品不错，希望可以帮助他	我的调研问卷可以给朋友提供一些参考和帮助对我自己来说还是蛮开心的
此次访谈是通过电话进行的，被调查者是一名经常填写问卷和访谈的政府工作人员，在谈到其在接受访谈和调查时的感受时，乐于助人和个人兴趣使然表现得比较突出，受访者表示对于经济激励不是特别感兴趣，在时间允许的情况下，还是非常乐意将信息提供出去，希望自己提供的数据和信息能够帮助到别人，给别人作为参考，会让他觉得有成就感			

5. 数据预期回报

通过对访谈资料的编码分析，课题组总结认为，科研人员和其他数据共享参与者在进行科学数据共享时，希望能得到一定的回报是数据共享者考虑的重要因素。数据预期回报，是指科研人员作为数据共享者角色时，心理有一定的预期，在当前或将来自己需要一些数据时，可以以平等的方式获取他人拥有的数据。对于数据预期回报范畴的发现，是本研究比较有价值的收获和成果之一，在对多名来自高校和研究所的科研工作者进行深度访谈时发现，大部分被调查者都提到了数据平等交换这一话题。

访谈记录 26：很多数据不是随时随地都可以获取，特别是一手资料的数据，例如说行业和官方没有数据，必须要自己投入大量的人力物力财力去收集，不可避免就涉及一个成本的问题，如果都是免费的，就不存在投入回报的问题，如果不对等的话，有的科研人员就感觉共享数据对自己不划算。考虑到成本投入的话，如果没有预期回报的话只能共享一次，下次就不会考虑与其他人共享数据。从长远的角度看，形成一个长期的数据共享圈，有来有回，必须形成一个有效的回报机制，投入有回报，共享也有回报，这个回报是要对等的，A 这次给 B 提供了数据，今后 A 需要的时候希望 B 也能提供数据。

大多数被调查者在谈到科学数据共享的动力时，渴望数据回报和希望数据回报是对等的，受访者不停地强调对等和平等的问题，之后笔者对此范畴进行了理论抽样，进行了更加深入的讨论，并就此问题对其进行二次访谈以获得更深入的信息。在访谈中，受访者关于数据回报问题进行了较为详细的阐述，如表 7-5 所示，通过理论抽样，比较清晰地了解了数据回报这一范畴，并对其进行逐层编码，得到数据回报这一核心范畴。

表 7-5　数据回报编码截取

三级编码	二级编码	一级编码	访谈内容
数据回报（平等交换，预期回报）	数据回报（直接回报，间接回报）；平衡交换（未来他有数据时，与我分享）	良性循环；直接交换；在我需要时帮助我	嗯，就是当别人向我索取数据或者提出数据共享时，我并不一定当时就要回报，但是在我今后需要帮助的时候，特别是他或者他们拥有我需要的科学数据时，也能够无偿共享给我，也就是说，我和他们之间能够存在一种数据上的平等对待，这样也可以形成一个良性的循环，类似一种以物换物的感觉
此次访谈是对同一受访者进行的第二次访谈，主要针对上一次访谈中受访者提出的较为突出的问题进行更为详细的了解。此次访谈中受访者对其上次提出的数据共享平等问题做了较为详细的解释，提出在共享数据时，希望在将来需要时可以获得数据回报。受访者对于数据的渴望比较强烈			

最终通过对编码的分析与统计得出本文范畴之一的"数据回报"，及其子范畴"数据回报方式"和"平等交换"。

6. 学术交流

通过对访谈资料的编码分析，笔者发现学术交流是较早显现出的一个驱动因素，此因素在之前的文献中少有提及。学术交流，是指数据共享者希望通过在与他人共享数据的同时，可以加强业界合作，其最终目的是使科学信息、思想、观点得到沟通和交流。归根结底，科研人员通认为学术交流的最终落脚点在更新学术思想和学术创新上，指出激励（激活、激发）、启迪才是学术交流最本质的意义。表7-6是关于学术交流范畴的部分编码截取。

表7-6 学术交流编码截取

三级编码	二级编码	一级编码	访谈内容
学术交流（寻找机会、学术合作、学术指导）	交流渴望；寻找新的课题合作；数据交流；学术指导	加强业界联系；加强学术交流；数据交流；学术合作	科学数据共享可能可以加强业界联系，没准会和知名专家学者建立长期联系，可能未来还有新的合作机会。我的国外同学说，他们不仅仅是学术交流，还有数据交流。国内这两年开始重视了
此次访谈在受访单位的会客室进行，提到数据共享的动力时，受访者提出了数据交流其实是可以加强同学科之间或者跨学科之间的学术交流，让受访者更感兴趣的是可以有新的研究机会或合作机会			

访谈记录20：在探讨曾经的科学数据共享经历时，受访者明确表示当初科学数据的交流与共享是期望认识××教授，可以推动未来与之研究合作，增强学术之间的交流。

最终通过对编码的分析与统计得出本文范畴之一的"学术交流"，及其子范畴"寻找课题合作机会""寻找课题组成机会"和"数据创新提升"。

7. 学术认可

通过对访谈资料的编码分析，我们发现，在进行数据共享时，对数据共享者的承认和认可对于共享者特别是科研工作者来说有非常大的影响。学术认可，可以是业界或者受益者对于数据提供者的承认和赞同，对共享者本人来说是一种肯定。

访谈记录30：我还是希望我的数据提供给他人后，如果发表了文章或者写了调查报告，作者会通过一种方式表达认可。发表文章的时候就把数据来源标出来，或者表示一下"××对本文的研究提供了基础数据"。至少让我知道你对我的劳动成果有一种承认，这跟国家的评价机制也有关系。数据引用就是一种认可和承认。

受访者首次谈到共享数据时，提出了作为一个数据共享者，渴望被认可，从其访谈资料和私下交流中可以感受到，受访者对于被他人认可，特别是学术界的认可特别重视，这种认可可以提高其在学术界的知名度和专业度。通过一级编码得到二级编码、三级编码如表7-7所示。

表7-7　学术认可编码截取

三级编码	二级编码	一级编码	访谈内容
学术认可	提高行业名声；提高职业地位	数据制作者的认可；表达认可；数据作者标出来；表示一下；让人家知道；感谢	有个团队里面其他老师带的学生，用课题数据发表文章，结果没有带他导师的名字，导师知道后心里还是不舒服的，之后跟团队定了制度：利用团队数据发表的文章一定要带团队人的名字，并且要告知负责人

8. 政策驱动

通过对访谈资料的编码分析，笔者发现宏观政策和微观政策对科研人员的科学数据共享有决定性的影响。政策影响，既可以是指国家制定的关于数据或信息共享方面的法律法规，也可以是组织或者资助机构制定的相关数据条例。表7-8是关于科研人员科学数据共享驱动因素中关于政策范畴的部分编码截取，受访者在谈话中表示了对国家法律法规的强制性服从。

表7-8　政策驱动编码截取

三级编码	二级编码	一级编码	访谈内容
政策驱动	官方要求；项目资金支持者要求	省规划课题要求；相关法律法规要求	我们和别人签了合同，课题数据归×××部门所有，必须上交，我们课题组要信守承诺
此次访谈在受访者单位的办公室进行，在谈到共享数据时，强调了在做一些项目时，国家或者组织会要求提供所获得的科学数据，必须上交，别人毕竟是资助方			

但是，政策驱动并不仅仅指国家所制定的法律法规和相关政策，也包括社会科学数据共享参与者所在单位制定的政策或者相关的规定。

访谈记录3： 我们研究院和特色学科建设有一些需要定期的搜集数据，这些数据是要定期交给自己的单位，所以我们必须服从。对于数据提交觉得理所应当。我们同学单位实验室做的数据必须归实验室所有，自己不能私自利用数据发表文章或者他用，如果要用的话，必须经过导师同意。

总体而言，科研人员谈到提交科学数据时，能明确地知道什么数据属于自己所有，什么数据属于团队所有；什么时候可以用，什么时候不可以用。当然也有例外情况，有的科研人员表示，对于关系特别好的朋友，有些数据时可以私下交流，前提是数据不涉密。最终通过对编码的分析与统计得出本文范畴之一的"政策驱动"。

9. 社会评价

社会评价是科研人员社会环境的重要组成部分，起着影响科研人员、塑造科研人员的重要作用。毫无疑问，每个科研人员都希望得到肯定性的社会评价，这点在调查中得到了印证。通过对访谈资料的编码分析，笔者发现，社会评价对科研人员进行科学数据共享时有显著的正向影响。社会评价主要是指社会对于科研工作者的成果的评价，也可以是科研人员的研究成果对社会、经济等产生的影响，这一范畴与之前的学术认可较为相似，但是此范畴更加接近社会对于科研工作者的认可问题。

访谈记录6：我把数据以公开的方式，比如类似快手、抖音的新媒体，以及喜马拉雅等平台共享出去，是希望能让自己的数据在自己专业外产生一定的影响，或者有一定的帮助。当然，如果能够提高自身的知名度也是很好的，毕竟研究的目的主要还是要能对社会做出一些贡献。

在对该受访者进行访谈时，明显感受到其对自己的数据为社会产生贡献并且提高其知名度，还是很有成就感。在与同事、朋友、同学私下的交流中如果自己的成果和数据能够对他们有作用的话，更是十分开心的。被社会认可对其的意义很大，体现出了该受访者对于社会对其自身和成果的评价的重视。本书对其逐层编码获得一级编码——数据公开共享、社会贡献、提高知名度、社科研究要对社会产生影响。并进一步范畴化得到社会评价范畴，最终通过对编码的分析与统计得出本研究子范畴之一的"社会评价"，及其子范畴"社会知名度""公众影响"。

二、科学数据共享的驱动因素的主轴编码分析

通过对科研人员科学数据共享驱动因素开放式编码分析中出现的范畴进行详细的分析与提取，同时展开专家讨论和课题小组讨论。在专家讨论和课题小组讨论的过程中产生了一定的分歧，在范畴的剔除问题上，有成员提出应当对编码较少的范畴，例如"社会评价"进行删减，但是经过进一步讨论，考虑到下一阶段将对模型进行定量分析，为了保证模型内容的完整度，决定将剔除步骤放到定量研究中去。在将范畴进一步收敛成主范畴时，由于个人的出发角度不同，在讨论中产生了较大的分歧，有成员提出应当从个体意识的角度出发，参考 TAM 等现有理论对范畴进行收敛，但是经过进一步讨论，为了遵循扎根理论基于事实的研究态度，同时考虑到之后模型构建的可行性，提高模型的易理解性与可读性，本书将开放式编码中已经形成的范畴从基于其个体性、科研性和社会性的特点出发，同时考虑到其对于科学数据共享的驱动性与阻碍性，抽取现有 18 个范畴中的 9 个范畴并将其初步收敛成个体驱动因素、科研驱动因素、社会驱动因素三个主范畴，并且根据主范畴中范畴间具有的共同特性对主范畴进行定义，具体如表 7-9 所示。

表 7-9　主轴编码形成的主副范畴及其对应内涵

主范畴	包含范畴	内涵
个体驱动因素	经济补偿	对获得平等的、合理的金钱等物质回报
	数据积累意识	对科学数据进行储存和备份的良好意识
	节省成本	共享数据过程中耗费的人力、时间和资金
	道德激励	出于同情和帮助他人的意愿
科研驱动因素	数据回报	获取他人数据的渴望
	学术交流	发现新科研机会的渴望和预期
	学术认可	提高社会知名度和学界认可
社会驱动因素	政策驱动	遵守国家和资助机构的相关强制性政策
	社会评价	提高自己的社会知名度和社会地位

本书最终将已经形成的范畴互相关联成个体驱动因素、科研驱动因素、政策驱动因素三个主范畴，并且根据主范畴中范畴间具有的共同特性对主范畴进行定义。通过对范畴共性的详细分析，本书将个体驱动因素定义为由社会科学数据共享的参与者自身特性所产生的，包括对物质需求和精神需求的渴望而促使其参与到科学数据共享中去的因素集合；科研驱动因素是由社会科学数据共享的参与者对于学术水平的提高与追求的需求而促使其参与到科学数据共享中去的因素集合；政策驱动因素是由社会科学数据共享的参与者自身对社会知名度的渴望及社会中存在的强制性法律与政策而促使其参与到科学数据共享中去的因素集合。

三、科学数据共享的驱动因素的选择性编码分析

基于对三个主范畴的比较分析，不难发现，无论是个体驱动因素、科研驱动因素还是政策驱动因素其均属于在科学数据共享过程中驱动参与者参与到科学数据共享中去的因素集合，因此，本书确定了"科学数据共享驱动因素"这一核心范畴，个体驱动因素、科研驱动因素和政策驱动因素三个主范畴与其存在着非常紧密的关系。由于科学数据共享的参与者自身特性所产生的，包括对物质需求和精神需求的渴望对于其参与科学数据共享意愿有着直接的影响，其代表性内容有："对科学数据的共享肯定是好的，节约成本，再一个就是节约时间，社会科学的数据采集时间非常长，比如说你观察一个东西，时间特别长，共享科学数据的话就会节约时间节约成本。同时采集数据时往往会接触到人，有时可能不可避免地就会产生一些经济成本，共享的话可以节约这部分成本也是蛮好的。"其中节约成本的渴望会直接促进科学数据共享参与者参与到数据共享中去。由于科学数据共享的参与者对于学术水平的提高与追求的需求也对其参与社会科学数据共享意愿有着直接的影响，具有代表性的访谈内容有："数据共享可能可以通过共享加强业界的联系，说不准就有新的研究机会。"其中对于发现新的研究机会的渴望会直接促进社会科学数据共享参与者参与到数据共享中去。同时对社会知名度的渴望及社会中存在的强制性法律与政策也会直接驱使参与者主动参与到社会科学数据共享中去。例如受访者曾经谈道："我把数据以公开的方式共享出去，是希望能让自己的数据对社会做出一些贡献和帮助，而不是局限于我们学界内。当然，如果能够提高自身的知名度也是很好的，毕竟社会科学研究主要还是要能对社会做出一些贡献嘛。"其中对于社会知名度的渴望会直接驱使其参与到社会科学数据共享中去。在确定了该核心范畴后，本书针对其内容进行了进一步理论抽样，使得各个范畴达到理论饱和，并未发现新范畴出现。

第三节　科学数据共享的阻碍因素分析

阻碍科学数据共享的核心范畴包括 3 个主范畴和 6 个从范畴，具体的编码及分析过程如下。

一、科学数据共享的阻碍因素的开放式编码分析

对访谈资料的开放式编码，即对访谈资料进行概念提取、规范化、范畴化。本书获得了资金缺乏、数据获取能力、共享数据质量、数据共享机制、数据认可、期刊政策、隐私与保密和政策缺失 8 个范畴。考虑到篇幅，本节仅对开放式编码中具有代表性的访谈内容进行截取展示，并展现其最终的统计结果。范畴的具体提炼与分析如下。

1. 学术垄断

通过对访谈资料的编码分析，发现学术垄断在一定程度上阻碍了科研人员的科学数据共享，目的是保持自己学术成果的创新性和前瞻性。有的专家学者将学术垄断称为学术自卫，结合对课题组资料的深入分析，本书将学术垄断或学术自卫定义为科研人员担心自身学术成果及名誉受到损害所表现出的自卫意识与行为，包括对数据需求者资质的担忧，对数据具体用途的担忧等，或者为了保持自己的成果在专业领域的创新性。

访谈记录 25：受访者介绍其共享数据的主要障碍时提到，最大的顾忌可能就是不知道你要我的数据的具体用途，就是说你究竟是出于一个什么样的用途，可能会在提供的时候有一定的顾忌。受访者说到将自己的数据提供给他人时或者他人向受访者索取数据时，对于数据需求者对数据的下一步使用，或者用途表示担忧。

经过与其他受访者更深一步的交流，发现受访者更主要的担心是自己的数据被用于非法用途或者自身利益受到损害。通过对其进行编码分析获得一级编码，之后通过理论抽样，对该范畴进行了更为深入的访谈。如表 7-10 所示，科研人员提出在学术成果即将发表时其害怕数据的共享导致其学术成果的查重过不了，或者对于数据需求者人品的不信任，担心其不合理、非法地使用科学数据会使自身名誉和利益受到损害。最终，这几个范畴多次重复出现，理论达到饱和，本文最终得到学术垄断或学术自卫这一范畴。

最终通过对编码的分析与统计得出本文范畴之一的"学术自卫"，及其子范畴"需求者资质担忧""成果检验担忧""数据用途担忧""名誉损害担忧"。

表 7-10   学术垄断编码截取

三级编码	二级编码	一级编码	访谈
学术自卫	担忧数据被不当使用	害怕查重过不了；害怕数据被不当使用	如果我的数据即将形成成果、发表论文，那么还是不会考虑提供，至少论文发表前最好不提供

此次访谈是在受访者的办公室进行的，受访者在谈到数据共享的顾忌时，提到了数据共享的时间，并强调在文章或成果即将发表的时候不同意共享自己的数据，此期间受访者表现出强烈的自卫意识

2. 资金限制

通过对访谈资料的编码分析，发现资金不足也是阻碍科学数据共享的一个重要因素。本书定义的资金不足、资金限制，主要是指科研人员在科学数据的保存、管理、共享时面临的资金缺乏，由于资金缺乏而阻碍其将自己的数据共享出去。

访谈记录3：主要是有的时候项目资金有限，特别是社会科学的项目资金本来就不多，很少会在数据存储或者为了今后的使用而对数据进行专门的处理，因为这要求在软件和硬件上投入大量的资金。

从众多受访者的表述中可以看出，由于项目资金的缺乏，其对于收集到的原始数据的存储与管理并不规范，态度也比较随意，并且在言语中强调了社会科学项目资金的缺乏限制了其数据管理与存储。本书初步得出资金缺乏核心范畴，在对其进行理论性抽样后，发现资金缺乏范畴并不仅限于社会科学数据的存储与管理中。如表7-11所示，多名受访者在访谈中均提到数据共享时不会产生很多成本，关键是自己生产数据时的成本需要在共享时弥补，因此往往通过一些较为便捷的非正式的网络传递方式进行私下之间的数据共享，但是对于课题组建立的专门的数据库，尤其是花了大价钱建立的数据库一般情况下是不会共享的。最终以上三个范畴重复出现次数较多，达到理论饱和并最终确定资金限制这一范畴。这与第六章科研人员因资金不足导致需求不足的结论同质。

最终通过对编码的分析与统计得出本研究范畴之一的"资金限制"，及其子范畴"数据管理资金缺乏""数据存储资金缺乏""数据共享资金缺乏"。

表 7-11　资金限制编码截取

三级编码	二级编码	一级编码	访谈
资金缺乏	共享方式：私下共享，微信共享；共享成本自己负担	私下提出需求；微信传递资料；邮箱传递资料；大部分自己承担成本	有个研究所的×××也在研究相关的问题，私下向我索要数据，数据少的话直接就微信发送了，数据多或者存在其他问题的话，肯定很麻烦

此次访谈是在受访者的办公室进行的，在提到科学数据的共享途径时，受访者无意中提到了在共享时会尽量避免产生成本，之后私下与其进行交流，受访者提出因为共享时产生的成本大多由自己承担，让对方承担的话有时会很尴尬

3. 数据获取能力

通过对访谈资料的编码分析，发现数据获取能力缺乏在科学数据的共享过程中同样阻碍数据需求者获取数据。这里的数据获取能力，本书将其定义为数据需求者获取自己所需数据的能力，即获取所需数据的信息来源、获取渠道和方式、数据权限等能力。例如在访谈中，受访者称："我希望能够更多地公开共享，因为我在这个位置，所以能获得很多一手的数据或者说有一些捷径，如果我不在这个研究中心了，很多东西就拿不到了，比如说我想了解或探索的领域，我没有渠道，不知道该怎么去找，愿意花钱，但不知道怎么去找这些数据，我希望能够有更多的渠道让我去获得科学数据。"在谈到向他人索取所需的科学数据时，受访者表示在需求数据时，数据权限有限或者不知用何渠道获取所需的数据，因此阻碍了其去寻求数据共享。通过编码获得一级编码：公开化共享、数据权限有限、获得数据的手段、没有渠道、不知道怎么去找。并初步得到子范畴：数据权限（数据权限有限）、不了解数据获取渠道（获得数据的手段有限）、不了解信息源（不知道怎么去找），后期通过理论抽样并没有发现新的范畴，于是进一步得到范畴数据获取能力。

最终通过对编码的分析与统计得出本研究范畴之一的"数据获取能力"，及其子范畴"数据权限""数据渠道了解"。

4. 共享数据的质量

通过对访谈资料的编码分析，发现对共享的数据质量的质疑会影响科学数据需求者对数据的使用。共享数据质量是指数据需求者对数据来源的质量质疑，即所获取的数据的真实性、完整性、有效性、权威性，这将影响数据需求者是否使用该数据。如表 7-12 所示，对数据来源的权威性，特别是对寻求数

据共享的人来说，对共享数据的真实性、完整性的担忧让部分受访者宁愿自己动手，也不愿意去用别人的数据，这样的对话一直存在于访谈中。

表 7-12　共享数据质量编码截取

三级编码	二级编码	一级编码	访谈
共享数据质量（数据来源质量）	数据的权威性；数据的真实性；数据的完整性；	数据的权威性；数据的真实性；数据的完整性	像我这么年轻的学者，有些数据或研究结论，很多认为不够权威，甚至对我课题组调查问卷的设计持怀疑态度
此次访谈是与受访者微信沟通的，在谈到如何获取科学数据时，受访者在寻求数据共享时，比较担心数据来源的权威性和数据的真实性、完整性，害怕因为采用了低质量的数据而导致研究失真			

最终通过对编码的分析与统计得出本文范畴之一的"共享数据质量"，及其子范畴"数据有效性""数据权威性""数据真实性""数据完整性"。

5. 数据共享机制

通过对访谈资料的编码分析，笔者发现当前阻碍科学数据共享的最大障碍就是缺少一个权威的、通用的科学数据共享机制。数据共享机制就是指贯穿数据共享全过程的，从提交数据到获取数据的整个流程的运作机理及管理部门的设置等。

访谈记录 36：主要来讲的话，我觉得还是缺乏一个良好的、权威的数据共享的机制，最好有一个数据共享的权威部门来领导，自上而下地做这件事情。就是说我们在研究过程中接触到的还是一些非正式的共享方式，能够真正很好地去形成这个机制的话，不管你收费还是免费，能够自上而下、成系统地去做这个事情，维护好数据的权威性、真实性和完整性，无论对研究者还是对社会资源的利用都是一件很好的事情。

在调查过程中，谈到数据共享时，很多科研人员抱怨现在没有一个合理的数据共享机制，没有一个权威的制度和权威的机构领导大家做这件事情，并且能够感受到受访者迫切渴望一个健全的数据共享机制的出现。通过对该谈话的编码分析我们可以得到一些零散的一级编码：缺乏机制、权威的部门、自上而下的、非正式的、共享方式、收费和免费、维护数据的权威性；并进一步分析出权威部门（权威的部门、自上而下的），非正式共享（非正式的、共享方式），缺乏共享机制（机制、收费和免费、系统的、维护数据的权威性）等范畴，表7-13为数据共享机制的编码截取。

表7-13　数据共享机制编码截取

三级编码	二级编码	一级编码	访谈
数据共享机制（合理的数据共享机制）	合理的数据共享机制	形成一个有效的机制；付出与回报对等	不考虑直接回报，考虑今后我需要的时候你也提供给我
此次访谈是在受访者的办公室进行的，谈到对我国科学数据共享的建议时，受访者还是希望能够有一个合理的机制，着重强调了数据共享中关于数据共享的回报机制和惩罚机制			

在访谈中受访者大多会强调缺乏机制，因此对其采取理论抽样调查的方式，如表7-13所示，多数受访者在最后提出建议时，还是渴望我国能够由权威机构带头建立健全一套适合我国研究特色的共享机制，这一套机制应该对数据提交、数据共享的激励、数据需求、数据存储等做出详细的说明。

最终通过对编码的分析与统计得出本书范畴之一的"数据共享机制"，及其子范畴"权威部门领导""合理的数据共享机制"。

6. 期刊政策

在对资料的分析过程中，受访的科研人员都表示最终研究成果的公开与发表基本依赖期刊，但是大部分期刊对于科学数据的提交和引用并没有相应的政策，这也在一定程度上阻碍了科学数据共享的进展。本书中的期刊政策是指期刊的投稿指南或者审稿需求中关于作者论文中所使用或引用的科学数据的相关要求。本书选取的受访者中有1个既是期刊工作者，又是科研人员，其表示现在期刊对于论文中的原始数据并没有要求，国外有的杂志要求提交原始数据，并保证原始数据的真实性，表7-14为期刊政策的编码截取。

为了证明和充实此范畴，本书针对3种顶级期刊和22种权威期刊的投稿指南等相关规定做了调查。通过对以上25个期刊的数据政策的调查，主要以期刊在网络上的公开政策为样本，发现我国的期刊对于投稿人的研究数据并不是十分关注。25家期刊中仅有3种期刊（顶级期刊2种，权威期刊1种）在投稿指南或征稿启事中对作者的研究数据（科学数据）有具体的政策，其余22种期刊均未提及对作者研究成果的相关科学数据作何处置。

表 7-14　期刊政策编码截取

三级编码	二级编码	一级编码	访谈
期刊政策	期刊地位	好的杂志；权威杂志	主要是一些好的杂志，权威的杂志才会对数据提出要求。就我个人来看，做审稿人时会提出对科学数据的要求，来论证论文的结论，证明论文是经得起检验的。当审稿人的时候曾经向投稿者要求提供原始数据进行验证，但是对方一般拒绝或者不能提供，如果对方不能提供的话，就要慎重，对方可能没保存数据，或者数据本身就不太准确

受访者谈到期刊在社会科学数据共享中的作用时，表示很少有与期刊之间进行过数据交流，但是自己在当审稿人期间有向作者索要数据的情况，但是因为没有政策的支持，故被拒绝

由此可见，我国期刊对于科学数据的重视程度远远低于国外期刊，期刊数据管理缺失的问题存在，并且会影响我国的科学数据共享进程。最终通过对编码的分析与统计并结合我国期刊数据政策现状调查，得出本研究范畴之一的"期刊政策"，及其子范畴"期刊地位"和"数据提交政策"。

7. 隐私保护

在对资料的分析过程中，发现如何处理数据的保密和隐私这一问题很大程度上困扰着数据共享者。保密和隐私是指那些涉及个人隐私的数据和保密级别的数据是否该共享，在共享前该如何处理。受访者表示，进行科学研究难免与人打交道，那么产生的数据也多与人有关，隐私和保密的问题对于科学数据共享者很重要。通过对该问题的理论抽样，笔者发现对于数据共享者的困扰多是如何对隐私和保密数据进行适当的处理，既不影响数据质量，又不泄露个人信息，表 7-15 为隐私保护的编码截取。

表 7-15　隐私保护的编码截取

三级编码	二级编码	一级编码	访谈
隐私保护	与人有关；与单位有关；与项目有关；隐私保密	涉及人的；隐私与保护；一些具体案例研究	最大问题还是涉及人的信息共享，以及隐私和保密的问题。自然科学中出现的障碍和顾忌在社会科学中很少出现。共享的时候一定要注意隐私和保密

表7-15（续）

三级编码	二级编码	一级编码	访谈
受访者讨到数据共享时，全程都贯穿对保密和隐私问题的深深担忧，表示数据在共享之前应该经过一些处理，特别是那些带有隐私和保密性质的内容			

笔者最终通过对编码的分析与统计得出本文范畴之一的"隐私与保密"，其子范畴包括"隐私""保密""隐私在社科中的重要性"。

8. 政策缺失

在对资料的分析过程中，发现我国关于科学数据共享的相关法律法规还不是很健全，使得科学数据共享的参与者包括提供者与志愿者的权益都无法得到切实的保障。受访者对于国内关于数据共享的相关法律法规不是特别满意，特别是对于隐私和保密的数据该如何处理与共享，表示非常担忧，这在一定程度上对其数据共享行为造成了困难和障碍。

最终通过对编码的分析与统计得出本文范畴之一的"政策缺失"，包含一级编码9个。

二、科学数据共享的阻碍因素的主轴编码分析

通过对开放式科学数据共享阻碍因素开放式编码分析中出现的范畴进行详细的分析与提取，同时对访谈内容中涉及各个范畴之间联系内容进行详细的消化理解，课题组展开了小组讨论。在小组讨论的过程中产生了一定的分歧，在范畴的剔除问题上，有成员提出应当对编码较少的范畴例如"期刊政策"进行删减，但是经过进一步讨论，考虑到未来我国在数据共享、期刊政策等宏观政策上的调整，为了保证本书内容的完整度以及未来可能产生的影响，决定保留"期刊政策"变量。同时，在对编码的收敛过程中，在解决讨论分歧之后，已经形成的范畴从基于其个体性、科研性和社会性的特点出发，同时考虑到其对于科学数据共享的驱动性与阻碍性，对应之前提取的个体驱动因素、科研驱动因素和社会驱动因素3个主范畴，将18个范畴中的9个范畴初步收敛成个体阻碍因素、科研阻碍因素、社会阻碍因素3个主范畴，并且根据主范畴中范畴间具有的共同特性对主范畴进行定义。

三、科学数据共享的阻碍因素的矩阵分析

1. 科学数据共享的认知障碍

（1）矩阵量表分析

通过问卷星，笔者对科学数据共享认知障碍进行矩阵量表统计分析，得出表 7-16。

表 7-16　科学数据共享的认知障碍矩阵量表

题目选项	1 完全不认同	2 不认同	3 有点不认同	4 一般	5 基本认同	6 认同	7 完全认同	平均分
科研人员科学数据共享意识缺失	3（1.2%）	13（5.18%）	32（12.75%）	62（24.7%）	55（21.91%）	54（21.51%）	32（12.75%）	4.76
担心降低自身的竞争力	1（0.4%）	4（1.59%）	13（5.18%）	43（17.13%）	60（23.9%）	89（35.46%）	41（16.33%）	5.34
担心科学数据被人误解	1（0.4%）	5（1.99%）	12（4.78%）	52（20.72%）	66（26.29%）	82（32.67%）	33（13.15%）	5.21
担心科学数据被人误用	1（0.4%）	2（0.8%）	9（3.59%）	49（19.52%）	70（27.89%）	82（32.67%）	38（15.14%）	5.32
担心科学数据存在错误而遭到别人批评	2（0.8%）	7（2.79%）	14（5.58%）	65（25.9%）	71（28.29%）	59（23.51%）	33（13.15%）	5.01
担心打乱研究计划	1（0.4%）	3（1.2%）	10（3.98%）	39（15.54%）	58（23.11%）	90（35.86%）	50（19.92%）	5.47
担心失去对数据的控制	2（0.8%）	3（1.2%）	10（3.98%）	37（14.74%）	40（15.94%）	82（32.67%）	77（30.68%）	5.65
担心泄露研究数据中的隐私信息	1（0.4%）	2（0.8%）	9（3.59%）	43（17.13%）	70（27.89%）	78（31.08%）	48（19.12%）	5.41
害怕失去出版机会	3（1.2%）	2（0.8%）	8（3.19%）	50（19.92%）	43（17.13%）	63（25.1%）	82（32.67%）	5.57
小计	15（0.66%）	41（1.81%）	117（5.18%）	440（19.48%）	533（23.59%）	679（30.06%）	434（19.21%）	5.31

（2）AHP 层次分析

表 7-17 为科学数据共享的认知障碍 AHP 层次分析判断矩阵。

表 7-17　科学数据共享的认知障碍 AHP 层次分析判断矩阵

题目选项	科研人员科学数据共享意识缺失	担心降低自身的竞争力	担心科学数据被人误解	担心科学数据被人误用	担心科学数据存在错误而遭到别人批评	担心打乱研究计划	担心失去对数据的控制	担心泄露研究数据中的隐私信息	害怕失去出版机会	平均值
科研人员科学数据共享意识缺失	1.000	0.892	0.914	0.895	0.951	0.871	0.844	0.881	0.856	4.765
担心降低自身的竞争力	1.121	1.000	1.025	1.004	1.066	0.977	0.946	0.987	0.959	5.343
担心科学数据被人误解	1.094	0.975	1.000	0.979	1.040	0.953	0.923	0.963	0.936	5.211
担心科学数据被人误用	1.117	0.996	1.021	1.000	1.062	0.973	0.943	0.984	0.956	5.323
担心科学数据存在错误遭到别人批评	1.052	0.938	0.962	0.942	1.000	0.916	0.888	0.926	0.900	5.012
担心打乱研究计划	1.148	1.024	1.05	1.028	1.091	1.000	0.969	1.011	0.982	5.47
担心失去对数据的控制	1.185	1.057	1.083	1.061	1.126	1.032	1.000	1.043	1.014	5.645
担心泄露研究数据中的隐私信息	1.135	1.013	1.038	1.016	1.079	0.989	0.958	1.000	0.971	5.41
害怕失去出版机会	1.169	1.043	1.069	1.046	1.111	1.018	0.987	1.029	1.000	5.57

表 7-18 为科学数据共享的认知障碍 AHP 层次分析结果。

表 7-18　科学数据共享的认知障碍 AHP 层次分析结果

题目选项	特征向量	权重值	最大特征值	CI 值
科研人员科学数据共享意识缺失	0.898	9.979%		
担心降低自身的竞争力	1.007	11.189%		
担心科学数据被人误解	0.982	10.914%		
担心科学数据被人误用	1.003	11.147%		
担心科学数据存在错误遭到而别人批评	0.945	10.496%	9.000	0.000
担心打乱研究计划	1.031	11.456%		
担心失去对数据的控制	1.064	11.823%		
担心泄露研究数据中的隐私信息	1.020	11.331%		
害怕失去出版机会	1.050	11.665%		

由表 7-18 可知，针对科研人员科学数据共享意识缺失，担心降低自身的竞争力、担心科学数据被人误解、担心科学数据被人误用、担心科学数据存在错误而遭到别人批评、担心打乱研究计划、担心失去对数据的控制、担心泄露研究数据中的隐私信息、害怕失去出版机会总共 9 项构建 9 阶判断矩阵进行 AHP 层次法研究（计算方法为和积法），分析得到特征向量为（0.898，1.007，0.982，1.003，0.945，1.031，1.064，1.020，1.050），并且总共 9 项对应的权重值分别是：9.979%，11.189%，10.914%，11.147%，10.496%，11.456%，11.823%，11.331%，11.665%。除此之外，结合特征向量可计算出最大特征根（9.000），接着利用最大特征根值计算得到 CI 值（0.000）【CI＝（最大特征根－n）／（n-1）】，CI 值用于下述的一致性检验使用。

表 7-19　科学数据共享的认知障碍一致性检验结果汇总

最大特征根	CI 值	RI 值	CR 值	一致性检验结果
9	0	1.46	0	通过

通常情况下 CR 值越小，则说明判断矩阵一致性越好，一般情况下 CR 值<0.1，则判断矩阵满足一致性检验；如果 CR 值>0.1，则说明不具有一致性，应该对判断矩阵进行适当调整之后再次进行分析。由表 7-19 可知，本次针对 9 阶判断矩阵计算得到 CI 值为 0.000，针对 RI 值查表为 1.460，因此计算得到 CR 值为 0.000<0.1，意味着本次研究判断矩阵满足一致性检验，计算所得权重具有一致性。

2. 科学数据共享的经济障碍

经济障碍是指科学数据开放共享在成本（包括时间成本、人力成本和资金成本）问题或收益损失方面可能遇到的问题或障碍。

（1）矩阵量表分析

表7-20为科学数据共享的经济障碍矩阵量表分析。

表7-20　科学数据共享的经济障碍矩阵量表分析

题目选项	1 非常不认同	2 不认同	3 有点不认同	4 一般	5 基本认同	6 认同	7 完全认同	平均分
收集、提交和储存科学数据的时间成本高	2 (0.8%)	1 (0.4%)	6 (2.39%)	33 (13.15%)	50 (19.92%)	94 (37.45%)	65 (25.9%)	5.67
收集、提交和储存科学数据的人力成本高	1 (0.4%)	2 (0.8%)	6 (2.39%)	41 (16.33%)	53 (21.12%)	84 (33.47%)	64 (25.5%)	5.59
提供、传递、维护和管理科学数据的时间成本高	1 (0.4%)	2 (0.8%)	13 (5.18%)	47 (18.73%)	63 (25.1%)	91 (36.25%)	34 (13.55%)	5.3
提供、传递、维护和管理科学数据的人力成本高	1 (0.4%)	3 (1.2%)	9 (3.59%)	49 (19.52%)	65 (25.9%)	89 (35.46%)	35 (13.94%)	5.31
科学数据共享的报酬或奖励机制不健全	1 (0.4%)	1 (0.4%)	5 (1.99%)	44 (17.53%)	58 (23.11%)	101 (40.24%)	41 (16.33%)	5.49
需要增加预算外的研究成本	2 (0.8%)	4 (1.59%)	19 (7.57%)	61 (24.3%)	62 (24.7%)	72 (28.69%)	31 (12.35%)	5.06
科学数据共享存在潜在的经济损失	1 (0.4%)	2 (0.8%)	10 (3.98%)	45 (17.93%)	60 (23.9%)	100 (39.84%)	33 (13.15%)	5.36
科学数据共享维权的时间成本较高	1 (0.4%)	2 (0.8%)	5 (1.99%)	36 (14.34%)	46 (18.33%)	97 (38.65%)	64 (25.5%)	5.67
科学数据共享维权的人力成本较高	1 (0.4%)	2 (0.8%)	6 (2.39%)	34 (13.55%)	53 (21.12%)	84 (33.47%)	71 (28.29%)	5.68
小计	11 (0.49%)	19 (0.84%)	79 (3.5%)	390 (17.26%)	510 (22.58%)	812 (35.95%)	438 (19.39%)	5.46

（2）AHP 层次分析

表 7-21 为科学数据共享的经济障碍 AHP 层次分析判断矩阵。

表 7-21　科学数据共享的经济障碍 AHP 层次分析判断矩阵

题目选项	收集、提交和储存科学数据的时间成本高	收集、提交和储存科学数据的人力成本高	提供、传递、维护和管理科学数据的时间成本高	提供、传递、维护和管理科学数据的人力成本高	科学数据共享的报酬或奖励机制不健全	需要增加预算外的研究成本	科学数据存在潜在的经济损失	科学数据共享维权的时间成本较高	科学数据共享维权的人力成本较高	平均值
收集、提交和储存科学数据的时间成本高	1.000	1.014	1.069	1.067	1.033	1.120	1.057	0.999	0.999	5.669
收集、提交和储存科学数据的人力成本高	0.987	1.000	1.055	1.052	1.020	1.106	1.043	0.986	0.985	5.594
提供、传递、维护和管理科学数据的时间成本高	0.935	0.948	1.000	0.998	0.967	1.048	0.989	0.935	0.934	5.303
提供、传递、维护和管理科学数据的人力成本高	0.937	0.95	1.002	1.000	0.969	1.050	0.991	0.937	0.936	5.315
科学数据共享的报酬或奖励机制不健全	0.968	0.981	1.035	1.032	1.000	1.084	1.023	0.967	0.966	5.486
需要增加预算外的研究成本	0.892	0.905	0.954	0.952	0.922	1.000	0.944	0.892	0.891	5.06
因科学数据共享存在潜在的经济损失	0.946	0.959	1.011	1.009	0.977	1.060	1.000	0.945	0.945	5.363

表7-21（续）

题目选项	收集、提交和储存科学数据的时间成本高	收集、提交和储存科学数据的人力成本高	提供、传递、维护和管理科学数据的时间成本高	提供、传递、维护和管理科学数据的人力成本高	科学数据共享的报酬或奖励机制不健全	需要增加预算外的研究成本	科学数据共享存在潜在的经济损失	科学数据共享维权的时间成本较高	科学数据共享维权的人力成本较高	平均值
科学数据共享维权的时间成本较高	1.001	1.014	1.070	1.067	1.034	1.121	1.058	1.000	0.999	5.673
科学数据共享维权的人力成本较高	1.001	1.015	1.071	1.068	1.035	1.122	1.059	1.001	1.000	5.677

由表 7-22 可知，针对搜集、提交和储存科学数据的时间成本高，收集、提交和储存科学数据的人力成本高，提供、传递、维护和管理科学数据的时间成本高，提供、传递、维护和管理科学数据的人力成本高，科学数据共享的报酬或奖励机制不健全，需要增加预算外的研究成本，科学数据共享存在潜在的经济损失，科学数据共享维权的时间成本较高，科学数据共享维权的人力成本较高总共 9 项构建 9 阶判断矩阵进行 AHP 层次法研究（计算方法为：和积法），分析得到特征向量为（1.038，1.024，0.971，0.973，1.005，0.927，0.982，1.039，1.040），并且总共 9 项对应的权重值分别是：11.537%，11.383%，10.791%，10.816%，11.164%，10.297%，10.913%，11.545%，11.553%。除此之外，结合特征向量可计算出最大特征根（9.000），接着利用最大特征根值计算得到 CI 值（0.000）【CI＝（最大特征根－n）／（n－1）】，CI 值用于下述的一致性检验使用。

表 7-22　科学数据共享的经济障碍 AHP 层次分析结果

题目选项	特征向量	权重值	最大特征值	CI 值
收集、提交和储存科学数据的时间成本高	1.038	11.537%		
收集、提交和储存科学数据的人力成本高	1.024	11.383%		
提供、传递、维护和管理科学数据的时间成本高	0.971	10.791%		
提供、传递、维护和管理科学数据的人力成本高	0.973	10.816%		
科学数据共享的报酬或奖励机制不健全	1.005	11.164%	9.000	0.000
需要增加预算外的研究成本	0.927	10.297%		
科学数据共享存在潜在的经济损失	0.982	10.913%		
科学数据共享维权的时间成本较高	1.039	11.545%		
科学数据共享维权的人力成本较高	1.040	11.553%		

表 7-23 为科学数据共享的经济障碍一致性检验结果汇总。

表 7-23　科学数据共享的经济障碍一致性检验结果汇总

最大特征根	CI 值	RI 值	CR 值	一致性检验结果
9.000	0.000	1.460	0.000	通过

通常情况下 CR 值越小，则说明判断矩阵一致性越好，一般情况下 CR 值<0.1，则判断矩阵满足一致性检验；如果 CR 值>0.1，则说明不具有一致性，应该对判断矩阵进行适当调整之后再次进行分析。本次针对 9 阶判断矩阵计算得到 CI 值为 0.000，针对 RI 值查表为 1.460，因此计算得到 CR 值为 0.000<0.1，意味着本次研究判断矩阵满足一致性检验，计算所得权重具有一致性。

3. 科学数据共享的法律障碍

开放共享的法律障碍是指科学数据开放共享在知识产权、个人隐私、数据安全与保护等方面可能遇到的问题或障碍。

（1）矩阵量表分析

表 7-24 为科学数据共享的法律障碍矩阵量表。

表 7-24　科学数据共享的法律障碍矩阵量表

题目选项	1. 完全不认同	2. 不认同	3. 有点不认同	4. 一般	5. 基本认同	6. 认同	7. 完全认同	平均分
缺乏完善的科学数据共享的法律体系	1 (0.4%)	3 (1.2%)	11 (4.38%)	47 (18.73%)	66 (26.29%)	82 (32.67%)	41 (16.33%)	5.33
科学数据共享存在安全问题	1 (0.4%)	0 (0%)	2 (0.8%)	32 (12.75%)	62 (24.7%)	106 (42.23%)	48 (19.12%)	5.65
科学数据共享存在隐私问题	1 (0.4%)	2 (0.8%)	3 (1.2%)	43 (17.13%)	70 (27.89%)	84 (33.47%)	48 (19.12%)	5.48
容易失去科学数据所有权和版权的控制	1 (0.4%)	0 (0%)	7 (2.79%)	26 (10.36%)	52 (20.72%)	87 (34.66%)	78 (31.08%)	5.79
存在科学数据知识产权问题	1 (0.4%)	0 (0%)	1 (0.4%)	28 (11.16%)	59 (23.51%)	83 (33.07%)	79 (31.47%)	5.82
存在科学数据共享的许可问题	1 (0.4%)	0 (0%)	1 (0.4%)	30 (11.95%)	64 (25.5%)	111 (44.22%)	44 (17.53%)	5.65
可能面临科学数据共享的争议和诉讼风险	1 (0.4%)	0 (0%)	4 (1.59%)	25 (9.96%)	53 (21.12%)	92 (36.65%)	76 (30.28%)	5.82
小计	7 (0.4%)	5 (0.28%)	29 (1.65%)	231 (13.15%)	426 (24.25%)	645 (36.71%)	414 (23.56%)	5.65

（2）AHP 层次分析

表 7-25 为科学数据共享的法律障碍 AHP 层次分析判断矩阵。

表 7-25　科学数据共享的法律障碍 AHP 层次分析判断矩阵

题目选项	缺乏完善的科学数据共享的法律体系	科学数据共享存在安全问题	科学数据共享存在隐私问题	容易失去科学数据所有权和版权的控制	存在科学数据知识产权问题	存在科学数据共享的许可问题	可能面临科学数据共享的争议和诉讼风险	平均值
缺乏完善的科学数据共享的法律体系	1.000	0.944	0.972	0.920	0.915	0.943	0.915	5.327

表7-25（续）

题目选项	缺乏完善的科学数据共享的法律体系	科学数据共享存在安全问题	科学数据共享存在隐私问题	容易失去科学数据所有权和版权的控制	存在科学数据知识产权问题	存在科学数据共享的许可问题	可能面临科学数据共享的争议和诉讼风险	平均值
科学数据共享存在安全问题	1.060	1.000	1.030	0.975	0.969	0.999	0.969	5.645
科学数据共享存在隐私问题	1.029	0.971	1.000	0.946	0.941	0.97	0.941	5.482
容易失去科学数据所有权和版权的控制	1.088	1.026	1.057	1.000	0.995	1.025	0.995	5.793
存在科学数据知识产权问题	1.093	1.032	1.063	1.006	1.000	1.031	1.000	5.825
存在科学数据共享的许可问题	1.061	1.001	1.031	0.975	0.970	1.000	0.970	5.649
可能面临科学数据共享的争议和诉讼风险	1.093	1.032	1.063	1.006	1.000	1.031	1.000	5.825

由表7-26可知，针对缺乏完善的科学数据共享的法律体系，科学数据共享存在安全问题，科学数据共享存在隐私问题，容易失去科学数据所有权和版权的控制，存在科学数据知识产权问题，存在科学数据共享的许可问题，可能面临科学数据共享的争议和诉讼风险总共7项构建7阶判断矩阵进行AHP层次法研究（计算方法为：和积法），分析得到特征向量为（0.943，0.999，0.970，1.025，1.031，1.000，1.031），并且总共7项对应的权重值分别是：13.470%，14.276%，13.863%，14.648%，14.729%，14.286%，14.729%。除此之外，结合特征向量可计算出最大特征根（7.000），接着利用最大特征

根值计算得到 CI 值（0.000）【CI =（最大特征根-n）／（n-1）】，CI 值用于下述的一致性检验使用。

表 7-26　科学数据共享的法律障碍 AHP 层次分析结果

题目选项	特征向量	权重值	最大特征值	CI 值
缺乏完善的科学数据共享的法律体系	0.943	13.470%		
科学数据共享存在安全问题	0.999	14.276%		
科学数据共享存在隐私问题	0.970	13.863%		
容易失去科学数据所有权和版权的控制	1.025	14.648%	7.000	0.000
存在科学数据知识产权问题	1.031	14.729%		
存在科学数据共享的许可问题	1.000	14.286%		
可能面临科学数据共享的争议和诉讼风险	1.031	14.729%		

通常情况下 CR 值越小，则说明判断矩阵一致性越好，一般情况下 CR 值<0.1，则判断矩阵满足一致性检验；如果 CR 值>0.1，则说明不具有一致性，应该对判断矩阵进行适当调整之后再次进行分析。由表 7-27 可知，本次针对 7 阶判断矩阵计算得到 CI 值为 0.000，针对 RI 值查表为 1.360，因此计算得到 CR 值为 0.000<0.1，意味着本次研究判断矩阵满足一致性检验，计算所得权重具有一致性。

表 7-27　科学数据共享的法律障碍一致性检验结果汇总

最大特征根	CI 值	RI 值	CR 值	一致性检验结果
7.000	0.000	1.360	0.000	通过

4. 科学数据共享的管理障碍

管理障碍是指个人或组织在科学数据开放共享活动中遇到的各种管理问题或障碍。

（1）矩阵量表分析

表 7-28 为科学数据共享的管理障碍矩阵量表分析。

表 7-28　科学数据共享的管理障碍矩阵量表分析

题目选项	1. 完全不认同	2. 不认同	3. 有点不认同	4. 一般	5. 基本认同	6. 认同	7. 完全认同	平均分
缺乏有效的科学数据共享宏观政策	1 (0.4%)	2 (0.8%)	15 (5.98%)	42 (16.73%)	79 (31.47%)	70 (27.89%)	42 (16.73%)	5.29
缺乏有效的科学数据共享的单位管理机制	2 (0.8%)	3 (1.2%)	11 (4.38%)	39 (15.54%)	69 (27.49%)	86 (34.26%)	41 (16.33%)	5.36
存在与科学数据共享相冲突的管理制度	1 (0.4%)	4 (1.59%)	25 (9.96%)	39 (15.54%)	64 (25.5%)	79 (31.47%)	39 (15.54%)	5.21
存在限制科学数据共享的合同（例如商业合同、课题保密合同）	1 (0.4%)	1 (0.4%)	6 (2.39%)	25 (9.96%)	51 (20.32%)	105 (41.83%)	62 (24.7%)	5.74
缺乏有效长远的科学数据共享计划	1 (0.4%)	0 (0%)	9 (3.59%)	31 (12.35%)	60 (23.9%)	106 (42.23%)	44 (17.53%)	5.56
缺乏科学数据共享的途径	1 (0.4%)	4 (1.59%)	14 (5.58%)	32 (12.75%)	57 (22.71%)	103 (41.04%)	40 (15.94%)	5.43
缺少与科学数据用户交互的工具	1 (0.4%)	4 (1.59%)	11 (4.38%)	42 (16.73%)	59 (23.51%)	94 (37.45%)	40 (15.94%)	5.37
缺乏数据共享的激励机制	1 (0.4%)	1 (0.4%)	5 (1.99%)	35 (13.94%)	60 (23.9%)	95 (37.85%)	54 (21.51%)	5.6
缺乏开放共享的组织文化（单位文化、部门文化）	1 (0.4%)	3 (1.2%)	23 (9.16%)	28 (11.16%)	64 (25.5%)	85 (33.86%)	47 (18.73%)	5.37
科学数据管理措施混乱	2 (0.8%)	6 (2.39%)	24 (9.56%)	55 (21.91%)	61 (24.3%)	64 (25.5%)	39 (15.54%)	5.05
数据管理者与生产者之间缺乏互惠机制	1 (0.4%)	2 (0.8%)	5 (1.99%)	32 (12.75%)	52 (20.72%)	68 (27.09%)	91 (36.25%)	5.79
小计	13 (0.47%)	30 (1.09%)	148 (5.36%)	400 (14.49%)	676 (24.48%)	955 (34.59%)	539 (19.52%)	5.43

（2）AHP 层次分析

表 7-29 为科学数据共享的管理障碍 AHP 层次分析判断矩阵。

表 7-29　科学数据共享的管理障碍 AHP 层次分析判断矩阵

题目选项	1	2	3	4	5	6	7	8	9	10	11	平均值
缺乏有效的科学数据共享宏观政策	1.000	0.987	1.015	0.922	0.951	0.974	0.984	0.944	0.985	1.047	0.913	5.287
缺乏有效的科学数据共享的单位管理机制	1.014	1.000	1.029	0.934	0.963	0.988	0.997	0.957	0.999	1.061	0.926	5.359
存在与科学数据共享相冲突的管理制度	0.985	0.972	1.000	0.908	0.936	0.960	0.969	0.930	0.970	1.031	0.900	5.207
存在限制科学数据共享的合同（例如商业合同、课题保密合同）	1.085	1.071	1.102	1.000	1.032	1.057	1.067	1.024	1.069	1.136	0.991	5.737
缺乏有效长远的科学数据共享计划	1.052	1.038	1.068	0.969	1.000	1.025	1.035	0.993	1.036	1.101	0.961	5.562
缺乏科学数据共享的途径	1.026	1.013	1.042	0.946	0.976	1.000	1.010	0.969	1.011	1.074	0.937	5.426
缺少与科学数据用户交互的工具	1.017	1.003	1.032	0.937	0.966	0.990	1.000	0.959	1.001	1.064	0.928	5.375
缺乏数据共享的激励机制	1.060	1.045	1.076	0.976	1.007	1.032	1.042	1.000	1.044	1.109	0.968	5.602

表7-29（续）

题目选项	1	2	3	4	5	6	7	8	9	10	11	平均值
缺乏开放共享的组织文化（单位文化、部门文化）	1.015	1.001	1.031	0.935	0.965	0.989	0.999	0.958	1.000	1.062	0.927	5.367
科学数据管理措施混乱	0.956	0.943	0.970	0.881	0.908	0.931	0.940	0.902	0.941	1.000	0.873	5.052
数据管理者与生产者之间缺乏互惠机制	1.095	1.080	1.112	1.009	1.041	1.067	1.077	1.033	1.079	1.146	1.000	5.789

由表7-30可知，针对缺乏有效的科学数据共享宏观政策，缺乏有效的科学数据共享的单位管理机制，存在与科学数据共享相冲突的管理制度，存在限制科学数据共享的合同（例如商业合同、课题保密合同），缺乏有效长远的科学数据共享计划，缺乏科学数据共享的途径，缺少与科学数据用户交互的工具，缺乏数据共享的激励机制，缺乏开放共享的组织文化（单位文化、部门文化），科学数据管理措施混乱，数据管理者与生产者之间缺乏互惠机制总共11项构建11阶判断矩阵进行AHP层次法研究（计算方法为：和积法），分析得到特征向量为（0.973，0.986，0.958，1.056，1.024，0.999，0.989，1.031，0.988，0.930，1.066），并且总共11项对应的权重值分别是：8.847%，8.967%，8.713%，9.600%，9.307%，9.080%，8.993%，9.373%，8.980%，8.453%，9.687%。除此之外，结合特征向量可计算出最大特征根（11.000），接着利用最大特征根值计算得到CI值（0.000）【CI=（最大特征根-n）/（n-1）】，CI值用于下述的一致性检验使用。

表 7-30　科学数据共享的管理障碍 AHP 层次分析结果

题目选项	特征向量	权重值	最大特征值	CI 值
缺乏有效的科学数据共享宏观政策	0.973	8.847%		
缺乏有效的科学数据共享的单位管理机制	0.986	8.967%		
存在与科学数据共享相冲突的管理制度	0.958	8.713%		
存在限制科学数据共享的合同（例如商业合同、课题保密合同）	1.056	9.600%		
缺乏有效长远的科学数据共享计划	1.024	9.307%		
缺乏科学数据共享的途径	0.999	9.080%	11.000	0.000
缺少与科学数据用户交互的工具	0.989	8.993%		
缺乏数据共享的激励机制	1.031	9.373%		
缺乏开放共享的组织文化（单位文化、部门文化）	0.988	8.980%		
科学数据管理措施混乱	0.93	8.453%		
数据管理者与生产者之间缺乏互惠机制	1.066	9.687%		

通常情况下 CR 值越小，则说明判断矩阵一致性越好，一般情况下 CR 值 < 0.1，则判断矩阵满足一致性检验；如果 CR 值 > 0.1，则说明不具有一致性，应该对判断矩阵进行适当调整之后再次进行分析。由表 7-31 可知，本次针对 11 阶判断矩阵计算得到 CI 值为 0.000，针对 RI 值查表为 1.520，因此计算得到 CR 值为 0.000 < 0.1，意味着本次研究判断矩阵满足一致性检验，计算所得权重具有一致性。

表 7-31　科学数据共享的管理障碍一致性检验结果汇总

最大特征根	CI 值	RI 值	CR 值	一致性检验结果
11.000	0.000	1.520	0.000	通过

第八章 数据密集型科研环境下的科研人员数据素养培养

在第四科研范式下，科研数据的伦理与法律问题不断涌现，这对科研人员的综合素质和创新能力提出了更高的要求。数据素养的基本内涵至少包括了以下三个层面：一是意识层面，即要求科研人员应该具备良好的数据意识，包括大数据意识、数据敏感度以及法律意识等；二是技能层面，这些技能主要集中于数据收集和获取、处理、推断与辨别、使用和共享，了解相关的数据伦理与规范，如数据引用规范和数据管理政策；三是知识层面，要求科研人员应当掌握相关的教育学知识、法律知识等。这三个方面相互补充、相辅相成，共同构成数据素养基本内涵[①]。而本书讨论的数据素养尤指专业数据素养，即科研人员在进行科学研究活动过程中所掌握的与数据相关的基本能力与知识。

第一节 科研人员科学数据素养能力特征

目前，学术界对数据素养的定义尚未统一，国内外学者纷纷提出了自己的见解。根据国内外专家的相关研究成果，本书将科学数据素养定义为，在科学研究过程中，科研人员作为数据的生产者、使用者和管理者，收集、处理、管理、评价和利用数据进行科学研究所涉及的思维、知识和技能，以及在数据生

---

① 陈明星. 研究生数据素养教育内容框架研究 [D]. 南京：东南大学，2017.

命周期中普遍遵循的伦理道德与行为规范①。其重点强调对科学数据的理解、利用和管理能力，目的是将数据转化为知识。通过对我国科研人员科学数据素养现状的具体调研，可以发现在大数据时代，随着数据密集型科研环境的形成，我国科研人员对科学数据的认知、数据利用与管理的基本能力以及与之相关的行为规范等都呈现出一定的显著特征②。

一、全面加强科学数据素养基本能力

我国科研人员在科学数据利用与管理的过程中所表现的科学数据素养基本能力与国外大体一致，包括基于整个科研流程和科学数据生命周期，从数据需求分析，到数据收集、分析、保存、利用等整个流程的科学数据相关操作能力。其具体能力状况包括：

1. 数据意识

数据意识包括数据的觉知力（辩证地看待数据意识、数据的获取及识别意识、数据分析及使用意识、数据的分享及交流意识），社会情感意识（社会与公民素养、主动与创新精神、数据文化与表达），终身学习意识，其中批判性思维是终身学习意识的必要先决条件③。科研人员对科学数据的认知程度，直接影响着其对科学数据管理与利用的理念、方法和手段。大部分被访谈者认为科学数据是科学研究的重要资源和推动力，意识到了科学数据在数据共享与科学普及方面的重要作用。科研人员普遍认为，科学数据除具有原始创建价值以外，还具有重复利用和长期使用价值，需要通过有效的数据挖掘来发现其中所蕴含的知识与价值。此外，有的科研人员强调，在科学数据处理与应用的整个过程中，基于特定的情境和标准，需要加强批判性思考，对数据做出辨识与判断，判断科学数据的价值以及应用条件等。

2. 数据生产与收集

科学数据的基本特征，包括数据的类型、格式、数据来源与分布等，对于

---

① 秦小燕. 科学数据素养能力指标体系构建与实证研究［D］. 北京：中国科学院大学，2018.

② 秦小燕，初景利. 面向我国科研人员的科学数据素养能力评价研究［J］. 情报理论与实践，2020，43（2）：21-27.

③ 张弘，刘海涛. 高校图书馆馆员数据素养能力框架及其构建策略［J］. 大学图书情报学刊，2020，38（3）：6-20.

数据的处理难度、存储需求以及后期的重复利用都会产生一定影响。面对自己在科研工作中的数据需求，部分被调查者并不能明确地知晓数据获取渠道，甚至对本专业或本学科领域的数据来源、数据存储库等缺乏足够的认识与了解，从而影响到了数据获取工具与方式的有效选择。科学数据的产生途径有多种，研究人员会根据研究的性质与需要选取不同途径采集数据，理工科和文科研究人员的数据来源区别较大，理工科主要通过实验采集，而人文社会科学侧重网络采集①。

3. 数据分析与处理

科研人员的数据分析与处理能力涵盖了构建数据的能力，例如，学会使用机器学习、深度学习、语义分析、预测模型，具备从数据中萃取有价值信息的素养，分析及处理数据的核心能力；数据再生的能力指对各类显性数据、隐性数据的解读，熟练运用数据转换平台及软件工具，对数据进行可视化展示，基于数据分析实现科学预测，促进数据转化等。数据的情感交流、网络交互合作能力则是基于数据分享，以促进科学共享为目标的②。

不同的科研项目，数据体量也不相同，数据分析流程略有差异；科学数据的规模与数据分析和处理的难度密切相关，随着研究的不断积累，数据量越大，分析的难度越大。科研人员尤其重视数据的分析工具与技术，以及基于数据进行预测和数据挖掘的方法、算法和原则。

4. 数据组织与保存

关于数据保存，大多数研究人员使用个人电脑记录原始数据，其次是使用单位的电脑或笔记本电脑，也有少量科研人员为了便于数据的获取和长期保存，选择电子邮箱或网络云盘进行数据的备份。另外，科研人员对于原始数据的集中管理缺乏重视，大量数据分散于研究团队成员各自的电脑中，超过70%的科研人员曾发生过数据丢失现象，超过50%的科研人员不进行数据的永久保存。通过调查还发现，很多科研项目结题后，大量科学数据被封存而不被重复

---

① 秦小燕，初景利. 面向我国科研人员的科学数据素养能力评价研究 [J]. 情报理论与实践，2020, 43 (2)：21-27.

② 张弘，刘海涛. 高校图书馆馆员数据素养能力框架及其构建策略 [J]. 大学图书情报学刊，2020, 38 (2)：6-20.

利用，未能充分发挥其更大的使用价值①。

5. 数据行为规范

科学数据相关的各种行为规范和道德准则，即数据伦理，能够保证科研人员的数据行为遵循正确的方向，从而维护数据生态的正常秩序，确保科研人员在数据活动中的利益和社会整体利益的一致性。访谈中，科研人员对数据采集、使用和共享中的道德和伦理问题给予了高度的重视，认识到在科学研究和数据管理中，包含个人隐私的数据应该受到更大程度的监管，但关于所在机构或学科领域的数据伦理声明、数据所有权和知识产权等相关问题，有待进一步加强了解与学习。

二、突出数据管理与共享能力、数据交流能力、数据安全能力

我国科学数据共享研究和实践起步较晚，科学数据管理与共享政策及相关服务仍在不断发展和完善中，由于缺乏规范的科学数据引用与评价机制，科研人员对科学数据管理与共享的重视程度远远不够，虽然大多数科研人员原则上对科学数据共享表示赞成，但在实际操作时存在顾虑或者附带条件，担心数据质量无法保证、数据被不合理使用、自身学术成果不能得到客观认可等，能够促使其主动存储和共享数据的因素，还主要源于科研人员自身研究工作的需要和发表科研成果的需要。关于科学数据管理对于科学研究的促进作用，访谈结果表明，15.9%的被调查者没有明确的认识，61.75%的被调查者目前仍没有"数据管理计划"（data management plan，DMP）的制订经历，还需要较长的时间进行需求的培育和管理的规范，而随着科学研究的国际化趋势不断发展，发表学术论文的同时，同步发布相关数据作为支撑材料，或者发表专门的研究数据集，已经逐渐成为一种新的趋势。有部分被调查者表示，现在一些杂志投稿喜欢微观数据分析，偏好一手数据的分析，因此后续的科学数据保存与管理对于未来投稿有很大帮助。在科学数据成果的传播方面，科研人员比较关注数据存储的安全性和数据的版权归属问题。

除此以外，科研人员对数据安全和数据交流能力给予了特别关注。在网络化、数据化迅猛发展的时代，科研人员表示不仅要重视网络数据安全，对于如

---

① 秦小燕，初景利. 面向我国科研人员的科学数据素养能力评价研究 [J]. 情报理论与实践，2020，43（2）：21-27.

何有效处理物理存储设备上的敏感数据也要加强认识。另外，科学数据交流被认为是促进科学传播和提升研究者及其所在机构影响力的重要途径，大多数被调查者都很重视通过口头或书面等方式对数据分析结果进行解释和评估；部分科研人员有数据出版的经历，以此来促进科学研究价值的体现和数据的再利用。

三、重视个体在团队研究中的科学数据素养能力

现代科研活动中，团队合作与协作特征日益明显，"合作、交互式计算、重现性研究"是数据驱动学术研究的主要特征，数据可开放、可获取、遵从一定的数据规范与标准，是团队合作的基础，这些都依赖于承担项目的每位成员明确研究目标，具备协同处理数据的知识与技能。例如，访谈中有科研人员指出，曾经参加过的课题组日常的数据管理中，通常大家根据自己研究的特点和时间安排，将任务进行细化和固化，以方便团队成员明确任务、明晰责任，通过相关软件或流程说明，保证系统每个阶段的数据流状态清晰，可回溯可查询，保证不同人员和团队整体目标的协调一致；数据规模、产生速度和复杂程度的增加使得各种类型的错误和误差更容易被引入数据系统中，如果出现数据不正确、不完整等异常，需要科研人员能够判断个人数据与团队数据的差异性，并能够运用相关知识分析数据的系统容错性；在数据共享方面，一般都会提前对于共享方案和数据权益的分配进行明确说明。由此可见，个体在团队中的数据行为影响与交互成为科学数据素养能力表征的一个不可或缺的重要方面。

四、关注数据生态对科学数据素养能力的影响

科学数据和学术密不可分，二者共存于知识基础设施的复杂生态系统中。数据生态主要是指大数据生态，是一个开放的、可扩展的、可靠的数据生态系统，是网络化数据社会与现实社会的有机融合、互动以及协调的新一代信息技术架构。通过访谈可以发现，在大数据环境下，研究者可能同时属于多个重叠的学术社区，在参与式数字环境中协作生产、责任共担、数据共享，研究者通过批判式思考和反思，不断适应新兴技术，促进学术交流，创新研究方法，作为数据生产者、合作者和分享者等多种角色参与学术研究，实现科研目标，不仅强调获取和使用数据的能力，同时还强调数据管理、数据共享、多学科数据融合的意愿与能力等；数据的政策、实践规范、标准和基础设施也在更大范围

内影响着数据行为，兼顾科学的整体利益与科研人员的个人权益，共同推动数据生态系统的和谐和可持续发展。因此，个体在数据生态环境中的表现成为大数据环境下科学研究的重要影响因素①。

为了应对数据密集型科研范式的挑战，促进数据生态的良性发展，科研人员有着迫切的数据管理或利用的培训需求，认识到主动接受数据教育的必要性，希望通过寻找适合自己的教育或培训方式与内容，掌握数据相关的知识与技能，提升科学数据素养能力水平。

课题组通过此次科研人员科学数据素养能力的调查访谈与特征剖析，结合评价体系的构建原则的相关研究，笔者认为科研人员科学数据素养能力特征应该从"个人""团队""数据生态"三个维度来进行整体架构。"个人"维度强调个体数据技能的终身学习以及个人数据管理；"团队"维度强调协同协作下的个体与团队知识建构、团队数据管理；"数据生态"维度强调个体在数据生态中的责任、交流和发展。通过课题组对科学数据素养能力特征的剖析，经概念整合与逻辑梳理，为每个维度设置若干一级指标，分别代表该维度下的科学数据能力要求，每个一级指标中都包含着丰富的能力细则，以此来全面表征并评价科研人员的科学数据素养水平。图8-1为科研人员科学数据素养能力特征。

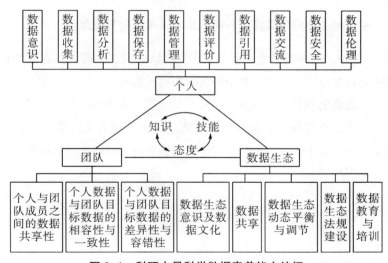

图8-1 科研人员科学数据素养能力特征

① 秦小燕，初景利.面向我国科研人员的科学数据素养能力评价研究［J］.情报理论与实践，2020，43（2）：21-27.

第二节 双生命周期视角下的数据素养培养

科学数据是科研人员在课题研究的流程中产生的，要针对科研人员进行数据素养培养，必须先了解科学数据的生命周期。生命周期具备三个重要的属性：连续性、不可逆转性和迭代性。科学数据各个生命阶段之间具备连续性且具备时间上的不可逆转性，完成一轮生命阶段后，会进入下一轮生命阶段，两轮之间的更迭也就是迭代或循环。科学数据生命周期是描述科学数据从产生、保存、共享、使用到再利用等各生命阶段间的循环周期活动，同样具备连续性、迭代性和时间上的不可逆转性。数据生命周期亦展示了科研过程中对数据的使用、转移、产生及保存等活动情况，清晰地表达了数据管理各个阶段的内容，以及各阶段之间的关系，是机构研究数据管理项目的基础，能为机构实施数据管理活动提供良好的指导。理解数据生命周期可让所有科研数据管理的参与者了解自己的角色，也让参与者知道数据管理的活动是循环且没有休止的，一个数据生命周期的结束是另一个数据生命周期的开始①。

一、基于双生命周期理论的科研人员数据素养培养框架

正如宫学庆②等研究认为，数据密集型科研环境下科研人员面临的挑战主要有科研项目生命周期管理过程中的挑战和科学数据生命周期管理过程中的挑战一样，数据密集型科研环境下的科研人员数据素养培养与教育也可以分为基于科研项目生命周期和科学数据生命周期两大类，两者互有交叉但又相互补充，相辅相成，易于构建一个基于双生命周期理论的科研人员数据素养培养框架模型，见图8-2。

---

① 叶文生. 基于期刊科研数据政策的生物医学科研数据服务研究 [D]. 武汉：武汉大学，2017.

② 宫学庆，金澈清，王晓玲，等. 数据密集型科学与工程：需求和挑战 [J]. 计算机学报，2012，35（8）：1563-1578.

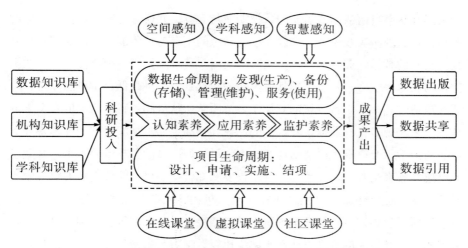

图 8-2　基于双生命周期理论的科研人员数据素养培养框架

由图 8-2 可以看出，科研人员的数据素养教育实质上是基于虚拟现实空间（增强现实空间、智能计算空间、泛在网络空间）及现代信息技术（大数据技术、增加现实技术、物联网技术、云计算技术）的课堂教育与感知教育，进而使得科研人员在科研保障条件（如学科知识库、机构知识库、数据知识库）基础上投入科研，并通过上述教育方式来提升自身及团队的数据认知素养、数据应用素养和数据监护素养，以保证项目生命周期与数据生命周期的持续与顺利开展［如数据生命周期的数据发现（生产）、数据备份（存储）、数据管理（维护）、数据服务（使用），项目生命周期的项目设计、项目申请、项目实施、项目结项］，最终实现科研成果的高效产出与共享交流（如数据出版、数据共享、数据引用）。其中，感知教育（空间感知教育、学科感知教育、智慧感知教育）与课堂教育（如虚拟课堂、在线课堂、社区课堂）是科研人员数据素养教育的两大主要形式与途径。

二、基于双生命周期理论的科研人员数据素养培养途径

1. 感知培养

科研人员的数据素养感知培养主要是指数据意识培养。图 8-2 所示的框架设计中的感知培养主要是指空间感知、学科感知与智慧感知。其中，空间感知是指科研人员通过感知生存的物理空间、群体空间、学术空间及虚拟网络空

间去感知从事科研活动所需要的数据能力与素养，并通过与其他群体、个体的模拟比较、现实实践来评判自己在该空间中的生存与竞争能力，以找到差距并提高自身的数据素养，如在一个团队空间内，通过感知每一个个体具有的数据操作与获取等能力，就能评判其所具备的数据素养水平高低；学科感知是指科研人员通过感知本学科领域的其他学者、团队所从事相关科研活动的数据素养体现，来实现对自身数据素养水平的比较和提高，如参加本领域的数据素养大赛、前沿学术会议等就能清晰地感知本学科科研人员的数据素养水平；智慧感知是感知教育培养的最高境界，其不仅要感知社会环境、时代发展态势等宏观环境因素，也要感知科研人员所在学科、机构、团队的发展态势等中微观因素，进而通过感知自己从事学术研究的前瞻性、学科深度等去评判自己的数据素养水平，其最大的难度可能在于缺少比较、学习与参考目标，主要依赖自身对于主客观环境及发展因素的判断和自我要求能力，就如现在全社会倡导的"大众创业、万众创新"，其不仅需要具备完成解决科研等遇到的问题的能力，也需要具备解决未来未知问题的能力，因而，针对相关人员的数据素养教育主要通过自身的智慧感知来实现。

2. 课堂教育

课堂培训是目前信息素养、数据素养、媒介素养的主要培养方式，一些教育机构的相关课程可谓层出不穷，且由于依赖数据管理、数据监管的科学数据共享、存储、引用与利用等工作岗位要求具备较高的专业化技能，国外一些学校设置了包括信息组织、信息伦理等多领域的数据管理教育课程体系，以实现对专业化人才的培养与教育。但需要注意的是，这类教育主要面向的是在校学生，图书馆的数据管理员也主要局限于对服务对象的数据存储等辅导服务层面，其所承担的对科研人员的数据素养教育职能还不够明确。图 8-2 所示的框架所提出的课堂教育就是对目前这一薄弱领域的夯实之举，即科研人员通过在线课堂、虚拟课堂及社区课堂来实现对自身及团队数据素养的提高。利用网络平台提供相应的课程视频或课程资料供访问者进行学习，访问者可自定义课程内容和侧重点，如 2007 年美国明尼苏达大学图书馆组建了 e-Science 和数据服务协同团队（e-science and data collabration，EDSC），建立了数据管理的网站，为学校师生提供有关数据管理中数据保存和备份操作等实用性内容。

同时，由于数据素养既强调理论知识，又强调技能技巧，所以，这些课堂教育也绝不仅是理论知识的灌输与相关知识的点对点、点对面传播，也是具体科研或数据项目、数据平台的操作实践教育，这也就启示科研人员并不仅仅只是需要通过感知培养去提升自己的数据素养意识，也需要通过日常的理论知识学习及项目实践来逐步提升自身数据素养。

3. 研讨会

研讨会指采用定期或不定期的形式举办的时长较短的学习交流活动，一般都具有明确的特定主题。如美国明尼苏达图书馆自 2010 年年末起，向超过 300 名研究人员和教职人员提供了名为"为您的资助申请创建数据管理计划"的研讨会，时长一个半小时，该研究会的内容主要由 5 个部分组成，分别涉及数据管理计划的介绍、研究过程中产生的数据或文件类型、数据文档和元数据格式标准、数据安全和数据分享、数据保存和访问方面。在知识体系学习中将根据内容将学员分成几个讨论组进行讨论，以提升学员学习的积极性与主动性。在访谈中，有调查者表示，本部门或研究中心定期不定期举行小型研讨会对我的课题数据的管理产生了长远的影响，很喜欢这种非正式会谈。通过开放式访谈也发现，大部分科研人员支持在网上研讨会过程中加入讨论互动的环节。此外，地球数据观测网 DataONE 和英国爱丁堡大学图书馆等机构也提供了与数据管理相关的研讨会。

4. 学术性讲座

与研讨会不同，学术性讲座，通常是专业人员围绕数据管理等内容进行讲授的培训形式，留给听课人员相互讨论和交流的时间较少。国内一些高校给图书馆赋予了传播数据素养知识的职责，要求图书馆定期或不定期举办与数据管理、数据分析等内容相关的讲座。如清华大学举办了 Excel 实例与应用、EPS 数据分析平台使用介绍及数值型数据库（如 Spring Materials）使用等讲座①、北京大学图书馆推出了一小时讲座服务，以数据素养与统计数据资源为专题开展连续讲座及上机实习，同时介绍数据利用及分析的软件（如 Excel、SPSS）的使用技巧②。

5. 良好共享氛围的形成

培养科研人员良好的数据共享习惯，应先从掌握科学数据共享的基本知识

---

① 清华大学图书馆培训讲座［EB/OL］.［2017-03-28］. http：//lib. tsinghua. edu. cn/dra/news/course.

② 北京大学图书馆资源篇［EB/OL］.［2017-03-28］. http：//lib. pku. edu. cn/portal/cn/fw/yixiaosh ijiangzuo/ziyuan chazhao.

入手，着重以下方面：①科学数据共享的必要性和重要性，给科研人员和全社会带来的益处。②科学数据共享制度或法律条文，例如《中华人民共和国科学数据共享条例》《中国科学院科学数据管理与开放共享办法》；③科学数据共享途径和共享方式，如基于完全开放数据库的共享方式、基于查询接口的共享方式、基于元数据的共享方式和基于 OGSA-DAI 数据集成的共享方式；④科学数据共享平台的使用；⑤科学数据共享经典案例分析等。以科学数据共享基本知识为切入点，以一定福利为引导，形成良好的共享氛围①。

第三节　以职业发展为基础的科学数据素养培养

科研人员的数据素养发展不仅仅是个人的问题，科研人员的数据素养培养工作在科研体系的科研能力提升中具有无可比拟的重要性。在过去，科研人员的科研数据素养未得到充分重视，主要靠高校教育和职前培训，再加上科研人员自身在工作中积累的方式进行培养。随着科研工作的发展，高校的基础数据素养教育已经无法适应具体多变的科研工作需求，而且目前高校开展科研数据素养的方式相对单一、课程数量少、内容简单，还有极大的发展空间。随着移动互联网、MOOC 等技术的发展与渗透，科研数据素养教育的方式和内容发生了深刻变革。因此，科研人员的数据素养培养体系应当适应潮流的变化，以系统思维和战略思维进行科研人员的科研数据素养改革。科研数据素养的培养，主要考虑两个需求：科研单位的科研发展需求以及科研人员的职业与能力发展需求，一般情况下，这两个需求应当保持相对一致的关系，但是二者的立足点不同，所采取的措施也具有差异。

科研单位基于科研发展的目标，可以根据科研大环境以及自身发展需要，采取宏观的科研数据素养培养方法，包括制定适宜的科研数据素养培养政策与计划、完善科研数据素养培养体系内容和差异化培养制度、采取有效的科研数据素养培养方式、根据科研数据素养情况制定相应的专业人才引进等多种方式。

---

① 胡元元，丁芬芬，郭慧. 科研人员数据共享行为及对策分析 [J]. 大学图书情报学刊，2019，37（6）：24-29.

从科研人员职业与能力发展角度看，科研数据素养培养路线应当与科研人员的职业发展相结合，在不同的工作阶段开展有差异性的针对培养。根据科研人员的职业发展，可以将科研数据素养的培养归纳为四个关键节点和阶段：职前培训—职中培训（定期与不定期）—工作实践—补充调整，不同阶段的培养重点应有所侧重，如图8-3所示。

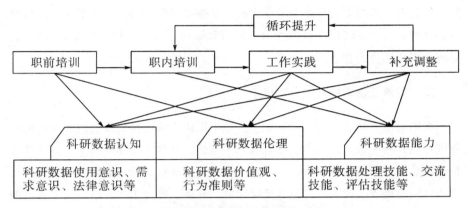

图8-3 基于职业发展的科研数据素养培养框架

一、职前培训阶段

职前培训阶段是科研人员从学生到研究人员转变的重要环节，在这个阶段，科研数据素养的培养和提升的重点在于将科研人员在教育中建立的基础科研数据素养转化为适用于本单位或本行业的科研数据素养。相比提高具体科研数据能力，职前培训更强调行业视野与观念的建设，因此，职前培训的着力点，一方面在于提高科研人员对行业知识的把握，建立科研人员对本行业科研数据的宏观认知；另一方面在于对加强科研数据的基本知识，包括必备的提高科研数据类型与来源的认知、了解数据使用的规则与限制、建立科研数据的伦理与态度等。完成培训后，科研人员基本具备了一定的科研数据认知和伦理，为之后开展工作奠定了良好的认知基础。

二、职内培训阶段

在完成职前培训的"通识教育"后，针对不同岗位和项目需要，通常会展开一系列的定期和不定期的职内培训。定期的职内培训主要根据科研环境和技术更新的周期或根据科研单位的发展需要按照一定的时间间隔展开，定期职内培训的时间间隔一般较长；不定期的职内培训一般根据科研项目需要开展，如遇到需要高新科研数据处理技术的项目，一般会临时展开相应技术培训，以专业人才引进或二者相结合（即以专业人才引进带动团队科研数据处理技术水平的提升）等解决科研数据素养不足的困境。职内培训的重点一般都是指向工作需求，因此更大程度上着重实践技能提高培训，包括科研工作中的科研数据基本能力、科研数据获取能力、科研数据评估能力、科研数据管理能力、科研数据使用能力和表达能力等。

三、需求反馈与补充提升阶段

在职前培训和职内培训的基础上，利用工作实践对科研人员的科研数据素养进行检验和评价。在工作实践阶段，主要通过开展实际的科研工作，检验各种科研数据素养培训的效果，从中发现个人或团队对科研数据素养的需求，可以通过问卷调查、访谈或其他意见反馈方式开展。针对工作实践阶段中获得的需求及反馈，相关的部门和服务机构需要对此进行研究，一方面对职内培训的不足进行及时补充和调整，以适应临时项目的需要；另一方面，根据本期培训的经验对下一期培训的方式和内容等进行相应调整，制订更适用的培训计划，以提高科研数据素养培训的效果。

四、深度重塑科研人员批判性素养理念，提高科研人员对批判性思维的认识

在知识数据化、数据决策化、科研平民化已成为常态的当下，科研人员要清晰地认识到大数据对科学研究的颠覆性意义，秉承批判性思维是科研创新的基础和原动力的理念。在科研过程中严谨对待数据，保证数据的敏感度和可信度，在了解批判性思维的基础上，将批判性思维融入个人数据素养的建设中，深入反思数据服务的目标、行动及效果[1]，并能将用户的数据需求细致到位地表达出来。具体应落实到以下三个方面：理论的角度，用批判的思维来看待数据的产生、管理及评价；教育的角度，从注重技能的获取转向关注数据本身，

---

① Tewell E. Putting Critical Information Literacy into Context：How and Why Librarians Adopt Critical Practices in Their Teaching ［J/OL］. （2016 - 10 - 12）［2019 - 01 - 02］. http：// www. inthelibrarywiththeleadpipe. org /2016 / putting-critical-information-literacy-into-context-how-and-why -librarians-adopt-critical-practices-in-their-teaching /.

鼓励科研人员对数据及有关的数据活动采取批判性态度，对学界已有的经验批判性地接受；实践的角度，融合批判性数据素养解决实际问题，成为科学研究中积极的行动者，善于提出质疑并回答问题。

与基于职业发展的科研数据素养培养框架针对的是整个职业生涯发展不同的是，基于项目和数据生命周期的科研数据素养培养框架主要立足于每一个科研项目的开展。前者往往是有计划地循环往复，不断提升，而后者更强调基础的重要性，并且经常借助外部机构的定制服务，但是两者在科研数据素养培养过程中具体的开展方式以及内容具有相同和相似的地方。可以说，基于职业发展的科研数据素养培养框架和基于项目和数据生命周期的科研数据素养培养框架是科研单位中总体科研数据素养培养计划中宏观和微观的两个层面，二者相互补充，在科研人员数据素养提高过程中扮演着同样重要的角色。

第九章　科研人员科学数据共享的制度建设

一直以来，科研人员科学数据共享的有效性受到多种因素的制约，随着数据时代的到来，科学数据共享逐渐成为科研人员之间开展协作的重要内容与促进因素。在制度性集体行动框架视角下，科学数据共享是科研人员理性选择的结果，但存在"协作"与"共享"的双重困境，受到交易成本与风险的双重影响。近年来，国家出台各项政策推动科学数据共享，科研人员科学数据共享的困境是由参与协作、数据特征等因素叠加影响而产生的，其形成机理的复杂性和解决机制的丰富性尚未被深刻认识。在理论分析后，基于机构行动者的个体理性、管理碎片化的环境特征以及问题差异性，对实践应有一个整体性框架与策略。

第一节　科学数据共享的基本原则

在理论分析后对实践也应有一个整体性框架与策略，基于机构行动者的个体理性、行政碎片化的环境特征以及问题差异性①，科学数据共享的政策启示至少应该包括三点：注重共享动力的内生性、共享机制的多样性以及共享推进的有序性。

----

① 胡元元，丁芬芬，郭慧. 科研人员科学数据共享行为及对策分析 [J]. 大学图书情报学刊，2019，37（6）：24-29.

一、注重科学数据共享动力的内生性

目前，科研人员的科学数据共享基本上是以资金来源方式与以朋友圈或学术圈为主的方式推进，缺少对政府行动者自愿性的关注。由于科学数据共享的绩效可测量难度大，相关政府机构是否以制度性保障充分地进行科学数据共享是一个很难精准测量的实践难题，故而政府机构制定的政策对于消极对待数据共享的科研人员能否起到引导或制约作用也很难衡量。消极对待数据共享，主要源自个体共享动力不足，缺乏相应的激励机制。政府部门作为理性行动者，具有降低成本、提升收益的宏观行动目标。

科研人员在课题研究中产生的数据有两种情况：属于私人所有和属于项目资金支持者所有。本部分讨论的主要是属于私人所有的科学数据。虽然这部分数据属于私人资源，但是对于单独的科研人员而言，在成本—收益的考量中存在不共享、少共享、弱共享的选择。一方面，由于科研人员具有寻求最低使用成本的动机，从而使特殊专业、特殊课题的数据专用性不断增强，这反过来加剧了数据共享的困境；另一方面，科学数据共享的未来潜在收益和选择性收益长期被忽视，特定的学术圈人员之间的数据共享，实际上具有加深彼此了解与信任和促进其他领域协作的功能，这对科研人员来说是一个获得选择性收益的机会。如果完全采用自上而下的政策执行方式进行无固定指向性的分享，科研人员之间则难以通过数据共享来获取特定社会资本。除了数据供给和共享的原始动力，在数据共享中给予一定的自主权也是应对复杂多变的共享环境的应有举措。影响数据共享困境的因素不断发生变化，不同主体间的非正式网络拥有较低的交易成本与风险，这就要求数据共享机制建设要保持足够的弹性空间以克服数据共享困境。

因此，国家层面和单位机构层面的注意力应该更多地放在激励政策的制定上，提供科学数据共享的绩效考核标准与监督。要给予科学数据共享的科研人员一定程度和一定范围的数据使用和共享自主权，包括科学数据分享的对象选择、范围选择等，作为其通过共享获取收益的动力，进而激发其提升数据质量、改善数据价值、降低数据专用以及持续共享数据的动机。

二、注重科学数据共享机制的多样性

科研人员科学数据共享困境是由多种因素交织形成的，每个因素在不同情境中所起的阻碍程度不同，这就导致不同专业、不同组织机构、不同年龄层、不同级别的科研人员面对的科学数据共享困境存在一定的差异。因此，对于科研人员来说，并不存在科学数据共享的唯一最优机制，试图建立对一切情境都适用的政策则面临与条件不匹配的失灵风险，需要以多样化的数据共享机制来有针对性地缓解共享困境。制度性集体行动框架提供了多样性的协同机制，包含行动者结构、功能结构和自主性维度，在数据共享机制设计上则需考虑是否能降低特定情境下的交易成本和风险。

首先，需要在交易成本与风险两个基本维度上形成对科学数据共享困境程度与特征的初步判断，进一步分析参与人员属性、协同基础、制度规则、数据属性等多重因素，实现对数据共享困境的专业化、个性化、差异化认识。而在数据共享机制的设计上就需与不同的数据共享困境相匹配，如图9-1，在行动者结构上包括双边共享、多边共享、平台共享、中介共享等形态。

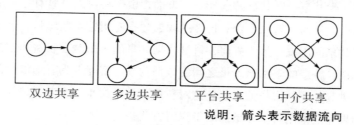

双边共享　　　　多边共享　　　　平台共享　　　　中介共享

说明：箭头表示数据流向

图9-1　科学数据共享的参与者结构图

双边共享发生在两个科研人员之间，以利益互换式共享和数据交换式共享为特征，主要基于双方的互惠动力，双方较为对等地共享数据，双方的收益在短时间内并不一定对等，但从长期看，双方的收益基本上对等，即基本对等；多边共享是在超过两个以上的科研人员之间进行的相对平等共享，也就是说各个科研人员通过将各自原先获取或生成的科学数据与有限的若干科研人员进行共享，参与的每一个科研人员都能够获得较为丰富的数据源，以满足数据多样性的需求。以上两种是自主共享，也就是共享对象是一个各方都认可的自愿选择结果，所有参与者都是共享主体，是一种获取收益驱动下的有具体对象的共享行为。

相比而言，平台共享与中介共享是协调共享，是基于政策权威、制度权威规则的无限共享，每个科研人员只共享一个平台，而不是共享给其他特定人。

中介共享是科研人员将科学数据统一交由第三方数据专业组织（数据企业、政府数据管理部门或数据网络平台），科研人员与此组织进行协调数据的各项功能运用。每一种结构对于应对数据共享的交易成本和潜在风险是不同的，例如从行动者结构来看，双边共享结构比较简单，建立共享关系的成本比较低，获得社会资本的可能性最大，但是由于缺乏第三方的监督或担保，科学数据共享面临被欺骗、被退出、不真实等问题，进而可能只是单次的共享损失。而在中介共享结构中，由于存在一个确定性的协调者，各方之间在数据共享中比较能够形成更为便捷有效的监督，其潜在风险相对更低，可能形成长期持续的数据共享，形成一定的共享需求和共享供给，甚至在一定的领域或一定的学术范围内产生固定的数据共享范式。但是也存在中介组织的选择会面临各方偏好不一致引起的协调风险，这就需要加强对数据中介组织的培育、选择和监管。

其次，在实现机制上，可以考虑引入更多契约，规制科研人员的科学数据共享，相关政府部门和组织机构可以针对科研人员的特殊的科学数据需求，协商建立双边或多边共享关系，以"合同""协议"或者"备忘录"的书面形式或电子形式进行缔结。而在功能结构上，科学数据共享又分成业务协同性数据共享和非业务协同性数据共享，前者是线上线下相结合，以业务协同为目的的数据共享，既有政策上的配合，也有数据的共享，后者则只是以数据共享为目的，共享时并不能明确得知共享后生成绩效的水平。

三、注重科学数据共享推进的有序性

无论是科研人员，还是政策制定者，抑或是科学数据共享过程中的利益相关者，需要明确的是，有效充分的科学数据共享是一个复杂的演化过程，从理论上来说，这个过程就是一个克服交易成本和缓解潜在风险的过程。目前出台的各项推进数据共享的政策主要集中在线上数据共享平台建设、科研诚信道德等，但是影响科学数据共享的个体因素和环境因素实际上具有非均衡性和累积性，难以一蹴而就，需要综合考虑协作困境与共享困境的源头及其原因，在推动策略和政策规划上有序推进。

首先，从科学共享的需求者和供给者的角度出发，如前面几章所陈述的，虽然科学数据共享的时间节点是明确的，但是更加有效的共享还是要充分调动利益相关主体的自主共享动机和意愿，而对科研人员而言，科学数据的有效共享存在两个关键问题：要不要共享和如何共享。从不共享、弱共享到要共享和

强共享，需要一个认知累进的接受过程。在如何共享上，关于共享对象、机制、领域上的选择也是需要一个选择和获取相关收益的周期。科学数据共享机制建设需要一个循序渐进的过程，这既为不同利益相关主体克服数据共享的交易成本带来缓冲与适应，亦能在信任培养中逐渐降低科学数据共享的风险，有序推进数据共享的广度与深度。

其次，在推进策略上，识别问题症结，将困境逐步降低。根据科学数据共享困境的情境，精准识别双重困境的原因，进行有效变迁，将高难度转变为中等难度，再从中等难度转变为低难度，即从高共享困境、高协作困境逐步向低共享困境、低协作困境推进。对于不同领域，可以开展对目前数据共享困境处在哪种状态的有效评估，进而有差别性地制定政策。与此同时，还需对不同领域和区域所掌握的数据属性进行考察，如标准化程度、安全性等。在精准识别数据共享的具体情境与阻碍因素的前提下，再将数据共享逐步从低难度情境向高难度情境推进。比如可以先就单一事项进行双边数据共享，在此基础上探索复杂事项的多边数据共享机制，以期跨越更高难度的数据共享困境。

最后，在政策协同上，考虑"数据—领域—机制"的匹配。既然科学数据共享困境的产生来自多个源头，但是目前的政策呈现出分离状态，彼此呼应较弱，甚至出现部门制度冲突。目前以科学数据共享为目标的政策局限于数据管理领域，而彼此之间的政策条款、实施周期等缺乏整体配合，导致政策实施中的碎片化。实际上，这需要高度契合。

第二节　科学数据共享中政府角色科学定位的路径选择

前面章节的分析表明，政府、市场、科研人员、专家等都是科学数据资源共享活动真正发挥应有效率的重要主体，也在一定程度上各自造成资源共享的不足。其中政府是影响科学数据信息资源共享的最能动因素。正如现代公共治理理论所指出的，政府应在整个合作网络中"掌舵"，既要描述清晰"航线"，又要统筹分工，还要及时修正"偏航"[①]。本节将在前面论述的基础上，对政府在科学数据信息资源共享中的角色进行定位，提出政府角色回归的路径。

---

① 陈文东. 高等教育信息资源共享中的政府角色定位 [D]. 长沙：湖南师范大学，2014.

一、政府介入科研人员科学数据共享的边界

1. 解决市场失灵

如前所述，科研人员在市场中的科学数据共享中既有积极的意义，但是也存在不足，还对很多问题无能为力。那么，政府的作用应重点体现在以下几个方面：

（1）引导市场机制发挥作用，激发科研人员参与科学数据共享的动力

科研人员在研究过程中产生的科学数据，有时候是私人产品归私人所有，有时候则是准公共产品，无论哪种属性，科学数据的共享活动从开始到结束都具有外部性，在一定程度上会对某些主体产生负面影响，抑制其他科学数据共享参与人员的积极性。因此政府应为科研人员科学数据共享提供良好的外部环境，为各相关主体提供参与共享的有效动力。主要体现为，一是通过相关资助政策（如科技创新项目、新技术开发项目等）引导市场方（如科学数据共享平台的开发企业、科学数据共享基础设施提供商等）不断创新技术和内容，为科学数据共享的相关环节提供优质服务；二是知识产权的法律的完善，通过法律和规章制度等有效保护科学数据共享各方的知识产权，使得科学数据供需方都能在合理的范围内开展有效的共享活动；三是通过直接的激励和补贴，构建科研人员参与科学数据共享的动力机制，如通过奖励方式补贴积极参与科学数据共享的单位和个人，对于积极参与科学数据共享的个人可以给以一定荣誉称号，未来在评选优秀专家、具有突出共享的专家、学科带头人、"万千人才"，甚至在评职称时，给以优先权。

（2）促进各方的数据交流，有效统筹科学数据共享的相关问题

一般情况下，因为保持科研成果的创新性和垄断性以及未来申请课题的命中率等多重考虑，科研人员之间在科学数据资源共享问题上存在沟通不足、共享渠道较窄等问题，政府部门应充分发挥行政职能，促进科学数据共享的利益相关者的数据交流，通过项目委托、推动需求调研、项目评估、经费配置等手段统筹科研人员科学数据共享的问题，避免科学数据的闲置浪费。

2. 解决政府失灵

当政府的过度干预和介入影响市场主体功能的发挥，使市场不能有效反映经济规律时，政府失灵就可能产生。在科研人员科学数据共享活动中，政府失灵表现在：政策规划不当可能造成各方主体的信息不对称或科学数据共享配置

不均衡；政府部门过度干预造成市场的挤出或科研人员的缺乏自主等。政府失灵在科研人员科学数据共享中可能会导致科学数据资源配置的效率低下、投资产出比不合理等弊端。因此，在科学数据共享过程中政府应注意两个方面：一是充分尊重科研人员以及利益相关者的意愿，发挥专家教授的专业作用和带头作用；二是健全科研人员科学数据共享相关的制度安排，结合实际制定标准和管理办法，做到公共政策过程"政行有据"，避免"越位"和"缺位"。

二、政府在科学数据共享中的角色定位的路径选择

1. 适当调整政府的主导者角色

政府的主导者角色是政府在科研人员科学数据共享活动中最核心、最基础的角色选择，是其他角色的前提。政府作为科研人员科学数据共享活动的引导者，应从以下几方面来合理定位其职能，强化其角色内涵。

（1）加强对科学数据共享的认识，当好科学数据共享环境的营造者

严格来讲，科学数据共享也是社会资源共享的一个方面，相对于其他物质资源共享可能在一定程度上给人一种看不见摸不着的感觉，短期内难以出政绩。因此，需要政府部门在现有基础上进一步加强对科学数据共享的认识，深刻理解科学数据共享的意义，特别是一些数据统计部门，应主动为科研人员的科学数据资源共享提供便利，广泛推介科学数据共享成效，形成一个注重科学数据共享的环境。

（2）改进政策设计，发挥政策引导功能，当好科学数据共享政策的制定者

政府在科研人员科学数据共享中的主导者角色，必须通过政策的导向功能来实现。科学数据共享政策导向主要体现在其对科学数据共享的顶层设计，即政府部门通过宏观把控提高科研人员科学数据共享的方向、重点、难点，对科学数据共享进行布局和安排，从而为共享活动中其他的利益相关者的活动提供蓝本。因此，在政策导向上，进一步完善政策引导体系，应当进一步明确政策标的，如鼓励什么、支持什么、保障什么、限制什么，都要有专门的体现。同时，应注意政策设计的合理性和衔接性，既要有框架性的政策文件，又要有具体化的政策文件。

（3）完善经费保障体系，加强经费支持，当好科学数据共享资金的支持者

科研人员科学数据共享中政府主导的一个重要体现就是经费保障。科学数据共享是一个需要长期投入的活动，政府的经费投入有利于调动科学数据利益相关者的积极性，并且通过分散的相对量小的经费投入达到集中的总体量大的投入效果，实现"小投入办大事"。在经费保障上，政府应进一步完善对科研人员科学数据共享的经费保障体系，一方面是在一个可以预见的时期内保证动态稳定的资金支持，并根据实际纳入合理层次的常规经费预算体系；同时在保证科学数据共享经费来源稳定的前提下，探索各种形式相结合的共享经费筹措方式①，保证共享经费的持续性。另一方面是根据不同科学数据资源共享模式制定经费安排范围，保证经费科学合理，如对于图书文献信息资源共享，经费可能主要用于资源内容的采购和服务的购买、资源配送体系的建设；对于尚不成规模的科学数据共享，经费可能主要用于科研人员项目支持、系统构建等。

（4）制定相应法规，规范各主体行为，当好科学数据共享的服务者

政府调节科学数据共享过程中市场失灵和管理科学数据共享过程中的相关事务的一个重要手段就是法律法规工具的应用，法律法规的制定也是另外一种形式的政策导向。政府对科研人员科学数据共享的法规制定，一是立足于通过规章制度规范科研人员及共享过程中利益相关者的行为，并且通过制度的导向性使科学数据共享工作获得支持。二是通过法律法规明晰科研人员科学数据共享的知识产权，使相关利益各方的合法权益得到保障，从而规范科学数据共享秩序，激发共享的积极性。三是通过法规规范市场的行为，如禁止科学数据资源商家的价格垄断等，并在一定程度上对某些垄断性行为进行适当的干预。

2. 加强政府的协调者角色

政府在科研人员科学数据共享中的协调就是要"将蛋糕做起，将蛋糕做大，将蛋糕分好"。在现有的行政体制下，政府失灵的现象时有发生，单纯依靠行政命令并不一定能把事情办好，这就需要政府调动其他力量、运用其他手段来协调利益各方。笔者认为，政府的协调就是政府部门在科研人员科学数据共享活动中平等地与主体各方进行对话，倾听各方需求，甚至下放部分职权。

---

① 陈文东. 浅议区域高等教育信息资源共享的政府角色——基于湖南省高校数字图书馆的研究［J］. 高校图书馆工作，2015，35（4）：23-26.

（1）促进和鼓励科研人员之间加强科学数据共享的合作

政府通过政策手段和经济手段，促进和鼓励科研人员之间以及共享过程中利益相关者之间加强科学数据资源的共享，如通过对科学数据共享支持力度大的科研人员在职称评定上适当倾斜，或给以一定的荣誉称号，或对资源共享程度高的科研机构在财政经费配置上给以倾斜或补贴等。

（2）推行部门联动的行政管理机制

推行既有归口管理又有部门联动的行政管理机制，一方面使得科研人员科学数据共享有统一的业务管理出口，避免多头管理、相互打架的情况；二是在不同部门之间加强统筹协调，就科学数据共享可能涉及的其他领域业务在部门之间主动沟通，联席协商，形成合力，避免各自为政或重复建设。另外，由于科研人员的行为存在一定的利己性，个别科研机构、高校等在科学数据共享的框架下依然有可能选择立项某一项目，部门之间的联动就可以设定这样一种机制或成立科学数据共享联盟：由共享主体共同制作并共享一份科学数据共享目录，对于某一区域内，例如四川省区域内，某高校已经启动与目录所重复的科研项目或课题，政府相关部门或科学数据共享联盟可以即时干预其课题立项，在四川省内整体形成"一盘棋"的格局，从而有效避免科研项目的重复立项。

（3）建立区域科学数据共享联盟

通过建立区域科学数据共享联盟，统一规范科研人员的科学数据共享行为。其他领域的实践证明，以行业专家为核心组成的第三方机构在社会事务管理上常常有政府无法比拟的优势，因此政府应委托这样一个科学数据共享联盟中心来协调其他参与主体的行动，区域科学数据共享联盟应该是全国科研人员科学数据共享最灵活的有机组成部分，一方面是落实政府相关意图的政策导向的重要力量；同时又是"专家"，对本专业发展具有敏锐的洞察力，对本专业的整合有着较强的凝聚力；另外还是科研人员需求的代言人，是市场主体的服务人。通过它可以在实际操作中有效协调各方关系，加强高校之间的合作，促进全国科研人员科学数据的有序有效共享。

3. 完善政府的监督者角色

政府对科学数据共享进程的评估监督要解决两个核心问题：一个是评估监督谁？在主体众多、资源共享环节复杂、资源共享模式不一的情况下，要根据具体评估和监督过程来确定评估监督的客体。另一个是如何评估监督？这是评估和监督的方式、标准、执行等方面的问题。政府应在推动科研人员科学数据共享的起始就设计好对该活动的评估机制，作为顶层设计的一部分，成为所有参与科学数据共享主体的共同愿景①。

对科研人员科学数据共享的评估和监督主要体现在两个方面，一是绩效考核，二是监督促进。绩效考核是由政府部门或委托专业机构对科学数据共享活动、资源共享各主体进行评价，从而评估科学数据共享活动的效率，确保科学数据共享活动的目标达到预期效果，及时调整资源共享策略。评估者的角色要求政府部门制定合理的评估标准，一是对资源共享项目内容的评估考核标准，重点评估资源共享项目的合理性、适用性；二是对资源共享经费的绩效评估标准，考察"投入产出"效益是否适当、经费使用是否科学。

三、促进科研人员科学数据共享的对策

利益是行为发生的本质原因，科学数据共享行为发生与否从根本上取决于利益，无论是科研人员的需要还是外部因素都离不开利益的范畴。科学数据共享首先是利他行为，然后是利己行为。科研人员的利益既涉及群体利益又涉及个体利益。从群体利益层次分析，需要拓展科学数据共享途径，规范科学数据共享过程，降低科学数据共享难度，减少科学数据共享时间和精力；从个体利益层次分析，需要采取相应的激励措施，鼓励科研人员进科学数据共享②。

1. 从制定政策和法律入手，规定制订数据管理计划

通过上述分析可知，政府应从制定政策和法律入手，以宪法和相关法律为依据，以《中华人民共和国著作权法》《出版管理条例》和相关信息保护制度为法律基础，政府部门应该主动告知禁止公开内容以外的信息。任何财政资金支持的项目申请时必须制订数据管理计划，即申请时必须清晰地表达该项目将产生何种数据、多大的科学数据以及如何管理这些数据、通过何种方式共享这些数据、不共享的理由等。若无法清晰地阐述这些内容将会影响项目的资助③。同时，项目数据管理计划必须纳入专家评议程序，增进数据共享过程中利益相关者之间课题数据的交流与沟通。

---

① 陈文东. 高等教育信息资源共享中的政府角色定位［D］. 长沙：湖南师范大学，2014.

② 胡元元，丁芬芬，郭慧. 科研人员数据共享行为及对策分析［J］. 大学图书情报学刊，2019，37（6）：24-29，74.

③ 汪俊. 美国科学数据共享的经验借鉴及其对我国科学基金启示：以 NSF 和 NIT 为例［J］. 中国科学基金，2016（1）：69-75.

2. 建立科学数据管理与共享的服务机制

调查表明，不少科研人员的科学数据管理意识不强、专业技能有待提高，迫切需要有关科学数据管理与共享方面的指导和帮助。我国的相关研究也显示，缺少支持科学数据长期保存的软硬件设施及服务是科研人员在数据管理与共享过程中面临的主要困难之一。

为科研人员管理和共享科学数据提供指导与支持服务是科学数据政策顺利实施的关键。只有建立高效的数据共享与服务机制，为科研人员提供便捷的数据提交、管理、访问与共享服务，不断优化数据的可获取性与可使用性，才能确保科学数据共享政策的顺利实施。首先，构建分布式的多层次的科学数据共享基础设施，建立国家层面的数据共享中心，制定我国科学数据存储管理的共同原则与标准，对各级数据共享服务中心的工作提供指导与规范，为科研人员提供一站式服务①；其次，建立国家层面的数据共享服务中心，为科研人员提供相应的数据共享指导与支持服务，提高他们管理科学数据的技能，帮助他们更好地管理和共享科学数据，从而有助于我国科学数据共享政策的顺利实施。最后，相关部门应加强对科研人员的科学数据管理和共享的指导与培训，为科研人员制订数据管理与共享计划提供指导与咨询、数据存储与监护、相关资源推荐等，从而有助于科研人员更好地管理和共享科研数据。

3. 多渠道、持续性的数据共享经费投入与支持机制

调查表明，受访的 251 名科研人员中，有 165 名认为，缺少资金支持是科学数据管理与共享中面临的最主要困难之一。可见，科学数据共享离不开国家经费的大力支持。因此，为科研人员科学数据管理与共享提供经费支持是保障我国数据共享政策顺利实施的必要条件。首先，明确政府对于科学数据管理与共享的财政投入责任。国外科研数据管理与共享实践的开展大都由国家经费予以保障。当前，应强化对科学数据共享工程的财政性资金投入，通过法律或政策的形式，明确政府、建设机构等对科学数据共享工程的责任；其次，鼓励科研资助机构对科学数据共享进行持续性的资助。一些科研资助机构可以通过项目资助的方式，鼓励科研人员和机构探索科学数据管理与共享的模式、方法、实践和开发相关基础设施与软件工具，以更好地推动科研数据管理与共享政策的实施。最后，鼓励公益性机构和组织资助科学数据共享。

----

① 邢文明. 我国科研数据管理与共享政策保障研究 [D]. 武汉：武汉大学，2014.

第三节　图书馆科学数据共享路径选择

本节将会基于科学数据生命周期模型的各个阶段（数据概念化规划+数据获取及组织+数据处理及分析+数据评审及保存+数据出版及共享+数据再利用），构建学术图书馆基于科学数据共享的路径。

一、图书馆参与科学数据共享的可行性分析

1. 图书馆是国家科学数据保障体系的一部分

建立科学数据共享保障体系涉及的主体主要包括政府相关部门、科研机构、高等院校、图书馆、企业以及科研人员。其中，图书馆一直都是国家文献保障体系的主体，是科研人员获得数据、信息服务和知识服务的重要场所，并且在长期的工作实践中积累了大量的经验和技术。面对科学数据的共享，图书馆更应具有敏锐的洞察力，拓展信息资源类型，深化科技信息服务，成为国家科学数据保障体系的一员[1]。

2. 图书馆在信息资源组织与建设方面的经验为科学数据共享提供了基础

图书馆是科研人员获取文献信息资料和科学数据的重要途径，特别是随着数字图书馆的发展，文献信息资料的获取与传统方式相比，更加快捷迅速。图书馆尤其是国家级、省级图书馆在数字图书馆的建设，主要是数字资源调查和分级分类，资源的数字化，数据库整合改造，元数据标准研究，网络环境下海量信息的获取、更新、存储、检索处理、交换、提取分析和传播服务以及各种数字图书馆技术等方面，积累了很多值得学习的经验，这为科研人员科学数据共享提供了坚实的基础。

3. 图书馆的人力资源是科学数据共享的有力保障

在新的信息环境下，图书馆拥有一批计算机、外语基础强，同时又熟悉图书情报工作的复合型人才队伍。特别是近年来学科馆员的出现，使得面向特定学科领域用户的服务更加深入和个性化。现代图书馆馆员具备了在新的信息交

---

① 黄筱瑾，朱江，李菁楠. 研究性图书馆参与科学数据共享服务研究 [J]. 图书馆论坛，2009，29（6）：177-179，193.

流环境下的竞争力，包括对新环境下新的信息资源的洞察力、提供高效的集成检索和跨库检索、嵌入用户科研环境提供信息服务和情报服务、追踪各科技研究领域的最新成果和发展趋势、促进科技信息交流，宣传报道国内外的最新理论和技术。他们在长期的工作实践中积累的专业知识和技术能力为科学数据的共享提供了支撑。现代图书馆馆员既具有科学数据共享相应的学科专业知识，同时又能开展信息资源的搜集、整合、加工、存储、传播和利用工作。因此，图书馆的人才资源是科学数据共享的有力保障①。

二、图书馆在科学数据共享中的作用

从上述分析可知，我国图书馆具有开展科学数据共享服务的责任和义务，在促进科学数据共享进程中应该积极开展一系列探索性的工作。笔者认为，不同级别、不同类型的图书馆应该根据本身的工作目标、服务能力以及服务对象的需求状况开展不同程度的科学数据共享服务②。

1. 明确图书馆科学数据共享的战略定位与价值功能

当前，专家学者、政策制定者以及社会大众对图书馆在我国科学数据共享中的战略定位、价值功能的理解存在着一定的差异。只有形成准确的定位，明确职能，才有利于图书馆科学数据共享的可持续研究。一方面，专家学者应开阔视野，不只是文献信息学学者，还应该鼓励不同行业领域的学者参与科学数据共享研究。另一方面，图书馆管理者敢于开拓进取，转变思想观念，突破条条框框，精准定位，确立科学数据的价值功能，由简单的数据检索、导航、保存、共享上升到面向重点科研项目的科学数据共享，进一步延伸图书馆服务的深度与广度。③

2. 建立图书馆数据共享的保障机制

一是建立现代化、数字化的可交互图书馆数据管理系统。大数据时代下，科学数据容量大、类型多样，目前国内图书馆的管理系统由于数据库标准的差

---

① 魏东原，朱照宇．专业图书馆如何实现科学数据共享［J］．图书馆论坛，2007，27（6）：253-256.

② 伍晓光．E-Resear ch 环境下高校图书馆科学数据共享机制研究［J］．图书馆学刊，2020，42（2）：33-36.

③ 马慧萍．2010-2019 年国内图书馆科学数据共享研究综述［J］．图书馆学研究，2020（8）：19-26.

异，一些科研人员在数据共享时对数据的访问、应用都存在着问题，使用难度很大，这就给图书馆数据共享带来了极大的阻碍。因此，应加快建设多功能、标准统一的数据库管理系统，以减小科研工作者使用相关数据库的难度。二是加大数据共享资金支持力度。如同前述研究结果，科学数据共享需要较大资金投入，而资金短缺在很大程度上限制了科研人员的科学数据共享。因此要想实现图书馆之间的数据共享，国家或地方政府应设立相应的数据共享基金，为数据共享提供资金支持。三是培训专业技术人员。目前我国图书馆的工作人员普遍缺乏数据共享的专业技术，因此应加大对图书馆工作人员的技术培训，为图书馆数据共享提供技术支持①。

3. 确立有效的科学数据共享模式，构建体系化流程

传统的图书馆科学数据共享模式难以有效满足科研人员的数据需求和文献资料需求。因此，图书馆要实现其既定的功能必须重构科学数据共享模式。例如，南开大学图书馆设立的虚拟学习社区，数据共享以活动、论坛的形式呈现给用户，在虚拟学习社区形成一个信息共享的用户团体，通过共享与交流来满足既定用户的情境需求。随着信息技术的发展以及科学研究的变化，科研人员科学数据的需求和文献资料搜集等需求也在不断调整和改变，因此图书馆应及时根据实际情况制定解决方案，这样才能有效优化科学数据共享模式并完善工作流程。

4. 构建层次性的科学数据共享图书馆空间

图书馆有必要重新构建适合科研人员需求的数据共享空间，将信息引入科研人员的情境需求。首先，调整数据共享空间的层次性和灵活性。不断调整图书馆的层次性和灵活性，主要体现在数据传播方式和渠道的多元化上。例如，学科化类型的科学数据共享空间，图书馆将学科化数据内容细化，采用不同的数据层次分类，进一步提高科学数据共享空间的使用效度。其次，完善科学数据共享空间的功能性和实用性。目前，多数图书馆的信息共享空间的功能性和实用性都无法满足科研人员的各项需求，尤其是一些区县的图书馆。因此，图书馆应借助计算机信息技术，将网络集成数字与纸本信息资源引入数据共享空间的构建，通过计算机信息技术扩大数据覆盖面，使其能够面向情境需求不断

---

① 张元钊. 大数据时代图书馆数据共享障碍及对策［J］. 科技情报开发与经济，2015，25（8）：5-6，12.

完善功能，引导和协助不同的科研人员群体获得有效数据、高质量的数据。最后，打造科学数据共享空间的互动性和适用性。图书馆可以采用线下和线上两种方式构建科学数据互动交流平台，使用者可以使用数据并感受互动体验，使得科学数据共享空间能够真正满足科研人员不同情境下的需求，这也是图书馆未来科学数据共享空间的构建和发展趋势。

附录 1：调查问卷

科研人员科学数据共享问卷

一、基本情况

1. 性别：男　　女

2. 年龄：25~35 岁，36~45 岁，46~55 岁，56 岁以上

3. 您的职称：正高（研究员、教授等），副高（副研究员、副教授等），中级（讲师、助理研究员等），初级（实习讲师等）

4. 专业：自然科学　　社会科学

5. 工作年限：

6. 是否有编制：有　　无

7. 所属机构：研究所、985 工程院校、211 工程院校、普通院校、政府机构、私营企业，其他

8. 单位所在地：省会城市、直辖市、地级市

9. 地理区域：东北、华东、华中、华南、西南、西北

10. 最高学历：博士研究生、硕士研究生、本科、其他

11. 主持过的最高级别的课题：国家级、省部级、地市级、单位内部课题，其他

12. 是否有海外留学经历或工作经历：有　　无

13. 在科学数据共享中的角色：

　　数据提供方

数据获取方

两者都是

两者都不是

14. 科研人员以往的科研合作情况：

单位内部科研合作

国际科研合作

与科研院所科研合作

与大专院校科研合作

与行政单位科研合作

与企业科研合作

二、科研人员科学数据类型及管理行为

1. 您在科研中产生的一般数据有

社会调查（一手数据）

网络平台记录的数据

对现有数据的分析计算

课题研究报告

课题申请书（如国家社科基金、自然科学基金、省规划课题、省软科学等）

其他

2. 您在科学研究中产生的数据一般保存在

纸质笔记本

个人电脑

单位电脑

机构服务器

U 盘或硬盘、光盘

网络数据平台

其他

3. 您参加过的课题组是如何管理科学数据的？

无专人管理，各管各的

定期向负责人汇报统计、收集的数据

归档发表后的数据

课题组有数据保存流程和平台

其他

4. 论文或成果发表后，原始数据如何处理？

保存在原来的位置，不做处理

将其归档，作为历史资料保存

随论文或成果提交

按照项目要求，上交给项目来源单位

其他

5. 论文或成果发表后，原始数据一般保存多久？

半年以下

6~12 个月

1~3 年

3 年以上

6. 您曾因未妥善保管数据而导致科学数据丢失吗？

经常发生

偶尔发生

从未发生

不确定

7. 你对当前的数据管理、保存方式满意吗？

满意

基本满意

不满意

不确定

三、科研人员科学数据共享现状

1. 科学数据共享的原因

单位、部门要求

课题资金支持者要求

可以直接或间接获得一定的长期或短期经济利益

有助于再次申请类似的课题

提高其他课题邀约次数

数据共享可以获得额外的报酬

有助于数据充分利用

有助于挖掘科学数据的潜在价值

可以促进政府决策创新

可以促进政府管理现代化能力的提高

有助于社会地位的提高

有助于职务提升

可以发挥数据的最大研究价值

有利于降低研究成本，减少重复劳动

可以验证和修正原有研究成果，降低伪造和不准确数据的发生概率

可以提高科学研究效率

可以加强跨学科和跨机构研究

2. 课题研究数据共享阶段

课题申请时期

课题立项初期

课题研究阶段

课题结项后 1 年以上，3 年以下

课题结项后 3 年以上

3. 论文发表的相关科学数据共享阶段

论文发表前

论文投稿等待期

论文发表后

4. 科学数据共享范围

研讨会

课题组内讨论

课题聘请专家

所在单位部门

所在单位

熟人学术圈

导师学术圈

开放式数据共享平台

其他

5. 数据共享形式内容

研究报告

调研数据

非正规交流（小型研讨会、口述、聊天等）

其他

第四、五、六部分答题采用五分制，1代表完全认同，2代表不太认同，3代表不确定，4代表比较认同，5代表完全认同。

四、科学数据共享意愿与共享能力

1. 我乐意与他人分享自己相关课题调研报告、数据库、经验。

2. 参与相关课题、论文讨论时，我会尽可能提供自己的意见和观点。

3. 对于同事提出的问题，我会尽可能地提供帮助。

4. 同事需要帮助时，我会尽量提供他所需要的资料与调研数据。

5. 我认为与他人分享知识和科研数据是一件很有成就感的事情。

6. 我能快速地找到研究课题或撰写论文所需要的科学数据。

7. 我对别人课题或论文里面的数据会采取接纳的态度。

8. 我会以他人理解的方式表达我的意见。

9. 我有能力分辨对于本工作有价值的数据。

10. 总体来讲，您自己科学数据共享强烈程度

五、科学数据需求程度和获取意愿

1. 我希望获取他人的科学数据

2. 我打算获取他人的科学数据

3. 我愿意获取他人的科学数据

4. 获取他人的科学数据是十分有益的

5. 获取他人的科学数据是令人十分愉快的

6. 获取他人的科学数据是有价值的

7. 获取他人的科学数据能提高课题或工作的效能

8. 获取他人的科学数据能提高我的科研产出

9. 获取他人的科学数据能帮助我更快地完成任务或课题

10. 获取他人的科学数据需要花费大量的时间

11. 获取他人的科学数据需要付出很多努力

12. 获取他人的科学数据有很大的难度

13. 我的朋友认为应该获取他人的科学数据

14. 我的同事认为应该获取他人的科学数据

15. 对我很重要的人认为应该获取他人的科学数据

16. 获取他人的科学数据能促进我的知识增长

17. 获取他人的科学数据能强化我的论文能力

18. 获取他人的科学数据能帮助我深入了解所在领域

六、科学数据共享的影响因素分析

1. 请您对科学数据共享的认知障碍做出判断

科研人员科学数据共享意识缺失

担心降低自身的竞争力

担心科学数据被人误解

担心科学数据被人误用

担心科学数据存在错误遭到别人批评

担心打乱研究计划

担心失去对数据的控制

担心泄露研究数据中的隐私信息

害怕失去出版机会

2. 请您对科学数据共享的经济障碍做出判断

收集、提交和储存科学数据的时间成本高

收集、提交和储存科学数据的人力成本高

提供、传递、维护和管理科学数据的时间成本高

提供、传递、维护和管理科学数据的人力成本高

科学数据共享的报酬或奖励机制不健全

需要增加预算外的研究成本

因科学数据共享存在潜在的经济损失

科学数据共享维权的时间成本较高

科学数据共享维权的人力成本较高

3. 请您对科学数据共享的法律障碍做出判断

缺乏完善的科学数据共享的法律体系

科学数据共享存在安全问题

科学数据共享存在隐私问题

容易失去科学数据所有权和版权的控制

存在科学数据知识产权问题

存在科学数据共享的许可问题

可能面临科学数据共享的争议和诉讼风险

4. 请您对科学数据的共享管理障碍做出判断

缺乏有效的科学数据共享宏观政策

缺乏有效的科学数据共享的单位管理机制

存在与科学数据共享相冲突的管理制度

存在限制科学数据共享的合同（例如商业合同、课题保密合同）

缺乏有效、长远的科学数据共享计划

缺乏科学数据共享的途径

缺少与科学数据用户交互的工具

缺乏数据共享的激励机制

缺乏开放共享的组织文化（单位文化、部门文化）

科学数据管理措施混乱

数据管理者与生产者之间缺乏互惠机制

附录 2：开放式访谈提纲

1. 您愿意将科研过程中产生的科研数据（数据、图表、音频、视频等）或者科研成果与其他科研人员共享吗？

2. 您愿意在科研开展的哪个阶段将科研数据共享给他人？（科研开展前、科研开展中、科研开展后以及成果发表前和成果发表后）

3. 您是愿意将所有数据开放给他人还是部分数据与他人共享？

4. 您为什么不愿意共享科研数据或者是为什么愿意共享科研数据？

5. 您一般是以什么样的方式进行共享（普通交流还是直接以电子或者纸质形式公开——共享形式）？

6. 在以往的数据共享经历中，有哪些让您印象深刻的事情？（开心的或不开心的）

7. 目前，科学数据共享的主要障碍是什么？

8. 科学数据共享的主要对策建议。

附录 3：

立项编号：SC18TJ021

四川省科研人员科学数据共享行为的
理论模型构建及测度实证研究

2020 年 2 月

目 录

一、导论

互联网驱动大数据发展的背景下，现代科研活动对数据的依赖性与日俱增。为保障学术质量，科学研究的重复实验既要求科研成果可回溯，又希望数据与分析过程可再现。开放科学数据能够促进科学体系自我纠错能力的提升，数据的重复利用则能带动相关产业和经济的发展。

（一）研究背景和研究意义

科研数据作为大数据中一部分，其重要性不言而喻，已经成为科研活动中必不可少的生产资料。科研数据的充分获取和高效管理是影响科研人员课题申请成功率、课题顺利进行的关键因素之一。目前，科研人员获取数据主要来自两方面，一方面来自课题组内部的调研访问、问卷统计、模型演变、思想汇总等科研活动，另一方面来自课题组外的数据共享，例如通过知网、万方等数据库查询。

我国科学数据共享工程自 2001 年年底启动以来，历经近 20 年的发展，逐步形成了以服务促进科研数据集中管理和广泛共享的规章制度。目前全国 30 多个省市专门出台了数据管理和数据共享政策。然而单纯依靠宏观的数据管理政策并不能彻底解决现在科研人员"不愿共享""不敢共享""不能共享"的难题。从科研人员的角度探讨如何促进科学数据共享、推进科学数据的最大化使用，是政府部门制定政策、进行科学决策的重要依据，也对相关产业和经济发展具有重要的指导意义。

理论上，首先，为社会科学领域和自然科学领域发展提供理论、方法和技术方面的支撑；其次，促进科学数据共享理论的创新与发展，能够为用定量分析的方法研究科研人员科学数据共享意愿的影响因素、了解各影响因素不同程度的影响力等提供理论决策支持。

实践上，首先，通过对科学数据共享的认知及影响因素的分析，可以更好地对其共享行为进行进一步的探析，在一定程度上促进四川省科学数据共享进程；其次，为科研人员和政府的科学决策提供数据基础，为制定四川省科研人员科学数据共享政策提供理论基础和实践参考；最后，可以减少学术不端行为，营造良好的学术生态，以推进科研评价制度改革，提升四川省科研创新能力。

（二）相关概念的界定

1. 科学数据的概念

国内外学者对科学数据内涵、特征等相关问题进行了多维度、多视角的探讨，研究思路和研究视角相当聚焦，形成了高度统一的研究规范。孙九林从广义和狭义角度对科学数据的内涵、意义进行了详细阐述；路鹏对科学数据类型进行了分析，有的学者还从科研数据的获取和使用方式进行分类研究，有的学者从数据载体的不同研究科学数据特征、作用等。

本书将科学数据定义为研究者通过科研项目或毕业论文等科研过程中产生的一切以数字格式和非数字格式存在的对象，它既包括以科研活动或者其他方式获得的事实数据，又包括这些数据经过系统加工之后的用于支撑科研活动的数据集。具体说来，科学数据可以是科研过程中不断产生的实验数据，可以是研究者科研成果中的数据论据，也可以是根据原有科学数据进行验证创新的数据。

基于文献资料的梳理，本书中的"科学数据"特指，在所有学科的科学探究活动过程中、为准备科学研究活动（例如课题申请）产生并且最终以文字或者音频等形式保存下来的，尚未完全公开的研究结论以及能够作为研究结论支撑材料的所有事实和结果。科学数据的分类见表1。

表1 科学数据分类

分类标准	类型
数据表现形式	数值、文本、照片、音频、视频
数据获取工具	人、机器
数据利用次数	原始数据、二次利用、三次利用等
数据来源	专业数据库、科研机构、政府部门

备注：机器获取数据指现有的很多种获取数据的工具，如网页数据采集器，博为小帮软件机器人，Rapid Miner。衍生数据指把来自科学研究、生产实践和社会经济活动等领域中的原始数据，用一定的设备和手段如相关性分析、路径分析、机构影响模型分析，按一定的使用要求，加工成另一种形式的数据。

2. 科学数据共享机制

科学数据共建共享属于图书情报领域，具有社会科学和自然科学双重属性，而本书中的科学数据共享研究范围设定为四川省科研人员，科学数据共享是科研人员在做课题时的一种社会活动，因此，本书将科研人员的科学数据共享行为定位于两个学科的交叉研究领域：图书情报领域和社会学领域。只有建立有效可行的科学数据共建共享机制和以管理服务为主的保障体系，四川省科学数据共建共享才能走在全国前列。

数据共享是指研究人员以正式或非正式方式将自己的原始（或预处理）数据与他人共享的行为。本书中科学数据共建共享机制是指在四川省层面上科学数据共建共享的过程和方式，它包括对科学数据的汇集和管理，对科学数据共建共享提供的相关服务和支持，科学数据共建共享的决策和执行等如何有效运行的机制。在运行机制中，由共享动力要素推动，数据共享的利益方组成共享机制的传动系，协同合作推动数据共享工作，再由数据管理方统筹控制数据共享的速度和深度，完成共享行为。本书的研究范围限于四川省内，不涉及校际领域，不涉及具体专业，研究科学数据共享的职能构建与运行方式，重点在于确定构成科学数据共建共享机制的各个组成部分（共享利益相关者）及各个部分如何协调运作。

二、模型构建与研究假设

本部分内容主要分为三个部分，首先是在分析本书研究逻辑的基础上，提出研究假设；其次确定本书在研究方法上的基本取向；最后详细说明本书所采用的研究方式，资料收集与整理的程序以及具体的数据分析方法。

（一）研究逻辑

美国著名社会学家瓦尔特·华莱士教授在《社会学中的科学逻辑》一书中提出并详细阐述了社会研究的逻辑过程，这一逻辑过程被学术界称为"科学环"，见图1。由图1可知，研究者有两个切入口：从理论出发，经过逻辑演绎提出假设，再由假设导致观察，进而形成经验概括，最后用这种概括支持、反对或建议修改理论，或提出新的理论；反之，也可以从观察和记录事实入手。本书的研究逻辑属于前一种，即遵循"理论—假说—检验—调整"的循环①。总体来说，本课题力求理论研究和实证研究并重，因而一方面要对现有理论进行调整和提升，另一方面要注意经验概括和相关理论特别是公民参与理论的融合。

---

① 王春雷. 基于有效管理模型的重大事件公共参与研究 [M]. 上海：同济大学出版社，2008.

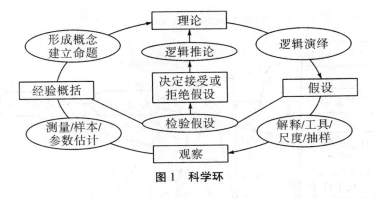

图 1　科学环

注：矩形表示信息成分，椭圆表示方法控制，箭头表示信息转换。

（二）理论基础与模型构建

1. 理论基础

（1）态度行为关系理论

态度与行为之间的关系及作用效力研究一直是国内外专家学者研究的重点，形成了一系列具有国际影响力的固定研究模型和策略，研究范式日趋成熟，应用领域广，其中计划行为理论（TPB）使用最广、影响力最大。TPB 理论能够帮助课题组理解科研人员如何改变科学数据共享行为模式，该理论的五要素为"态度+主观规范+知觉行为控制+行为意向+实际行动"①，如图 2 所示。

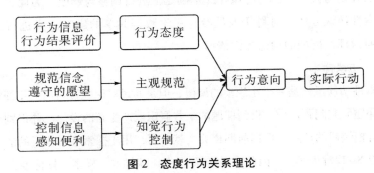

图 2　态度行为关系理论

（2）信息接收理论

UTAUT 是信息技术接受理论中另一个重要的理论模型，该模型包括绩效期望、努力期望、社会影响、便利条件 4 个核心变量和性别、年龄、社会经验

---

① 袁顺波. 开放存取运动中科研人员的参与行为研究［D］. 南京：南京大学，2013.

和自愿性4个调节变量，如图3所示。

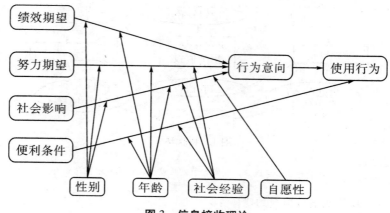

图3 信息接收理论

2. 探索性访谈

虽然态度行为关系理论和信息技术接受理论为本课题奠定了理论基础，但需要注意的是，科研数据共享有着与信息系统不一样的特点，影响科研人员参与数据共享的因素，既有系统因素，也有诸如机制、数据资源质量等非系统因素。因此，研究大数据背景下四川省科研人员的参与行为，并不能完全直接利用现有的理论与模型，而是应该在此基础之上进行调整与修改。为此，本书采用了探索性访谈方法，对科研人员参与科学数据共享的影响因素进行定性分析，从而为理论模型的构建提供依据。

（1）访谈样本

探索性访谈虽然是一个小规模的调研，但是通过对课题资料的初步搜集，可以界定课题研究问题性质，得到课题的某些假定或产生新的设想，并识别出课题后续大规模调研的信息。根据前期相关文献分析，用于探索性访谈目的的样本数量一般以8~12个为宜①，因此本书选择12个访谈样本。样本选择标准：

①调查对象男女比例适当，且分布于不同年龄段；

②调查对象的人才层次机构合理、全面，既包括在读的博士生、硕士生、又包括在职的讲师、副教授和教授；

---

① 周涛，鲁耀斌，张金隆. 整合TTF与UTAUT视角的移动银行用户采纳行为研究 [J]. 管理科学，2009，22（3）：75-82.

③调查对象既有知名院校的成员，也包括一般院校的成员；

④地区分布上，既有成都市的科研人员，又有地级城市、县级城市的科研人员。

（2）访谈结果分析

此次调查采用开放式访谈，每次访谈约半小时，访谈的主要内容为：科学数据共享的态度：支持、反对、中立；科学数据共享的意愿：愿意、不愿意、不知道；列举2~3条愿意（不愿意）的具体原因。具体粗略整理见表2。

表2　数据共享影响因素粗略表

促进科研数据提供行为的影响因素	阻碍科研数据提供行为的影响因素
有助于提高研究成果的被引频次	担心抄袭、滥用
有助于得到同行的反馈与评价	担心别人使用数据后写出高水平文章
可以得到一定的经济效益	引起不必要的纠纷
希望下次朋友、同事可以与我共享数据	耗时耗力，增加了负担
希望我的数据能有效利用，不要浪费	网站、数据库不靠谱
看看自己研究的课题创新程度和热度，有助于以后的课题申请	

3. 科学数据共享模型构建

从 TPB 态度行为关系理论，到 UTAUT 信息技术接受模型，都遵循着"行为态度—行为意向—使用行为"的分析逻辑。因此本书将行为态度作为行为意向的前因变量，遵循"认知信念—行为态度—行为意向—使用行为—使用绩效"的分析逻辑，构建了科研人员的参与科学数据共享行为模型框架，见图4。

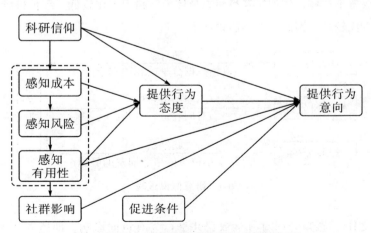

图4　科研人员科学数据共享行为模型框架

（三）变量定义与研究假设

科研人员科学数据共享模式、共享技术、共享途径等问题，成果丰硕。从科研数据创造者的角度看，根据共享意愿和共享参与之间的关系，可以构建5种不同的参与模式，见表3。其中，模式5是特殊情形，是本书比较关注的问题之一。

表3　科学数据共享组合表

共享决策	参　与　程　度		
	全部数据	部分数据	都不参与
输　出	模式1	模式3	模式5
输　入	模式2	模式4	

假设是根据一定科学知识和研究实践，对研究课题两个变量、多个变量之间相互关系提出的一种或几种预测或猜想。假设连接了理论和实践，这是本书设计的重要环节。基于上述分析、文献资料的梳理以及预调研问卷的初探，本书提出如下3种假设，提出研究假设的基本过程如图5所示。

1. 感知失利

感知失利也称感知成本，是指科研人员在科研数据共享过程中预测或感知到成本的总和，其完全是凭个人经验或个人的算法估算的成本，主要有四方面：时间、金钱、体力、精力。由于个体差异，每个科研人员数据共享成本四个方面权重不一样，例如年轻科研人员体力、精力占比较低，年长科研人员时间成本占比较高。因此，本书假设如下。

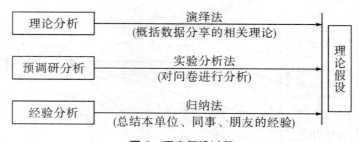

图5　研究假设过程

假设H1：感知失利对科学数据共享行为有负向影响，即感知成本越高，共享行为付诸实践的可能性越小。

2. 感知风险

感知风险是指科研人员对科研数据共享时所面临风险的认知。如科研人员担心自存储有可能不利于研究成果在期刊上发表，科研人员还面临着研究成果被剽窃/抄袭的风险等。

假设 H2：感知风险将对科研数据共享行为态度产生负面影响，即感知风险越高，科研人员对数据共享的态度越消极。

假设 H3：感知风险对感知有用性有负面影响，即感知风险越高，科研人员感知数据共享的有用性越低。

3. 感知益处

感知益处是指个人在使用某一特定系统时，主观上认为其所带来的工作绩效的提升程度，是 TAM 模型中的核心变量，是管理学概念。在探索性调查阶段，对于科研人员而言，科研数据共享利大于弊，可以使研究成果更快地传播，使自己发表的论文的被引率提高，增加了被人大复印资料转载的机会等，进而逐渐提升在学界的影响力。因此，假设 H4 与 H5 如下

假设 H4：感知益处对科研数据共享行为意向有显著正向影响，即科研人员感知数据共享的有用性越高，数据共享行为意向越强烈。

假设 H5：感知益处对科研数据共享行为态度有正向影响，即科研人员感知有用性越高，对数据共享的态度越积极。

4. 社群影响

科研人员的科研数据共享行为，不仅受同学、朋友等周围群体的影响，同时也受其所在单位和部门的同事、领导的影响。因此，本研究假设如下。

假设 H6：社群科学数据共享氛围良好对科研数据共享行为意向有正向影响，即社群影响越明显，数据共享行为意向越强烈。

5. 竞争激烈程度

科研人员的科研数据共享行为，还与单位、学科等竞争激烈程度有紧密关系。如果 20 个人竞争一个副教授职称，竞争激烈，科学数据共享意愿低。

假设 H7：竞争程度对科研人员科学数据共享行为有负向影响，即竞争越激烈，数据共享行为意向越低。

6. 促进条件

相关文献梳理和探索性访谈的结果显示，当前四川省科研人员科学数据共享的促进条件，主要包括管理服务水平、基础设施条件、共享技术水平和制度建设。

假设 H8：促进条件对科研人员数据共享行为意向有正向影响，即促进条件越好，数据共享意愿越高。

（四）研究方式与研究方法

1. 研究思路

本课题遵循"确定选题—提出研究假设—确定研究方法—问卷调查结果和统计数据分析—验证研究假设—进行实证研究—提出政策建议"的研究思路，确定研究的最佳途径，选择恰当的研究方法，提出切实可行的政策建议，主要采用了从定性到定量的不同研究方法。

2. 有效资料整理

课题从 2019 年 2 月立项到 2020 年 2 月底报告撰写完，资料的收集、整理和保存有课题组特定的安排和纪律，其中形成了结构化数据、非机构化数据和半结构化数据，如表 4 所示。

表 4　课题资料搜集方法一览表

	研究方法	具体操作办法	人数	时间
1	文献研究	广泛查阅相关文献	3	2019. 2—3
	专家访谈	咨询四川省社会科学院郭晓鸣研究员、张克俊研究员、虞洪副研究员、陈红霞副研究员等，西南民族大学姜太碧教授，四川大学蒋永穆教授、纪志耿副教授	3	2019. 2—4
	主要目的	明确研究问题，提出研究假设		
2	问卷调查	一是面对面访谈式调查，主要针对四川省社会科学院科研人员和在读硕士研究生；二是网上问卷调查，主要是利用问卷星，主要针对四川大学、西南财经大学等	4	2019. 4—9
	数据统计分析	对调查问卷的相关结果进行统计分析	5	2019. 10—12
	主要目的	假设检验，构建数据共享模型，评价四川省科研人员科学数据共享现状		
3	头脑风暴	列举和遴选四川省数据共享制度较为完善的单位；专家学者数据共享中遇到的个例分析	8	2019. 10
	比较研究	省内外数据共享比较；全国社科院系统数据共享比较；四川省内高校、科研机构数据共享比较	3	2019. 11
	主要目的	案例分析；从单位角度对四川省数据共享进行分析		

研究方法		具体操作办法	人数	时间
4	文献研究	研读数据共享管理相关政策和政策绩效评方面的文献	1	2019. 12
	专家意见	通过电子邮件、微信、电话等方式，向相关专家递送课题研究报告"对策建议"	3	2020. 1
	案例研究	对数据共享过程中代表性案例进行搜集、整理和深入分析	4	2019. 12
	主要目的	四川省科研人员科学数据共享的对策建议		

3. 文献研究

从表4可以看出，文献研究方法贯穿于本书研究的全过程，搜集和查阅的文献主要包括数据共享、交换理论、信息行为等方面的著作、学术论文、研究报告和新闻报道。很多资料都是从成都市公共图书馆数字资源共享平台、四川省社会科学院图书馆、西南财经大学图书馆、四川省图书馆、知网获得。另外，一些省级、市级政府网站和一批著名学术机构的网站也为本书供了丰富而有用的信息，例如中国政府网和中国社会科学网。

本课题在选择参考文献时主要遵循三个原则。

选择性原则：收集与本研究的相关性紧密的文献，且精选精用。

影响力原则：选择在数据共享、模型构建领域有影响的学者的研究成果。

逆势性原则：选择近期的、现时的本领域的最新研究成果。

以下是本书重要参考文献的分类及其来源，见表5。

表5　本研究的文献资料分类及收集方法

文献类型		主要来源	数量
著作	数据共享	购买、图书馆借阅、电子书籍	15 本
	信息行为、信息经济学		6 本
	政策绩效、制度绩效		5 本

表5(续)

文献类型		主要来源	数量
论文	数据共享	中国学术期刊网、中国学位论文数据库、成都市公共图书馆数字资源共享平台	345篇
	信息行为、信息经济学		85篇
	政策绩效、制度绩效		46篇
	研究方法与技术		10篇
问卷	数据共享问卷	问卷星、百度学术	21份

4. 课题组成员亲自试用的数据库

为了增加课题的效度，课题组成员亲自注册了四川省相关数据库，见表6。

表6　四川省数据共享平台一览表

主办单位	名称	主要内容
四川省人民政府办公厅和四川省发展和改革委员会主管、四川省大数据中心主办	四川省公共数据开放网	涵盖多个主题，涉及教育文化、医疗卫生、社保就业、交通运输、生态环境、法律服务等方面
四川省科技厅主管，中国科学成都文献信息中心和四川省科技信息研究所主办	四川省科技文献信息共享服务平台	涵盖多个主题，涉及医学、工程、化学、经济、数学、环境、生物等
四川测绘地理信息局	四川省地理信息共享服务平台	集成全省丰富的地理信息资源，覆盖范围从全省到地级市乃至乡镇、村庄

三、研究设计与数据分析

科学研究中，理论的提出均需要实证的支撑。本书提出的假设和理论模型也是建立在理论基础上，因此需要实证研究来检验理论是否存在偏差。实证研究不仅能验证研究中的理论假设，还有可能揭示出研究所忽略的其他影响因素。根据调查的可行性和实际情况，本书采用调查问卷的方式进行实证研究的数据收集。

（一）问卷设计

笔者通过问卷星、知网、万方等获取二手资料，参考了5份同类型问卷，结合本书研究的目的和群体，进行缜密的设计，并通过头脑风暴法、专家咨询法对问卷进行多次内部评审和修改，最终形成正式问卷。

1. 问卷主要内容

根据研究需要此次问卷设计的内容包括4个部分：①被调查者基本情况，主要包括性别、年龄、受教育程度、专业背景、曾经科学数据共享角色等；②数据保存管理方式、保存期限等；③数据共享的益处和障碍；④数据共享平台建设。问卷具体内容详见附录1。

2. 问卷的发放与收集

（1）预调研

本书选取了四川省社会科学院25名在读研究生和10名研究人员，进行预调研，通过问卷信息整理，删减了一些科研人员认为不重要的题项和一些具有多重含义的题项；增加了一些选项，如问卷第五题，增加了选项"一般工作人员"和"其他"两个选项，原问卷没有考虑到政府工作人员的职务选项。笔者用SPSS26软件和AHP层次分析法对预调研数据进行分析，主要分析数据共享的影响路径和权重，再次调整了一些题项，使调查问卷更加全面，正确反映课题研究的目的。

（2）调查问卷的目的与途径

本书采用问卷调查和半结构式访谈两种途径进行调查。高校和社会科学院是四川省主要的科研阵地，因此本课题问卷的发放集中在四川省高校和在四川省社会科学院。问卷的发放主要有两种方式：现场集中填报和网络推送分散填报。网络调查问卷通过问卷星（网络调查），在网络发布问卷过程中通过社交软件（主要为QQ和微信）将问卷的链接发送给自己熟识的高校师生，请他们填写完问卷后，再邀请他们熟识的同学朋友、同事等进行填写，以此达到足够的问卷数量。纸质问卷主要是在四川省社会科学院发放，由课题负责人将问卷交于熟识的同学、朋友，拜托他们发放回收。经过六个多月的问卷发放，本次研究共收集到253份问卷，其中合格问卷245份，废卷8份①。本书涉及数据如无特别说明，均以245份为基数进行四舍五入计算得出。一般来说，统计分析的样本数量是题目的5~10倍，就能够有较好的效果。在此基础上，通过半

---

① 8份中，2份为行政秘书，不属于科研人员，2份重复，3份没有填完，1份问卷前后逻辑混乱。

结构式访谈法深入地探讨四川省科学数据共享的几个方面：科学数据共享的利益相关者分析、科学数据的保存管理、科学数据共享意愿、科学数据共享平台功能、科学数据共享障碍、科学数据共享期望，深入了解四川省科学数据共享机制涉及的利益相关者的利益需求和看法建议。

（3）调查对象的说明

参与此次调查问卷的被调查者主要是四川大学、西南财经大学等高校的在校博士研究生、硕士研究生和教师，多数被调查者参与或主持了一定数量的科研项目，对科学数据共享意愿的研究具有较强的代表性。样本的选取考虑了同质性（问卷调查对象均为科研人员）和异质性（尽可能选取不同学科的样本）的问题，以保证结论可以反映科学数据共享用户的不同情况。

（二）问卷数据分析

1. 调查对象基本信息

参与本问卷调查的研究人员，男女比例为 41：59，适当、均衡。其他信息如表 7 所示。参与调研的科研人员以中青年为主，学历、职称均偏高。

表 7　调查对象基本信息表

类别	年龄段					最高学历		
	≤25	26~35	36~45	46~55	≥56	本科	硕士	博士及以上
比例/%	21.22	17.14	38.78	17.96	4.9	6.94	51.43	41.63

类别	职务职称						
	初级	中级	副高	正高	在读	一般工作人员	其他
比例/%	4.49	22.45	36.73	12.24	23.27	0.82	0

类别	专业背景			
	经济管理类	法学	文史哲	其他
比例/%	52.65	19.18	17.55	10.61

2. 科研过程中产生的数据类型

数据按不同属性可以分成不同类别。科研人员从课题申请到研究过程再到结题过程中产生的科研数据特征，分为数据来源、数据类型与数据量大小。由于数据量无法准确统计，所以作为忽略因子，此举不会影响研究结果的信度。由表 8 可知，课题研究过程中产生的科研数据来源多样化，即数据采集渠道多样化，不同平台产生的数据多样化，其中最主要的来源是各种数据库（例如知网、万方、维普，还有一些学校的硕士、博士毕业论文数据库），占86.94%；其次是社会调查研究，占73.06%。值得关注的是"同行提供"，同行一般指同事、朋友以及研究方向类似的专家学者，"提供"一般是免费提供。由于不同的课题类型和要求，科研人员从课题立项到结束的过程中会得出不同格式和不同类型的数据，其中文本数据占比最高，为92.24%。本书研究的"文本数据"主要包括调研报告、调研问卷、课题申请书（如国家社会科学基金、国家自然科学基金、四川软科学、四川省社会科学规划课题）以及由其产生的数据库；图片数据紧随其次，占46.94%，本书中的"图片数据"主要指课题研究过程中拍摄的图片以及其他单位或个人提供的图片。

表8　科学数据特征

数据来源	社会调研	数据库（网络采集）	同行提供	购买	自创
比例/%	73.06	86.94	28.57	19.18	10.61
数据类型	文本数据	图片数据	视频数据	模型	其他
比例/%	92.24	46.94	16.33	20.41	8.16

3. 科学数据存储方式

严格来讲，科研人员层面的科研数据管理只相当于科研数据保管。

（1）科学数据保存方式

由于科学数据形式的特殊性和价值的不可估量，受调查者有意无意会采取5种保存方式，具体如下：数据保存在个人电脑中，占94.69%；使用U盘或移动硬盘加以备份，占61.63%；使用单位电脑保存数据，占14.69%；把数据保存在网络数据平台（如百度网盘），占12.24%。另外，有2.86%的人会将数据上传到机构服务器。值得关注的是，在数字信息时代，虽然各种智能的数据保存工具相当多，仍然有相当高比例的科研人员用纸质笔记本记录科研数据，见图6。

不管采用那种数据存储方式，现状是数据只是单纯地保存在科研人员手里，数据潜在的效益未能发挥。出于安全性和可靠性的考虑，大部分人认为电子版本最容易共享，纸质数据共享起来费时费力，且共享范围较窄。只有13.06%的受调查者选择网络数据平台，如百度云盘、阿里云盘、360云盘。86.53%的受调查者认为电子邮箱也是一个不错的存储方式，这种方式不是主动行为，是在和其他人资料沟通交换过程中无意存储数据。仅有5.31%的受调查者认为专业数据机构比较安全可靠，因而一般会选择专业数据机构。一方面，这说明目前四川省科研人员科学数据的共享程度较低，数据共享意识薄弱；另一方面，也说明了目前我国的网络数据管理平台和专业数据管理机构的功能还没有完全满足科研人员的需求。

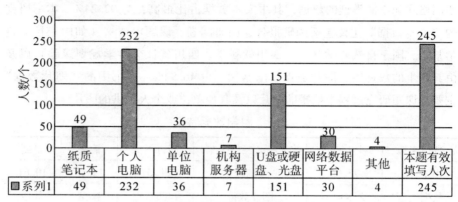

系列1	纸质笔记本	个人电脑	单位电脑	机构服务器	U盘或硬盘、光盘	网络数据平台	其他	本题有效填写人次
	49	232	36	7	151	30	4	245

图6　科学数据保存方式

（2）原始数据的保存方式

对于论文或科研成果发表后原始数据的处置方式，有51.84%的科研人员习惯性地将其归档，有的科研人员将课题的调研问卷保存了十几年，最早的是2004年，无意中清理书柜时才发现，还认真地翻了十几份问卷；45.71%的科研人员顺其自然，对保存在原来位置的数据不再管理，见图7。在面对面访谈中，有些科研人员的电脑桌面全部铺满。各式各样资料，可以判断很久没有整理资料。直到电脑出问题了，要重装系统才想起来要整理资料分类保存。有的科研人员每次做完一个课题就把课题的申请书、研究过程中搜集的资料、问卷设计、结题报告等一套资料完整的保存；调查对象中有20%的人会将相关科研数据随科研成果提交给项目资助单位（如四川省科技厅）和本单位科研管理部门（如科研处）。

这也从另一个侧面说明，目前四川省科学数据缺乏有效的管理和共享机制，大量的数据都散落在研究者个人手中，不利于数据的管理、共享和再利用。保管数据的方式和人员也会影响数据管理的安全性，数据越分散，越容易丢失①。

---

①　吴丹，陈晶. 我国医学从业者科学数据共享行为调查研究［J］. 图书情报工作，2015，59（18）：30-39.

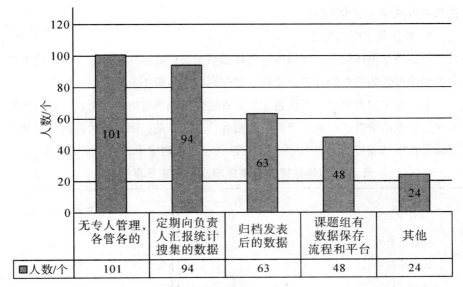

图 7　原始数据保存方式

（3）科学数据保存期限

对于"您的论文和科研成果发表后，原始数据一般保存多长时间？"这个问题，48.98%的科研人员选择保存 3 年以上，13.88%的科研人员会保存 6~12个月，30.2%的科研人员保存 1~3 年，见表 9。

表 9　科学数据保存期限

保存期限	半年以下	6~12 个月	1~3 年	3 年以上	合计
人数/个	17	34	74	120	245
比例/%	6.94	13.88	30.2	48.98	100

（4）科学数据丢失问题

对于"您曾经发生过数据丢失吗？"这一问题，45.31%的科研人员偶尔遇到过，39.18%的科研人员从未发生过数据丢失，有 2.04%科研人员经常发生。将近 62.54%的科研人员对当前的数据管理及保存方式基本满意，有 21.63%的科研人员表示不满意，有 7.35%科研人员不确定是否满意。

遗憾的是，以课题组为团队的科研数据管理工作还有待加强。调研结果显示，有 41.22%的科研人员显示课题组无专人统一管理数据；有 25.71%的科研人员会归档发表后的数据；仅有 19.59%的科研人员表示课题组有数据保存流程和平台或建立结构数据库。

4. 数据共享中的角色

数据共享主体包括数据提供者和数据消费者；数据共享促进者，包括提供多种增值服务的数据分发者以及建立数据标准、从事工具研发的促进者等①。

本书界定的数据提供者角色主要负责对数据源信息进行注册，可以让大家共享；数据消费者也是共享资源的使用者，其主要是查询想要的数据，对共享资源进行申请或订阅，表 10 为科学数据共享角色响应率和普及率汇总表。

表 10　科学数据共享角色响应率和普及率汇总表

选项	响应		普及率（n＝245）
	n	响应率	
数据提供方	13	5.16%	5.31%
数据获取方	139	55.16%	56.73%
两者都是	82	32.54%	33.47%
两者都不是	18	7.14%	7.35%
汇总	252	100%	102.86%

拟合优度检验：$\chi^2＝169.238$　$p＝0.000$

针对多选题各选项选择比例分布是否均匀，使用卡方拟合优度检验进行分析。由表 10 可知，拟合优度检验呈现出显著性（$chi＝169.238$，$p＝0.000＜0.05$），意味着各项的选择比例具有明显差异性，可通过响应率或普及率具体对比差异性。具体来看，"数据获取方""两者都是"共 2 项的响应率和普及率明显较高。

5. 科研合作情况响应率和普及率

本书设置科研人员以往科研项目合作情况的问题，目的是了解以往科研项目合作对未来科学数据共享意愿和共享行为有无影响，如果有的话，影响是否显著②。

---

① 屈宝强，王凯，彭洁. 面向利益相关者的科学数据共享政策分析 [J]. 中国科技资源导刊，2015，47（6）：35-40.

② 张素琪，高星，郭京津，等. 科研项目合作网络的分析与研究 [J]. 科研管理，2018，39（5）：86-93.

由表 11 可知，拟合优度检验呈现出显著性（chi = 113.026，p = 0.000<
0.05），意味着各项的选择比例具有明显差异性，可通过响应率或普及率具体
对比差异性。具体来看，与科研院所合作、单位内部跨学科合作、与行政单位
合作共 3 项的响应率和普及率明显较高。

表 11　科研合作情况响应率和普及率汇总表

选项	响应		普及率（n=245）
	n	响应率	
国际合作	8	1.75%	3.27%
与科研院所合作	106	23.25%	43.27%
与企业合作	75	16.45%	30.61%
单位内部跨学科合作	94	20.61%	38.37%
与行政单位合作	122	26.75%	49.80%
无合作	51	11.18%	20.82%
汇　总	456	100%	186.12%

拟合优度检验：$\chi 2 = 113.026$ p = 0.000

6. 科学数据共享和获取行为

由表 12 可知，目前最常见的科学数据共享方式是无偿提供，仅限于关系
较好的同事朋友，这种数据共享行为的占比为 60%。有 33.06% 的受调查者将
数据提供给项目支持单位。仅有不到 10.61% 的科研人员曾将自己的数据共享
给一些共享平台（例如百度学术）。

表 12　科学数据共享行为

选项	小计	比例/%
曾经无偿提供	147	60
曾经有偿提供	19	7.76
曾经有人索取，但拒绝了	24	9.8
曾经提供给项目支持单位	81	33.06
曾经提供给一些共享平台	26	10.61
从未有人向我索取	52	21.22
本题有效填写人次	245	

表 13 为科学数据获取行为响应率和普及率汇总表。由表 13 可知，拟合优度检验呈现出显著性（chi＝210.720，p＝0.000＜0.05），意味着各项的选择比例具有明显差异性，可通过响应率或普及率具体对比差异性。具体来看，公开发表论文中附带的数据源、专业科学数据库、网络采集共 3 项的响应率和普及率明显较高。

表 13　科学数据获取行为响应率和普及率汇总表格

选项	响应		普及率（n＝245）
	n	响应率	
联系作者或项目负责人获取	31	5.49%	12.65%
公开发表论文中附带的数据源	158	27.96%	64.49%
专业科学数据库	164	29.03%	66.94%
合作团队间的学术交流	76	13.45%	31.02%
网络采集	119	21.06%	48.57%
其他	17	3.01%	6.94%
汇总	565	100%	230.61%

拟合优度检验：$\chi2＝210.720$　p＝0.000

由表 13 可知，目前最常见的数据来自专业的数据库，如知网、维普、万方，有高达 66.94 的科研人员有过这种数据获取行为。有 64.49% 的受调查者从公开发表论文中获取数据；有 48.57% 的受调查者从网络采集科学数据，除比较有权威的政府网站外，还有博客、微博。有 31.02% 的受调查者从合作团队间的学术交流获取科学数据。这说明大多数科研人员习惯在网上搜集数据，并倾向于使用功能强大、操作方便快捷且免费的搜索引擎，只有 12.65% 的受调查者会联系作者或项目负责人索取数据。

同时，针对数据库收费问题，科研人员表示可以接受，具体看费用多少和自己的需要程度。

（三）相关性分析

1. 年龄和共享角色、共享时间、共享范围的相关性分析

可以利用相关分析去研究年龄和科学数据共享中的角色、曾经的科研数据共享行为、共享时间、共享范围 4 项之间的关系，使用 Pearson 相关系数去表示相关关系的强弱情况，见表 14。

表 14 Pearson 相关—详细格式

题项	相关关系	您的年龄
你在科学数据共享中的角色？	相关系数	0.248**
	p 值	0
您曾经将自己的数据共享给他人吗？	相关系数	−0.285**
	p 值	0
您愿意在何时共享您的数据？	相关系数	−0.03
	p 值	0.646
您的数据共享范围是？	相关系数	−0.081
	p 值	0.209

* $p<0.05$ ** $p<0.01$

由表 14 可知，年龄和"你在科学数据共享中的角色？"之间的相关系数值为 0.248，并且呈现出 0.01 的显著性，说明年龄和科学数据共享角色之间有着显著的正相关关系。年龄和"您曾经将自己的数据共享给他人吗？"之间的相关系数值为 −0.285，并且呈现出 0.01 的显著性，说明年龄和曾经的数据共享行为之间有着显著的负相关关系。年龄和"您愿意在何时共享您的数据？"之间的相关系数值为 −0.030，接近于 0，并且 p 值为 0.646>0.05，说明年龄和共享时间之间没有相关关系。年龄和"您的数据共享范围是？"之间的相关系数值为 −0.081，接近于 0，并且 p 值为 0.209>0.05，说明年龄数据共享范围之间没有相关关系。

2. 职称和共享角色、共享时间、共享范围的相关性分析

可以利用相关分析研究职务职称分别和科学数据共享中的角色、曾经的科研数据共享行为、共享时间、共享范围 4 项之间的相关关系，使用 Pearson 相关系数去表示相关关系的强弱情况，见表 15。

表 15 Pearson 相关—详细格式

题项	相关关系	职务职称
您在科学数据共享中的角色？	相关系数	−0.041
	p 值	0.519

题项	相关关系	职务职称
您曾经将自己的数据共享给他人吗？	相关系数	0.104
	p 值	0.105
您愿意在何时共享您的数据？	相关系数	-0.122
	p 值	0.056
您的数据共享范围是？	相关系数	0.006
	p 值	0.931

* p<0.05　** p<0.01

由表 15 可知，职务职称（如果是学生就填写"在读"）和"你在科学数据共享中的角色？"之间的相关系数值为 -0.041，接近于 0，并且 p 值为 0.519 >0.05，说明职务职称（如果是学生就填写"在读"）和科学数据共享中的角色之间没有相关关系。职务职称（如果是学生就填写"在读"）和"您曾经将自己的数据共享给他人吗？"之间的相关系数值为 0.104，接近于 0，并且 p 值为 0.105>0.05，说明职务职称（如果是学生就填写"在读"）和曾经的数据共享行为之间没有相关关系。职务职称（如果是学生就填写"在读"）和"您愿意在何时共享您的数据？"之间的相关系数值为 -0.122，接近于 0，并且 p 值为 0.056>0.05，说明职务职称（如果是学生就填写"在读"）和数据共享时间之间没有相关关系。职务职称（如果是学生就填写"在读"）和"您的数据共享范围是？"之间的相关系数值为 0.006，接近于 0，并且 p 值为 0.931>0.05，说明职务职称（如果是学生就填写"在读"）和数据共享范围之间没有相关关系。

3. 性别和共享角色、共享时间、共享范围的相关性分析

可以利用相关分析去研究性别分别和科学数据共享中的角色、曾经的科研数据共享行为、共享时间、共享范围 4 项之间的相关关系，使用 Pearson 相关系数去表示相关关系的强弱情况，见表 16。

表 16　Pearson 相关—详细格式

题项	相关关系	您的性别
您在科学数据共享中的角色？	相关系数	-0.091
	p 值	0.154

表16(续)

题项	相关关系	您的性别
您曾经将自己的数据共享给他人吗?	相关系数	0.065
	p 值	0.307
您愿意在何时共享您的数据?	相关系数	0.036
	p 值	0.572
您的数据共享范围是?	相关系数	−0.112
	p 值	0.081

* p<0.05 ** p<0.01

由表 16 可知,性别和"您在科学数据共享中的角色?"之间的相关系数值为−0.091,接近于 0,并且 p 值为 0.154>0.05,说明性别和科学数据共享中的角色之间没有相关关系。性别和"您曾经将自己的数据共享给他人吗?"之间的相关系数值为 0.065,接近于 0,并且 p 值为 0.307>0.05,说明性别和曾经的数据共享行为之间没有相关关系。性别和"您愿意在何时共享您的数据?"之间的相关系数值为 0.036,接近于 0,并且 p 值为 0.572>0.05,说明性别和科学数据共享时间之间没有相关关系。性别和"您的数据共享范围是?"之间的相关系数值为−0.112,接近于 0,p 值为 0.081>0.05,说明性别和科学数据共享范围之间没有相关关系。

4. 学历和数据共享角色相关性分析

表 17 为最高学历和数据共享角色的相关性分析。由表 17 可知,利用相关分析去研究最高学历和科学数据共享中的角色之间的关系,可以使用 Pearson 相关系数去表示相关关系的强弱情况。具体分析可知:最高学历和"您在科学数据共享中的角色?"之间的相关系数值为 0.131,并且呈现出 0.05 水平的显著性,因而说明最高学历和科学数据共享中的角色之间有着显著的正相关关系。

表 17　Pearson 相关—详细格式

题项	相关关系	最高学历
您在科学数据共享中的角色?	相关系数	0.131*
	p 值	0.04

* p<0.05 ** p<0.01

（四）回归性分析

1. 年龄和数据共享角色的回归性分析

由表 18 可知，将年龄作为自变量，将科学数据共享中的角色作为因变量进行线性回归分析，模型 R 方值为 0.061，意味着年龄可以解释您在科学数据共享中的角色的 6.1% 的变化原因。对模型进行 F 检验时发现模型通过 F 检验（F=15.901，p=0.000<0.05），也即说明模型构建有意义。

表 18　线性回归分析结果（n=245）

	非标准化系数		标准化系数	t	p	VIF	R^2	调整 R^2	F
	B	标准误	Beta						
常数	−0.074	0.049	−	−1.505	0.134	−	0.061	0.058	F(1, 243) = 15.901, p=0.000
年龄	0.067	0.017	0.248	3.988	0.000**	1			

因变量：科学数据共享中的角色

D-W 值：1.750

* p<0.05 ** p<0.01

2. 年龄和曾经的数据共享行为回归分析

由表 19 可知，将年龄作为自变量，而将您曾经的数据共享行为作为因变量进行线性回归分析，可以看出，模型 R 方值为 0.081，意味着年龄可以解释曾经的数据共享行为的 8.1% 的变化原因。对模型进行 F 检验时发现模型通过 F 检验（F=21.425，p=0.000<0.05），也即说明年龄会对"一定会对您曾经将自己的数据共享给他人吗？"产生影响关系。由最终分析可知：年龄的回归系数值为−0.102（t=−4.629，p=0.000<0.01），意味着年龄会对"您曾经将自己的数据共享给他人吗？"产生显著的负向影响关系。对模型进行 F 检验时发现模型通过 F 检验（F=21.425，p=0.000<0.05），也即说明模型构建有意义。

表 19　线性回归分析结果（n=245）

	非标准化系数		标准化系数	t	p	VIF	R^2	调整 R^2	F
	B	标准误	Beta						
常数	0.487	0.064	−	7.558	0.000**	−	0.081	0.077	F(1, 243) = 21.425, p=0.000
年龄	−0.102	0.022	−0.285	−4.629	0.000**	1			

	非标准化系数		标准化系数	t	p	VIF	R^2	调整 R^2	F
	B	标准误	Beta						
因变量：您曾经将自己的数据共享给他人吗？									
D-W 值：1.920									
* p<0.05 * * p<0.01									

3. 最高学历与科学数据共享中的角色线性回归分析

由表 20 可知，将最高学历作为自变量，而将科学数据共享中的角色作为因变量进行线性回归分析，可以看出，模型 R 方值为 0.017，意味着最高学历可以解释"您在科学数据共享中的角色？"的 1.7%的变化原因。对模型进行 F 检验时发现模型通过 F 检验（F＝4.250，p＝0.040<0.05），也即说明最高学历一定会对"您在科学数据共享中的角色？"产生影响关系。由最终分析可知：最高学历的回归系数值为 0.067（t＝2.061，p＝0.040<0.05），意味着最高学历会对"您在科学数据共享中的角色？"产生显著的正向影响关系。

总结：最高学历全部会对"您在科学数据共享中的角色？"产生显著的正向影响。对模型进行 F 检验时发现模型通过 F 检验（F＝4.250，p＝0.040<0.05），也即说明模型构建有意义。

表20　线性回归分析结果（n＝245）

	非标准化系数		标准化系数	t	p	VIF	R^2	调整 R^2	F
	B	标准误	Beta						
常数	−0.117	0.11	−	−1.066	0.288	−	0.017	0.013	F(1, 243) = 4.250, p=0.040
最高学历	0.067	0.032	0.131	2.061	0.040 *	1			
因变量：您在科学数据共享中的角色？									
D-W 值：1.697									
* p<0.05 * * p<0.01									

（五）权重分析

权重指某一因素或指标相对于某一事物的重要程度，其不同于一般的比重，体现的不仅仅是某一因素或指标所占的百分比，强调的是因素或指标的相对重要程度，倾向于贡献度或重要性。本部分的权重分析主要运用 AHP 层次分析法。

1. 科研数据共享感知收益权重分析

由表 21 可以看出，科研人员认为科研数据共享的收益权重值最大的首先是"能为科研团队创造新的学术（或商业）机会"而不是与自己切身相关的"金钱报酬和职位晋升"。这与研究假设不相符。

表 21　AHP 层次分析结果

题项	特征向量	权重值	最大特征值	CI 值
SY1. 参加科学数据共享，有很大的技术优势，使科研成果有更高的受众面和被引率	0.89	12.71%		
SY2. 参加科学数据共享，能获得一定的金钱报酬	0.742	10.59%		
SY3. 参加科学数据共享，能获得职业晋升机会	1.016	14.51%		
SY4. 参加科学数据共享，能帮助相同研究领域的科研人员解决问题	1.083	15.47%	7	0
SY5. 参加科学数据共享，能为科研团队创造新的学术（或商业）机会	1.224	17.48%		
SY6. 参加科学数据共享，能促进科研团队的工作进程，帮助实现科研目标	1.142	16.31%		
SY7. 参加科学数据共享，能够实现数据效用最大化	0.905	12.92%		

由表 22 可以看出，本次针对 7 阶判断矩阵计算得到 CI 值为 0.000，针对 RI 值查表为 1.360，因此计算得到 CR 值为 0.000<0.1，意味着本次研究判断矩阵满足一致性检验，计算所得权重具有一致性。

表 22　一致性检验结果汇总

最大特征根	CI 值	RI 值	CR 值	一致性检验结果
7	0	1.36	0	通过

2. 科研数据共享感知风险权重分析

由表 23 可以看出，科研人员认为科学数据共享的最大风险是"FX1. 在论文发表之前的数据共享会导致研究成果无法在期刊上发表"，权重值为 23.11%。这与当前高校、科研机构年终考核制度和职称评审制度密切相关。

表 23　数据共享感知风险因素权重

题项	特征向量	权重值	最大特征值	CI 值
FX1. 在论文发表之前数据共享的会导致研究成果无法在期刊上发表	1.156	23.11%		
FX2. 将科研数据共享会加大被剽窃/抄袭的可能性	0.934	18.68%		
FX3. 将科研数据共享可能引起项目资助方与他方一些纠纷	0.928	18.56%	5	0
FX4. 将科研数据共享可能会影响我的即将发表文章的原创新	1.132	22.64%		
FX5. 科学数据共享，担心数据质量不好导致分析结果不好	0.85	17.01%		

通常情况下 CR 值越小，则说明判断矩阵一致性越好，一般情况下 CR 值小于 0.1，则判断矩阵满足一致性检验；如果 CR 值大于 0.1，则说明不具有一致性，应该对判断矩阵进行适当调整之后再次进行分析。由表 24 可以看出，本次针对 5 阶判断矩阵计算得到 CI 值为 0.000，针对 RI 值查表为 1.120，因此计算得到 CR 值为 0.000<0.1，意味着本次研究判断矩阵满足一致性检验，计算所得权重具有一致性。

表 24　一致性检验结果汇总

最大特征根	CI 值	RI 值	CR 值	一致性检验结果
5	0	1.12	0	通过

3. 社交群体数据共享影响因素权重分析

由表 25 可以看出，单位制定的数据共享奖励制度对科研人员数据共享决定影响最大，占比为 30.56%。课题资助机构的数据管理制度对科研人员数据共享决定影响占第二，占比为 25%。

表 25　社群数据共享影响因素优序图权重计算结果

题项	平均值	TTL	权重值
YX1. 同行或朋友的数据共享行为对我的数据共享决定有较大影响	4.05	3	16.67%
YX2. 领导、同事的数据共享行为对我的数据共享决定有较大影响	4.05	3	16.67%

题项	平均值	TTL	权重值
YX3. 知名专家学者的数据共享行为对我的数据共享决定有较大影响	3.475	0.5	2.78%
YX4. 四川省学术界的宣传和倡导对我的数据共享决定有较大影响	4.025	1.5	8.33%
YX5. 所在单位制定的数据共享奖励对我的数据共享决定有较大影响	4.65	5.5	30.56%
YX6. 课题资助机构的规章制度对我的数据共享决定有较大影响	4.475	4.5	25.00%

4. 竞争程度对数据共享影响因素权重分析

由表26可以看出，单位职称、课题申请竞争越激烈，科研人员的科学数据共享意愿就越低，这与研究假设7相符。

表26　竞争激烈程度数据共享因素权重计算结果

题项	平均值	TTL	权重值
JZ1. 单位职称晋升越激烈，我不想把我的数据共享	4.525	1.5	75.00%
JZ2. 单位有与我研究方向类似或在申请相似课题的同事朋友，我不想把我的数据共享	4.5	0.5	25.00%

5. 科学数据共享平台的权重比较

由表27可以看出，科研人员对数据共享平台的要求更多的是"能及时看到共享的数据下载、引用等实时动态情况"，占比为43.75%。这是研究假设8"促进条件"，如果科学数据共享平台建设功能能反应科研人员共享数据实时动态数据状况，可以极大地促进科学数据共享。

表27　科学数据共享平台优序图权重计算结果

项	平均值	TTL	权重值
数据共享网站信息更新及时，我愿意把数据在此网站共享	3.675	1.5	18.75%
数据共享时，上传文档格式要求简单，我愿意把数据在此网站共享	3.45	0.5	6.25%

项	平均值	TTL	权重值
网站的安全性较高，我愿意把数据在此网站共享	3.75	2.5	31.25%
我能及时看到共享的数据下载、引用等实时动态情况，我更愿意在此网站共享	3.775	3.5	43.75%

四、调查问卷结果分析

（一）共享的科学数据的特征

每个科研事业单位都有自身的定位和发展方向，其科研人员在课题进行中产生的数据各有侧重点。总体来看，科研人员可以共享的数据特征趋于一致。从表 28 所示的编码来看，影响科研人员共享数据的原因主要包括数据的涉密性、权威性、质量性及限定性四个方面①。

表 28　问卷数据和访谈数据关键词提取

	与数据属性相关的文本抽取	概念识别	范畴提取
1	我们单位的红头文件只能看，不能外传	国家安全	涉密性
2	我们实验室数据管理有严格的规定，只限于参与导师课题的师兄弟可以随便翻阅	保密性	
3	作为××企业顾问，有自己的职业道德，像企业的一些合同，是绝对不会透漏出去的	商业秘密	
4	一看就知道问卷调查有问题，或者说选取样本不合理	问卷质量	数据质量
5	曾经看到两篇文章针对一个省份的研究，结果得出不同的结论，我有点迷糊	文章质量	
6	我的课题从开始到结题，创新性很强，暂时不会给其他人看，等个 2~3 年后再共享，我要保证我的专家地位	专家地位	权威性
7	这个调研报告我准备精炼下，整理成文章发表，你只能看看，不能有任何其他用途	限定范围	共享限定
8	我有个师妹很气人，我只是让她帮我把调研报告排版，结果她整理成毕业论文，还没有告诉我	限定用途	

---

① 王芳，储君，张琪敏. 跨部门政府数据共享：一个五力模型的构建 [J]. 信息资源管理学报，2018，8（1）：19-28.

1. 涉密性

涉密信息一般情况下指国家政务、安全、科技、军事等领域的绝密文件及保密设施的信息及内容等，分为对内涉密和对外涉密。另外一类涉密信息指企业的商业保密文件中的信息内容。

在调查中发现，涉密性对于科研数据提供者的共享态度影响很大。由于缺乏明确的权责规定与可操作的具体标准，对于没有明确规定不涉密的数据，提供部门一般会采取保守作法。

2. 权威性

权威性主要是指权威部门对数据真实性或原始性的认证。在政府实践中，多个部门可能持有同一种数据，但是权威性却不同，比如国土资源局的土地数据又比住房和城乡建设局权威。就同种数据而言，科研工作者普遍希望获取来源权威性更高的数据。

3. 质量性

数据质量控制是贯穿整个科研项目的活动。数据质量管理是指为了满足信息利用的需要，对信息系统的各个信息采集点进行规范，包括建立模式化的操作规程、原始信息的校验、错误信息的反馈和矫正等一系列的过程。科研数据质量的关键所在包括完整性、一致性、准确性、有效性和及时性这 5 个组件。科研数据质量是影响数据所有者共享意愿的因素之一。数据所有者一方面担心质量不高的数据共享后引起连锁反应，使得研究结果出现巨大偏差；另一方面担心数据共享后的使用者由于使用方法、计量模型、数据理解偏差等原因导致偏离数据的真实面目，也会引起研究结论不具有普遍性。所以科研数据所有者不愿意共享数据。

4. 限定性

本课题所说的共享的限定前提是免费和无交换条件的。如果科研数据或调研报告已经公开发表或者通过其他明码标价的方式共享了，就无须做共享限定。

共享限定分为两部分：一是共享限定是指政策法规对特定数据的共享范围、共享条件进行明文规定，这直接关系到数据共享的途径和方式；二是数据创造者或数据所有者对无偿使用人的一种限定，例如原始科研数据只能限于借用者一人看，不能再次传阅；限定只能看，不能使用其发表文章或者获利。严格来说，前者是法律规定，后者是君子协定。

综上所述，科研人员个体之间共享科研数据，其规范性、真实性与可靠性完全依赖数据创造者和生产者。调研显示，目前科研人员科学数据共享范围较窄，一般为"熟人学术圈子"，因而对数据规范性的要求相对较低，通常可借助科研工作者个体之间的交互解决数据利用中的规范性问题；保持原始数据真实性以及衍生数据的真实性，是科研数据使用过程中必须坚持的原则，也是所有数据共享的源头。而可靠性则是基于多年交往信任关系建立，主要是科研人员个体在学术圈的声誉和科研数据提供方对获取方的人际信任。因此，本课题认为，科研数据共享的规范性、真实性与可靠性保障在科研人员之间的推进应着重于科研人员在学术圈子中实现规范数据文件的共享传播以及学术声誉的建立①。

（二）科学数据共享风险

特定的数据资源特征、断崖式分层的数据共享能力、安全性较低的数据共享大环境以及熟人圈子的数据共享小环境使得科研人员在进行数据共享时面临多种风险。例如敏感数据泄露，在数据误用或不当处置时，将质量低下的数据提供给政府部门可能带来不良后果。

2014 年荷兰学者 Andrej Zwitter 的《大数据伦理》指出："这里有三类大数据利益相关者：大数据搜集者、大数据使用者和大数据生产者"。本课题研究的重点为科研数据的生产者和使用者，使用者重点关注与生产者联系紧密的人员，如问卷中关注的同事、朋友，或者领导、导师间接认识的人。出于课题研究的需要，在原始科研数据搜集、存储以及衍生数据的挖掘与深度利用的过程中，科研数据提供者和获取者等相关利益者之间出现了诸如署名权、所有权等利益矛盾。虽然他们的目标是一致的，都是为了占有、挖掘与享有科研数据蕴藏的显性价值和利用数据发表文章、申请课题中标后的隐性价值（如职位、职称的晋升、再次课题的申请等），但是在共同目标一致的前提之下，利益相关者又有独特的不同目标，特别是在我国以及四川省科研数据共享法律法规不健全、基于数据共享交换的大数据平台技术存在不能灵活实现数据交换、开放程度不足等的情况下，无可避免出现了利益矛盾。

科研数据使用者完全有可能导致数据在挖掘、预测和利用中偏离数据生产者的初衷，因为科研数据实现首次共享后，就可以实现二次、三次利用与挖掘。如果科研数据使用者在数据挖掘、预测和利用中产生了超出科研数据生产

① 严炜炜，张敏. 科研协同中的数据共享与利用行为模式分析［J］. 情报理论与实践，2018，41（1）：55-60.

者本来目标的新价值，那么新的利益如何分配，是原始数据所有者独享还是二次数据使用者独享？还是两者共享？值得一提的是，有可能数据生产者不知道产生的新价值，或许很多年后才知道。当然，如果科研数据使用者和科研数据生产者是同一课题组、同一个单位抑或同一个导师的话，就可以通过有效的途径解决这样的问题。但是难题在于科研数据共享的现实中很难真正实现这种理想状态。科研数据生产者一旦把数据借出去就处于被动地位，处于"数据失控"状态，那么因科研数据使用者使用不当等原因造成的消极影响是否也需要科研数据提供者承担？如果承担，责任比例为多少？这些都是后续需要研究的问题。

案例1　值得深思的问题：数据共享风险

科研数据的生产者Z，在课题研究过程中产生了一个结构化数据库，熟人B找Z索要，并在原有数据库的基础上产生了一个新的数据库，同时B写了篇文章并且发表。试问，B撰写的文章与Z相关吗？如果相关，该如何处理？文章加Z的名字？给一定的物质补偿？

（三）科学数据共享环境

分析发现，影响科研人员数据共享的环境可以划分为两个方面，一是制度性环境，如行政体制、政策法规、问责机制、部门间关系协调机制；二是技术性环境，主要包括技术标准与数据共享平台建设。其中，部门间关系协调机制与数据共享的技术平台保障了数据供需双方的成本补偿与权责分配，具有十分重要的作用。条块分割的数据管理体制、可操作性不足的技术标准、功能不完善的共享平台以及模糊不清的权责规定阻碍了数据共享的有效实现①。

从宏观环境看，政府部门间的"信息孤岛"现象依然存在。虽然我国政府信息化建设经历了20多年，形成了信息检索功能齐全、信息反馈及时的政府公众信息网，很多政府部门也建立微信公众号。然而由于标准不统一、分散建设、利益需求、数据保密等原因，各部门间的数据整合有效度和力度不够，"数据孤岛"现象依然明显存在，大量有价值的数据资源不能为科研人员提供服务。调研中，与政府部门人员的座谈发现，存在这类现象主要有以下原因：

---

① 王芳，储君，张琪敏. 跨部门政府数据共享：一个五力模型的构建［J］. 信息资源管理学报，2018, 8（1）：19-28.

首先，有的政府部门和公共机构把掌握的原始业务数据当作权利和权益，不愿将拥有的垄断性数据资源共享给他人使用；其次，不同部门建立的数据库管理系统和处理采用的技术、数据格式、网络标准等有"部门特性"，因而难以跨部门通过数据合并和共享进行数据整合①。

案例 2　调研感悟：行政权力大小决定掌握或共享数据的多少

调研中很多科研人员反映，有关课题调研和论文撰写中需要最新的数据，但是向行政部门索要数据时存在三种情况：一是个人索要。个人分为企业个人和事业单位个人，企业单位个人想从行政部门索要一些基本数据几乎是行不通的，严格来说，这方面企业单位处于弱势地位。事业单位个人索要资料，需要先由单位开具证明，说明索要资料的用途、资料内容、何人使用，拿着证明到行政部门去，即使这样，也会困难重重。很多时候靠的是个人关系。二是单位与单位之间的数据共享，也是根据行政级别和实权大小决定索要数据的难易程度，与个人索要资料一样，单纯依靠单位出的证明是不能轻易要到数据的。三是单位部门之间的数据索要。一个单位少则四五十人，多则几百甚至几千人，一个人不可能认识单位的所有人，部门之间的数据共享也存在同样的壁垒。

从微观环境看，单位内部也存在数据孤岛现象。以 SKY 为例，SKY 单位在职职工有 500 人左右，有科研处、人事处、财务处、智库处、党政办、纪检委、后勤处、离退休人员工作处 8 个行政部门，有 20 个科研所，还有 2 个科辅部门。调研中，有人反映，如 GJY，做个乡村文化建设课题，前期资料搜集过程中，无意间发现单位 LMQ 做了类似课题"乡村振兴过程中文化振兴机制研究"，但是从来没有与 LMQ 打过交道，不敢向其索要。而且发现 LMQ 课题属于院级课题且已经结题，但是院网没有找到任何相关成果报告。此类问题不仅在 SKY 存在，其他单位也存在类似状况。如何解决单位内部数据共享问题是当前研究的重点。

（四）科学数据共享原则

社会交换理论产生于 20 世纪 50 年代的美国，这个理论对社会交往中的报酬和代价进行分析。社会交换理论认为，一个人对他与另一个人的交往或友谊所得到的报酬和所付出的代价是心中有数的。尽管人们并不特别去计算这些报

---

① 吴亚青. 数据共享环境研究［J］. 指挥信息系统与技术，2011（3）：35-40.

酬和代价，人们主要关心的是某个关系的总结果，即总的来看，这种关系是使自己得到的多（报酬多于代价），还是使自己失去的多（代价多于报酬）。科研人员数据共享就是数据的供给方与需求方，通过一定的渠道，进行数据的交流和转化。而这种行为是否发生以及持续发生的条件，可以用社会交换理论来阐释。即科研人员在数据共享过程中，也有自己科研数据的需求，因此更愿意与其他人交换数据或者其他资料或利益，而非单方面向他人提供数据。这说明，科研人员的数据共享期望差异性显著，只有达到个人预期收益的科研数据共享请求才能激发科研人员的数据共享意愿。并且，曾经从数据共享活动中受益的科研人员更愿意与他人共享自己的科研数据。

被访者 SKY-FXS-08 谈到，"从内心讲，我不想把自己掌握的数据分享给他人，但是如果对方能相应的提供其他方面的帮助，我愿意把手头上些案例共享。"SKY-NFS-02 认为，"如果把我的研究报告分享给×××教授，教授也许能记住我的名字，没准以后申请课题时，×××教授是评审专家，可能会给我一定关照。"

案例3　无奈的权益维护：数据共享侵权案例

访谈人：Z 研究员，女，可以用年轻有为形容，主持过两项国家社科基金，数十项省级课题。可以说，数据共享过程中经历过无奈，经历过维权。Z 某师妹曾经用她的一个研究报告作为研究生毕业论文，但是未告知，并且以报告为原型发表了文章，等其再发表的时候，重复率过不了关。同时在百度学术上，有篇文章原封不动的用了她讲课的 PPT，但是投诉的时候，百度学术程序复杂，最后不了了之。但是，当我问她，以后还会共享自己的成果吗？Z 毫不犹豫地说，会，因为虽然存在上述问题，但是自己得到的更多。同时，抄袭自己的成果说明了别人对自己的一种认可。

以百度文库为例，如果想下载一篇文章，以《中国地方立法实践分析：以四川地方立法为背景》（共计99页），有两种方式：购买、百度文库经验值和财富值，一是普通会员需要支付9.99元；二是 VIP 会员在下载特权内免费下载，超过特权也必须花费9.99元购买。百度文库的经验值和财富值本质就是数据共享行为，通过上传文档、图片、数据等积累经验值和财富值，可以免费下载文档，也可以兑换礼品等。

（五）科学数据共享模式

科研人员共享的数据主要是课题研究过程中产生的调研数据、实验数据，而数据共享与利用的行为特征则可归纳为数据的共享与利用，如图8所示。

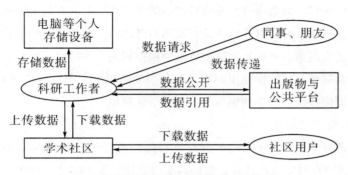

图8　科研人员科学数据共享与利用行为

分析发现，科研人员科学数据的保存方式以私有电脑为主，最常见的数据共享方式是将数据直接共享给同事朋友，一部分受调查者权衡后，也会共享给其他的数据索取者。由此可见，科研人员个体之间共享数据的主要渠道是人际的非正式交互。在这一模式下，科研数据的组织、管理、保存是由数据所有者完成，其依赖个体的科研目标与知识结构；科研数据的共享主要源于个人的主观数据交换意愿和他人的客观利用需求，多出于个体的人际关系和学术声誉考虑；在数据交换请求下获取的科研数据，对其的利用则具有较强的目的性，表现为对数据的多维度挖掘①。

此外，社会网络环境下学术社区的发展为科研工作者个体间开展科研交互提供了平台。因此，科研工作者应利用学术社区交互实现科学数据的非正式共享利用。在学术社区中，科研工作者可以选择上传科研数据，进而与特定板块具有共同学术研究方向的其他科研工作者交流和分享，亦可将共享范围限定为社区中自己的固定好友。相对于科研工作者间的一对一非正式交互，基于学术社区的交互有助于对科研数据实现分类管理，其依赖学术社区的板块或主题划分；科研数据共享更多源于科研工作者的分享意愿和对数据的深入探究需求；由于社区参与主体的多元性，对数据的利用具有较强的随机性。

---

①　严炜炜，张敏. 科研协同中的数据共享与利用行为模式分析［J］. 情报理论与实践，2018，41（1）：55-60.

除此之外，科研工作者还可通过引用行为，实现对科研数据的正式交互利用。科学数据共享后被其他研究者利用和标引，可验证和充分挖掘科学数据的研究价值，进而促进高水平论文产出和科学进步。故而，正式的科学数据共享与引用，依赖科学数据通过公开出版物出版或公共平台的有效组织和共享；在此基础上，科学数据得以在广泛的科研工作者之间共同学习、验证和探究，最后继续以研究成果的形式实现科研数据的挖掘利用，并通过引用的形式尊重科学数据的共享者；其数据利用同样具有较强的随机性，亦具有较强的规范性，这样才能促使科研数据得到更为充分和科学的利用。

（六）科学数据共享范围

本次调研中，38.8%的被调查对象都曾经有过科研数据共享的经历；有70.2%的被调查对象认识到科学数据共享的益处，未来超过50%的科研人员乐于与他人协作并共享数据，但是，科研人员并不愿意向所有人无条件共享自己的科研数据，更愿意在已经建立科研合作关系的、较为熟悉的一定范围内共享科研数据，进行有限制条件约束下的科研数据共享。科研人员有自己内心界定的"数据共享圈子"，此圈子是基于信任建立起来的，主要分为4个方面：一是读书期间的硕士导师、博士导师以及师兄弟、师姐妹；二是现在工作及以往工作单位的同事；三是由上述两方面衍生出的朋友；四是做课题过程中结识的朋友。数据共享圈子见图9。

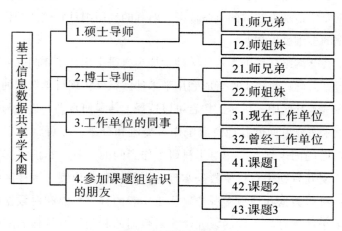

图9　数据共享圈子

（七）科学数据共享障碍

表 29 为数据共享障碍优序图权重计算结果。

表 29　数据共享障碍优序图权重计算结果

题项	平均值	TTL	权重值
担心数据被滥用	0.588	9.5	19.00%
担心自己数据的质量问题	0.494	8.0	16.00%
担心数据及其分析结果引发争议	0.494	8.0	16.00%
数据还需支撑后续研究	0.327	5.5	11.00%
没有可存档的共享平台	0.229	3.5	7.00%
缺乏数据管理经费	0.265	4.5	9.00%
嫌麻烦，费时间	0.151	2.5	5.00%
保密或法律问题	0.376	6.5	13.00%
担心自己好心得不到好报	0.122	1.5	3.00%
其他	0.020	0.5	1.00%

（八）科学数据共享平台

表 30 为数据共享平台功能优序图权重计算结果。

表 30　数据共享平台功能优序图权重计算结果

题项	平均值	TTL	权重值
有管理自己数据的权限，实现数据的分级管理和访问控制	0.771	6.5	26.53%
实现数据和研究成果的关联	0.571	3.5	14.29%
能实时了解我的数据被使用的情况	0.649	4.5	18.37%
类似期刊论文引文的评价功能	0.498	1.5	6.12%
保存和管理数据程序简单	0.527	2.5	10.20%
保证数据安全和长期保存	0.661	5.5	22.45%
其他	0.033	0.5	2.04%

（九）科学数据共享意愿的邻避效应

邻避效应最初应用于垃圾场选址，后来逐渐应用到环境建设等领域，指居民或单位因担心建设项目对身体健康、环境质量和资产价值等带来不利后果，而采取的强烈和坚决的、有时高度情绪化的集体反对甚至抗争行为。在邻避效应中，尽管居民或所在地单位知道相关项目的建设将是一件有利于公共利益的事，但是出于对自身利益的考量仍会对其加以拒绝①。

调查显示，科研人员的数据共享行为表现出一定的邻避效应，这不是技术问题，是信任问题。即科研人员清楚地知道科研数据共享带来的现时和潜在的好处（如图 10 所示），但是出于对自身利益的维护不愿意共享科研数据。即使是愿意共享数据的科研人员，也更倾向于在项目课题组（80.82%）、关系较好的同学和同事（34.69%）等可控范围内进行共享。对于共享时机，排名前三的依次为论文或成果公开发表后（79.18%）、项目结题后（40.41%）、关系密切的同事朋友需要时（34.69%）。

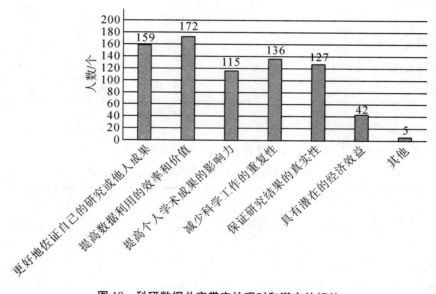

图 10　科研数据共享带来的现时和潜在的好处

损害感知是科研人员对未来的一种预测，是指科研人员科学数据共享对现有科学研究产出能力（主要是论文）与学术垄断、前沿地位的损失未来预测，科研数据作为科研人员科研产出最基础的无形资产，在职位竞争、职称评审、争取课题、论文发表中的竞争贡献度较高，特别是对于经济管理、社会学、新

---

① 乔艳洁. 从公共政策角度探析邻避效应 [J]. 郑州航空工业管理学院学报（社会科学版），2007，26（1）：93-94，97.

闻学、文献信息学等哲学社会科学研究领域，除了一些实地调研外，更多的是从海量的大数据中寻找模式、相关性、趋势。或者在一些具有准入门槛的数据库，花费资金得到所需要的数据。①

五、科研人员科学数据共享影响因素分析及作用阐释：基于扎根理论

严格来讲，这是网络调查的补充。在问卷定性分析和定量分析过程中，发现问卷设计中的一些缺陷和遗漏，不能全面反映四川省科研人员科学数据共享的影响因素和现状，因此根据相关专家建议，运用扎根理论在245份问卷中回访20份，为保证样本选择的全面性，遵循"男女比例适当、单位全面、年龄分布均匀、区域多样性"原则。以扎根理论为指导，旨在探寻科研人员科学数据的影响因素及其层次。在此基础上，以求从不同层面更好地分析当前科学数据共享中存在的不足和潜在推动力②，为后面的研究提供基础数据支撑。

（一）数据来源

本部分主要采用文献调研和内容分析法进行数据分析，以20份回访数据为主要来源。首先理论分析：选取知网中CSSCI（中文社会科学引文索引）期刊中引用次数最多的20篇以"数据共享影响因素"为主体的文章；其次对20份回访数据进行资料整理，并进行初始概念化；最后检验所构建的理论框架的饱和度。

专家小组成员规模可由20～50人构成。本研究共选取了涵盖学术界与实践界的20名调查对象作为回访成员，其中包括16名来自高校、科研机构的管理学及经济学、社会学、新闻学专业的教授和研究者（5名教授/研究员、9名副教授/副研究员和2名在读研究生），保证了专家组成员的专业性；另外包括2名政府部门工作人员，其中1名为一般工作人员，1名为副处长，他们都参与过很多课题且撰写了很多行业规划和对策建议，还有2名单位科研管理者，来自四川省社会科学院科研处。从学校分布来看，被访者所在学校有四川大学、西南财经大学、西南民族大学、四川省社会科学院、成都市社会科学院、成都理工大学、绵阳师范学院、西昌学院、四川省经济和信息化委员会；从地

---

① 陈晓勤. 科研数据共享困境与提升路径研究［J］. 科学管理研究，2019，37（4）：34-37.
② 陈欣，叶凤云，汪传雷. 基于扎根理论的社会科学数据共享驱动因素研究［J］. 情报理论与实践，2016，39（12）：91-98.

域分布来看，有省会城市（成都）、四川省的经济副中心城市（绵阳）、四川省二级城市（西昌市）等城市，保证了专家组成员的全面性与代表性。专家组成员构成如表31所示。

表31 回访成员信息汇总表

序号	单位	性别	年龄分布	专家职务/岗位
1	四川省社会科学院	男	36~45岁	副研究员/副所长
2	四川省社会科学院	男	36~45岁	副研究员
3	四川省社会科学院	女	36~45岁	副研究员
4	四川省社会科学院	男	56岁以上	研究员/副院长
5	四川省社会科学院	女	25岁以下	在读硕士研究生
6	四川省社会科学院	男	25岁以下	在读硕士研究生
7	四川省社会科学院	男	36~45岁	科研管理
8	四川省社会科学院	女	26~35岁	科研管理
9	四川大学	男	36~45岁	教授
10	四川大学	女	36~45岁	教授
11	西南民族大学	女	56岁以上	教授
12	西南财经大学	女	26~35岁	讲师
13	西南财经大学	男	36~45岁	副教授
14	成都理工大学	男	36~45岁	副教授
15	成都信息工程大学	女	36~45岁	讲师
16	成都市社会科学院	女	36~45岁	副研究员/副所长
17	绵阳师范学院	男	36~45岁	教授
18	西昌学院	女	25~36岁	副教授
19	四川省经济和信息化委员会	男	36~45岁	信息化专员
20	四川省经济和信息化委员会	女	26~35岁	信息化专员

资料来源：课题组负责整理。

（二）研究的效度信度

Denzin（1978）指出在质性研究中采用"三角测定法即从多个来源资料，运用多种方法分析资料以保证研究的信效度。Guba 和 Lincoln（1994）也提出了一些具体保证质性研究信效度的措施：首先，要保证原始资料的真实程度。例如要与多名研究者或实践者一起讨论并进行比较；其次，在进行资料转化时要做到准确无误，即在对深度访谈等资料进行文字整理与转化时要做到准确客观；最后，内在信度，即个人经验的重要性和唯一性。因而，本研究在进行质性分析时主要采取了以下措施来保证研究的信度：第一，20位回访对象包括了政府部门的工作人员、科研项目的管理人员以及学术界的研究人员，与每一位回访对象就本次研究目的做了充分沟通，强调此次研究的保密性与学术性以消除专家们回答问题时的顾虑，并在此基础上对回访对象进行深度访谈；第二，进行深度访谈时进行文字记录或者语音录音，并在访谈后进行相应的文字转化，并让四位课题组成员进行文字转换，以确保访谈内容的客观性；第三，在编码过程中，课题组负责人与所有成员以及专门请的两位具有统计学背景的专家共同讨论开展，以确保编码过程的科学性。

（三）深度访谈内容与过程

1. 深度访谈过程

在进行深度访谈前，课题组与每位回访成员进行了充分沟通，并声明此次访谈的保密性与学术性。深度访谈开展时间为 2020 年 1 月初至 2 月中旬，访谈主要依托电话、语音聊天或文字交流等方式，均为单人次访谈，由研究者本人依据访谈提纲对受访者进行提问，在征得受访者同意的前提下将访谈录音或记录整理成资料以备分析，每次访谈时间为 20 分钟到 40 分钟不等，访谈题目的设定也是尽量以开放性题目为主，让受访者尽量说出自己的想法，尽量不干涉和引导，以获得尽量多的资料，最终形成万余字的文本访谈记。

2. 深度访谈主要内容

本次研究以科研人员科学数据共享影响因素为核心议题对专家组员开展深度访谈，进行资料收集。本课题组对访谈提纲进行了多次修订。最终访谈的内容主要涉及五个方面内容。

（1）曾经的科研数据共享经历。如果有数据共享经历，则数据共享内容是什么（研究报告、申请书、调研数据）？何时共享（课题申请时、中标后、结题时）？与谁共享？

（2）共享过程中有无特殊情况，个性案例。如侵权行为、别人乱用自己的数据。在以后的数据共享中应该注意的事项。

（3）如果没有共享经历，则课题研究所需数据从何而来？怎么朝别人索要数据？索要数据时，别人有无其他要求（如仅限你一人参考，下次如果你有同类型的数据或者报告可以给我一份）？被人拒绝时，自己的感受？

（4）评价一下现在四川省、所在单位同事之间科研数据共享的现状、氛围。与你自己知道的其他单位数据共享进行对比。

（5）四川省科研人员科学数据共享对策建议。

（四）数据编码与模型构建

1. 开放式编码

通过对访谈资料的开放式编码以及前期的 245 份问卷的分析。本研究获得了经济补偿、数据管理意识、节省成本、道德激励、数据回报、学术交流、学术认可、政策驱动、社会评价①、学术氛围、学术竞争 11 个范畴。回访深度访谈初始编码示例见表 32。

表 32 回访深度访谈初始编码示例

初始编码	初始概念
感知需求	课题需求、发表文章需求
感知危险	科研成果被窃取、数据错用或误解、个人经历、学术竞争力、信任危机
感知努力	时间、金钱、人力、精力
感知利益	文章优先发表、社会评价、学术认可、增强学术交流、物质奖励、自我价值感、提高被引频次
单位文化	数据共享文化、数据风险认识和规避宣传与培训
单位激励	组织共享激励文化
单位惩罚	该共享而不共享时的惩罚，如不评审、课题不能结题
单位结构	组织结构架构是否合理
单位考核、职称制度	考核严格与否、职称评审严格与否。
数据质量	安全、准确、全面
数据价值	经济价值、隐性价值
数据安全	隐私、敏感数据
数据所有权	不明确数据所有权
数据类型	结构化数据、半结构化数据
数据格式	数据可获得性、格式多样、存储形式

---

① 陈欣，叶凤云，汪传雷. 基于扎根理论的社会科学数据共享驱动因素研究 [J]. 情报理论与实践，2016，39（12）：91-98.

初始编码	初始概念
课题基金资助机构政策	提交数据管理计划，研究报告提交作为结题必要条件
期刊政策	发表论文必须提交原始数据，数据原创保证协议
政策法规	知识产权、许可制度
数据共享平台	注册方式、共享方式、会员费用、数据上传格式、信息更新速度
职业义务	负责任的态度
职务义务	作为部门领导，共享可以提高部门成绩

2. 主轴编码分析

通过对20位科研人员科学数据共享驱动因素开放式编码分析中出现的范畴进行详细的分析与提取，同时展开课题组讨论。在讨论的过程中产生了一定的分歧，在范畴的剔除问题上，有成员提出应当对编码较少的范畴，例如"学术竞争"进行删减，但是经过进一步讨论和咨询相关专家，为了保证数据共享影响因素模型内容的完整性，最终决定将"学术竞争"放到定量研究中去。在将范畴进一步收敛成主范畴时，由于课题组成员的出发角度不同，在讨论中产生了较大的分歧，有成员提出应当从个体意识的角度出发，参考 TAM（技术接受模型）等现有理论对范畴进行收敛，有的成员提出应该从数据管理者的角度出发，对范畴进行收敛。但是经过进一步讨论，为了遵循扎根理论基于事实的研究态度，同时考虑到之后模型构建的可行性，提高模型的易理解性与可读性，本研究将开放式编码中已经形成的范畴从基于其个体性、科研性和社会性的特点出发，同时考虑到其对于科研人员科学数据共享的驱动性与阻碍性，抽取现有22个范畴并将其初步收敛成个体因素、制度因素、技术因素、组织因素、资源因素5个主范畴，并且根据主范畴中范畴间具有的共同特性对主范畴进行定义，具体如表33所示。

表33 主轴编码形成的主副范畴及其对应内涵

三级编码	二级编码	内涵
制度因素	政策法规	政府为推动数据共享制订的一系列法律法规，如《中华人民共和国科学数据共享条例》
	高校、科研机构政策	高校、科研机构制定的相关数据管理政策，包括制订的相关数据共享计划
	期刊、杂志投稿	规定在投稿时附上论文原始数据
	科研基金资助机构政策	科研资助机构规定科研人员需要分享科研数据或提交数据管理计划作为资助的条件
技术因素	数据共享网络、数据库建设	为科研人员提供科学数据存储、交换、共享的网站建设等
	数据管理技术	对数据共享、访问、交换等技术的研发与利用
	共享技术	支持科学数据共享的新兴技术以及阻碍共享的过时技术
个体因素	共享意愿	科研人员将自己的科学数据与他人共享的意愿
	共享态度	科研人员对科研数据的共享所持有的稳定的心理倾向
	预测利益	共享数据后预测能获得显性利益与隐性利益
	数据能力	科研人员通过合理合法途径获得数据后的利用能力、利用方式
	预测危险	科研人员数据共享过程中曾经遭遇过或听别人讲述过不好事件
	消耗成本	共享数据过程中耗费的人力、时间和资金
	主观规范	科研人员在执行共享活动时感知到的社会压力
	感知需求	科研人员对数据的需求推动数据共享
组织因素	组织结构	组织中各部门的分工合作
	单位/部门文化	单位/部门中成员共同认知的共享理念
	单位/部门氛围	单位/部门中同事之间长期交流与合作中产生的科研数据共享氛围
	单位/部门激励	单位/部门中对数据共享行为给予的物质、精神鼓励，包括职位晋升、评先进、评优秀
	单位/部门领导风格	领导的数据共享意愿决定了一个单位/部门的数据共享行为
	科研人员与单位/部门的关系	如果科研人员感觉与单位/部门关系良好，相对于关系较差的科研人员，共享自己科研数据的意愿更强

三级编码	二级编码	内　涵
资源因素	数据质量	数据的真实性、统一性和完整性
	数据价值	数据共享后产生的经济价值、社会价值以及科研价值等
	数据安全	不涉及个人隐私、国家机密以及敏感数据
	数据所有权	数据的归属问题
	数据类型	结构化数据、半结构化数据和非结构化数据

通过对范畴共性的详细分析，本课题将制度因素定义为不论科研人员是否自愿，出于科研项目资助机构、期刊等要求必须提交数据，即从开始就有数据管理者。但是一般科研人员可以签订协议，限定报告或者数据可以公开的年限；将个体影响因素定义为由参与数据共享的科研人员自身特性所产生的，包括对物质需求和精神需求的渴望而促使其参与到科学数据共享中去的因素集合；将技术因素定义为数据是否可以便利的共享，是否可以及时的共享。将组织氛围定义为科研人员所在单位以及曾经的工作单位的同事共享意愿、共享行为对个人的影响；将数据资源因素定义为科研数据类型、质量、价值、归属等一切与数据本身相关的属性，这些都影响科研人员科学数据共享。

3. 数据共享五大因素之间的关系

以科研人员为主体，个人因素是影响科学数据共享的内部因素，而制度因素、技术因素、组织因素和资源因素则是影响科研数据共享的外部因素。由上述编码分析可知，科研人员科学数据共享是在内外部因素共同作用与制约下实现的，是一个系统的过程。因此借助管理学系统论，以系统的层次性、整体性等观点，列举出若干影响因素，勾勒出影响因素之间的关系以及因素与科学数据共享之间的作用。五大因素之间互相关联和推动。

科研数据共享时，其影响因素之间也相互影响。科研人员在数据共享中发挥着主导作用，首先在产生科研数据过程中，科研人员的认真态度和科研追求目的不同，可以影响数据的准确性和完整性。由于各项制度的制定、组织文化和组织氛围的熏陶以及数据共享平台、技术的创新等都会影响科研人员的意愿，推动或制约科研数据共享，可见制度因素、组织因素和技术因素在科研数据共享中也从外部影响着个人因素。制度因素是客观性因素，它不仅对数据安全和数据所有权的界定有指导，而且引导组织文化的形成，对资源因素和组织因素都产生影响。总之，科研数据共享影响因素不仅内外部结合共同对共享产生作用，同时因素之间也相互影响①，表34为影响科学数据共享的五大因素的AHP层次分析结果。

表34　AHP层次分析结果

选项	特征向量	权重值	最大特征值	CI值
个体因素	0.326	6.52%		
制度因素	0.805	16.10%		
技术因素	0.775	15.50%	5.406	0.102
组织因素	1.321	26.41%		
资源因素	1.773	35.47%		

4. 科研人员科学数据共享因素模型

通过前面对文本数据的编码和AHP层次分析后，笔者构建了四川科研人员科学数据共享驱动因素模型，便于范畴的量化与理解，如图11所示。

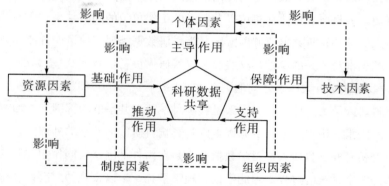

图11　科研人员科学数据共享驱动因素模型

5. 模型的饱和度检验

本书在20份访谈文字记录中随机抽取了18份用于编码过程，剩余2份访谈记录则用于检验模型的饱和度。通过这2份访谈记录资料编码分析，结果并未产生新的概念和范畴，而且范畴间也没有出现新的联结关系，这表明本书通

---

① 陈欣，叶凤云，汪传雷. 基于扎根理论的社会科学数据共享驱动因素研究 [J]. 情报理论与实践，2016，39 (12)：91-98.

过扎根理论归纳的核心概念和范畴已达到理论饱和。

六、四川省科研人员科学数据共享现状的影响因素分析

（一）科学数据共享管理机构服务不到位

相比西部地区其他省份，四川省内高校、科研机构的科研项目数量多、经费多、规模大。如四川省教育厅、四川省科技厅、四川省规划办等每年都会有一定数量的项目立项，金额支持力度较大的是四川省科技厅，项目经费从 5 万元至几百万元不等。但是一般来说，高校和科研机构科研项目的资金有限，具有小科学的特点，课题立项后，通常由项目负责人发起，参加人员来自一个或几个单位或院系机构。但是这些课题在课题申报、课题进行中直至课题完成后，会产生大量的数据，这种小科学研究积累的数据总量约是大型科研项目的 2~3 倍，而其中有绝大部分的数据未能发表甚至未能保存，或者课题数据通常由课题组成员个人保存，对这些数据保存的方式、年限等没有统一的规定，更为值得关注的是数据的再次分享机制没有确定，更缺乏课题结题后对数据的重复利用策略。导致这些数据不能被再次利用和共享。

学校、科研机构、项目管理机构层面对于科研数据的管理及再利用处在缺乏监管的状态。在科研项目的管理中，所有高校无一例外地都在沿袭国家社科基金项目管理办法及四川科技项目管理办法，重点关注的是科研经费的使用、项目进展情况的报告以及最终公开发表的论文及成果，而对于研究过程中的数据保管、提交、管理，均没有提出任何要求，忽视了对科研数据进行管理以及再利用的问题。另外，即便是少数已经建设有机构知识库的高校，其机构知识库中同样缺乏对本校科研数据的收集和保存①。

因此，如何对机构科研数据进行有效的获取、存档、组织、管理和利用，进一步促进学术交流，实现四川省科研数据的广泛共享是当前科学数据管理面临的一个重要挑战②。

（二）科学数据共享保护机制不健全

作为科研活动的中间产物，科研人员的科学数据潜在价值无法估量。有限

---

① 廖球，刘伟勤，莫崇菊. 广西高校科研数据管理与共享研究［J］. 情报探索，2018（3）：15-18.

② 司莉，曾粤亮. 国外机构科研数据知识库研究进展［J］. 情报学报，2017，36（8）：859-870.

共享和重复利用科研数据是提高科研效率的重要手段，然而科研数据有限共享和重复利用与知识产权保护之间的矛盾无法忽视。一方面，现有的知识产权法律法规及相关政策对科研数据的法律属性和权利归属并无明确规定；另一方面，常用的开放数据许可存在授权模式和兼容机制的问题①

1. 明确数据归属

明确科研数据的权利归属、权利主体的法律关系是共享科研数据的法律基础。在探讨科研数据知识产权保护问题之前，首先必须探讨科研数据归属。

在调研的过程中，"我和老师或者师兄、师姐、领导一起做课题，调研数据我可以用吗？我调研的那部分数据的所有权可以归我吗？"类似的问题不仅仅是在读的硕士研究生和博士研究生问过，科研人员也有过一些考虑。现在四川省的科研人员基本达成了共识。

（1）调研报告署名原则：谁撰写谁署名。

（2）调研原始数据归属原则：课题负责人所有。如果参与调研的人员要使用原始数据，必须经过课题负责人同意，否则视为侵权。

（3）调研衍生数据归属原则：可以使用，必须和课题负责人协商。

2. 版权保护和许可机制

科研人员科学数据的法律权属问题关系到数据初次利用、重复利用中所形成的法律关系类型、法律关系调整以及法律风险的承担。学术界的理论研究和政府部门的有关政策规定都对科研人员的科学数据属性进行了或多或少的诠释，但是没有达成统一的意见。由于科研数据产生过程的交叉性、重叠性以及数据类型的复杂性，从而使得现有的相关法律对科研数据本身并没有明确的法律属性。科研人员首先必须根据数据的具体类型判断其是否符合版权保护的条件，其次出现侵权后根据相关规定维权。大数据背景下的科研数据法律权属问题已成为学术界、政策制定部门都无法回避的难题。

（1）维权障碍重重

科研数据法律权属、版权官司难度较大，首先是费用不菲，打官司过程中会产生各种费用，主要有律师费、鉴定费、证据公证费；其次是收集证据的长期过程增加了数据的保存难度。以调研者张某为例，其有次讲课的原创 PPT

---

① 王舒，王红，宋晓丹. 科研数据的知识产权保护与许可机制研究［J］. 图书馆论坛，2016（4）：65-71.

被 B 上传到百度学术。张某发现后，打百度学术客服电话要求撤掉 B 某上传的 PPT，或者改名到张某名下。但是客服要求：首先证明 PPT 是张某原创的，证明"张某是张某"要上传身份证或者找其他人证明；其次证明 B 某怎么得到这个 PPT。张某很是无语，没有办法证明这个 PPT 是自己的原创。经过三次协商无果后，放弃维权，希望不仅仅是百度学术，也包括其他的网络学术，能在注册用户上传资料时注意版权归属。

（2）熟人社会的面子无法维权

能接触到课题组调研的原始数据，都是在一个熟人社会学术圈子。即使发现原始数据被被人利用了，或者利用数据发表文章，运用到毕业论文里，影响课题负责人后期的一些成果，但是碍于面子，也只能默默承受。但是以后会对课题组成员的品格严格审查，品格不好就是学术水平再高都不会同意参加。也有的课题组负责人，担心举报的话，自己学生不能毕业，毕竟辛苦读了 3 年，最后毕不了业，可能会影响一辈子。

（三）科学数据共享组织氛围营造不融洽

1. 宏观环境的封闭式科研氛围

长期以来，四川省高校、科研机构处于"小团体"科研状态，"同业竞争"（争课题、争排名、争经费）剧烈，加上以体制机制下的约束性为代表的多重客观因素的影响，未能形成真正意义上的跨校、跨机构、跨导师的合作意识，即使是许多科研项目联合申报（国家社会科学基金、国家自然科学基金），主要是出于增加前期研究成果进而加大课题中标的概率。这也在省级项目申报指南里面充分体现，"鼓励跨学科、跨部门申报"。近年来，随着"产学研"深度融合发展，高校、科研机构与企业的协作和联合力度得到增强，但更多的是基于联合研发、成果整套技术输出的模式，但高校之间、院系之间、学者之间的分散化合研机制没有得到改善，因此，绝大多数科研人员认为"科学数据共享必须依靠国家力量推动"，并且需要建立相应的机制。许多科研人员表达了对"科研数据共享"工作开展可行性与能否顺利推进的质疑，主要理由是"高校与科研机构众多、科研资源分散""机构数据垄断性"等。

案例 4　博弈双失：科研氛围思考

某科研机构不同部门的 A 和 B 同时申请 C 单位的课题，未知的情况下，两个人的课题设计类似，所以出于资源整合考虑，C 单位联系 A 和 B，让两个人合作一个课题，至于谁是负责人协商决定。但是 A 联系 C 单位说，要不就课题费平分各自负责，要不 A 就不参与。主要是基于虽然同在一个单位，但是和 B 不熟悉，再者两个人谁做课题负责人无法决定。最后博弈结果，A 和 B 都没有中标。不仅仅单位外部竞争，单位内部也出于种种原因，竞争课题。

2. 微观群体的科研人员主观规范约束

科研数据代表科研人员的学术贡献程度，本课题所指的科研人员的主观规范是，科研人员对于单位/部门鼓励科学数据共享的氛围保持一致性的程度。即科研人员是否会共享自己的科研数据受到单位/部门领导、同事影响较大，抑或是科研人员周围群体的压力，如看重领导对自己数据共享行为的看法。如同文中前述的社会交换理论，科研人员身处固定的学术圈子与科研团队，必然会关注领导、同事对共享数据的看法，如果领导同事共享自己科研数据与你，而你不共享自己的科研数据，那下次你因课题需要向其他同事索要数据，就会被拒绝。在以熟人为基础的科研圈子内"一传十，十传百"，久而久之，更多的人会拒绝共享科研数据。因此，科研人员在领导、同事的共享行为影响下，可能会顺从重要关系人对数据共享行为的期望。因此，很多科研人员不愿意做出"理论上合理，但实际上不合群"的做法。所以，四川省推进科研数据共享不仅是政府工作部门的任务，，更是一个单位/部门共享氛围环境建设过程，不能忽视数据创造者和提供者的科学研究范式①。

3. 期刊出版业未发挥数据共享推动职能

"本体论"科研环境下，大多数科研人员总是倾向于"用最少的投入去获得最高的收益"，在各类科研项目申报条例中，如果研究最终成果为研究报告的，一般只提供研究报告，不包括形成报告的科研数据。而在国内学术期刊投稿发表规则上，很少有"提供原始数据"的要求，尽管国内一些领域的学术期刊已经开始遵循国外 SCI（科学引文索引）体系要求投稿人提供原始数据，但从我国整体学术发表环境来看，还未形成绝对要求。因而这在一定程度上是由于期刊机构和课题资助机构在科研数据共享方面的态度导致的。实际上，期刊出版业是否要求作者提供论文的原始数据仍然可以自由选择。即使未来期刊出版业要求作者提供原始数据，但是要面对基础设施需求的挑战、长期维护的

---

① 陈晓勤. 科研数据共享困境与提升路径研究 ［J］. 科学管理研究，2019，37（4）：34-37.

成本等新的问题。以四川省社会科学院内的五家期刊:《农村经济》《经济体制改革》《社会科学研究》《邓小平理论》《中国西部》都不要求作者提供原始数据,只要研究分析结果。所以,科研人员这么多年也习惯了投稿时不提供原始数据,这在某种程度上加剧了科研假造与人为修改数据的不良态势。所以,从某种程度上看,推进科研人员科学数据共享,是促进学术进步、净化学术环境、消除学术腐败的重要手段之一。

(四)科学数据共享补偿互惠机制不完善

1. 数据价值评估与补偿机制未建立

科学数据作为科研成员不同科研成果的基础性支撑,实现共享意味着数据接收者获取了部分重要技术参数和减少了为形成数据带来的科研资源投入,存在较强的正外部性。由于科研人员创造科学数据的时间价值、替代价值、创新价值和效应价值的隐形特性和抽象特征,目前还未有相应立法明确界定科学数据的价值评估程序、准则,使外部性溢出价值的衡量失范。如:以"农民工返乡创业与乡村振兴耦合效应研究"课题为例,有一个原始调查数据库和尚未对外发表的研究报告,如果我在 A 学术平台共享的话,应该如何标价,如果标价过高,无人购买;如果标价过低,则体现不出数据的价值。

2. 校际、区域间数据生成与分享能力差异

一方面,四川省高校科研资源长期以来分化严重,985、211 重点高校(如四川大学、西南财经大学)相比于大多数地方院校(如乐山师范学院、阿坝州师范学院)所获得的科研经费支持要高出许多,在科研设备投入、高端人才引进、科研数据生成能力方面都占有绝对优势。另一方面,二级城市、三级城市高校和科研机构,虽然在科研数据生成能力方面处于劣势,但是在地方特色项目研究中数据生成能力处于垄断地位,他们认为"资源分化情形下,再进行数据共享会放大差距"。同时,由于区域科研人员能力差异导致科研数据分享的区域差异显著,如三级城市科研人员提供的科研数据,可以被成都市高校的科研人员充分挖掘潜在的效应;相反,三级城市科研人员面对同样的数据分析能力等充分挖掘数据能力有限。因此,如何衡量共享数据的价值、建立对等原则下的高校及学者间数据互惠机制是科研人员所关心的,他们不甘于只成为"数据分享者"而不是"被分享者"。

七、对策建议

（一）科学数据素养能力发展路径

在第四科研范式下，科研数据的创建、获取、存储和分析利用都发生了革命性的变化，在大数据科研环境压力下，科研人员面临着合法合理获取数据、开发数据和管理数据等综合能力的严峻考验。与此同时，科研数据的伦理与法律问题不断涌现，这对科研人员的综合素质和创新能力提出了更高的要求。

1. 以职业发展为基础的科学数据素养培养

科研人员的科学数据素养的培养不能单纯依靠个人，单位具有无可比拟的重要性。在互联网不发达的年代，科研人员的科学数据素养并未得到社会各界的关注。随着互联网技术的发展和渗透，现在的科研工作必须依靠海量的数据，原来的数据素养教育已经不能适应当前多重需求的科研工作，而且科研人员科学数据素养的培养方式和内容也发生了深刻变革。因此，大数据背景下的科研人员数据素养培养必须以系统思维和战略思维进行，主要从宏观（单位科研发展需求）和微观（个人的职业与能力发展需求）考虑。一般而言，这两个需求应当保持相对一致的关系，但是二者的立足点不同，所采取的措施也具有差异。

宏观需求：单位科研发展目标。可以根据国家、四川省科研大环境以及单位本身科研发展需要，采取宏观的科研数据素养培养方法，包括制订适用的科研数据素养培养政策与计划、完善科研数据素养培养体系内容和差异化培养制度、采取有效的科研数据素养培养方式、根据科研数据素养情况制定相应的专业人才引进等多种方式。

微观需求：科研人员职业与能力发展。单位制定的科研数据素养培养路线应当与科研人员的职业发展相结合，在不同的工作阶段开展有差异性的针对培养。根据科研人员的职业发展，可以将科研数据素养的培养归纳为四个关键节点和阶段：职前培训——职中培训（定期与不定期）——工作实践——补充调整，不同阶段的培养重点应有所侧重[1]。

---

① 凌婉阳. 大数据与数据密集型科研范式下的科研人员数据素养研究 [J]. 图书馆, 2018 (1)：15-19.

2. 以课题和数据生命周期为基础的科研数据素养培养

课题的推进过程中涉及数据搜集、数据管理、数据分析等大量的工作，而科研数据工作的高质量的持续推进反过来又推动了课题的进展，可以说二者呈螺旋式上升关系。课题组根据二手资料和245份调研问卷，建立了以课题和数据生命周期为基础的科研数据素养培养框架，如图12所示。

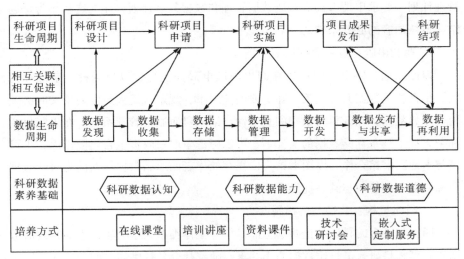

图12　以课题和数据生命周期为基础的科研数据素养培养框架

（二）科学数据共享制度理性建构

1. 政府部门：数据中间控制

我国也制定了如《科学数据共享条例》《科学数据管理办法》（国发办〔2018〕17号）、《科学数据分类分级共享及其发布策略》等政策，但相比国外，这些政策法规还不够完善，实施时也缺少相应的法律效力。为贯彻落实《国务院办公厅关于印发科学数据管理办法的通知》（国办发〔2018〕17号）精神，进一步加强和规范四川省科学数据管理，保障科学数据安全，提高科学数据开放共享水平，支撑四川省科技创新和经济社会发展，四川省政府办公厅于2020年1月正式印发《四川省科学数据管理实施细则》。由于科学数据共享活动是一项复杂的系统活动，因此应根据不同学科、专业领域设置不同的共享数据标准，并制定有预见性、前瞻性的政策。

2. 科研资助机构：数据源头控制

借鉴国外和其他省份科学数据共享经验和做法，四川省科研项目资助管理机构，如四川省科技厅、四川省社会科学规划办、成都市哲学社会科学规划办公室、成都市科技局等应当制定相关政策，明确项目申请者在提交项目申请书时，不仅要关注项目的资金计划，还要关注课题进行过程中产生的科学数据的管理计划。要求申请人提交科研数据管理和数据共享计划，并把这些作为课题结题审核内容的必要条件之一。

3. 期刊出版行业：数据尾部控制

以四川期刊协会、四川省新闻出版广电局为主导，以出版社、杂志社为辅，出台相关数据共享政策，在必要的情况下，规定科研人员发表论文时必须附带原始数据，保证科研数据的真实性，纳入科研诚信管理系统。在出版机构和杂志社不具备存储数据的情况下，可以考虑争取财政资金自建数据库，也可以与本地图书馆合作，以图书馆为依托存储作者的原始数据，共同为科学数据资源的保存、管理与共享提供支撑。

4. 科研机构：奖励与惩罚制度

四川省已有的科研数据共享主体以单一主体类型共享为主，主要是政府数据大共享和科研人员科研数据的小共享。随着社会各种主体之间的协作范围不断扩大，科研人员之间、企业组织之间、政府部门之间数据共享的应用需求范围日趋扩大，所有人员都可以共同参与科研数据共享，充分利用各方优势弥补劣势，抓住机遇，进而使共享收益最大化①。

为促进四川省科研人员积极参与数据共享，需要减轻共享成本并完善共享奖惩机制，当科研人员积极参与共享时可以加大激励力度，而对采取消极共享策略的科研人员加大惩罚力度。对于不参与或抵制数据共享的科研人员，建议可通过三年或五年不能申请相关课题、降低科研经费支持力度等手段，建立惩罚机制。

（三）科学数据共享氛围层次营造

1. 省级层面科学数据共享氛围：宣传与培训

四川省应形成"自上而下"的科学数据共享氛围，借助政府相关资源，通过各种共享平台、服务平台以及单位网站等开展宣传推广活动，号召更多的

---

① 戴阿咪. 医学大数据共享关键问题研究 [D]. 北京：北京协和医学院，2018.

科研人员来积极主动学习和培养科学数据素养。

2. 单位层面科学数据共享氛围：公平性与创新性

单位氛围对于科研人员科学数据共享意愿的影响主要包括工作条件、公平性、亲和性、参与决策程度等。相关资料显示，一个单位的工作条件越好，例如办公室宽敞明亮、计算机配备充足、软件设施完善、工资待遇不错等，科研人员的共享氛围越融洽；公平性体现在年终考核、职称评审、单位内部课题申请立项等方面。简而言之：一视同仁。创新反映了组织对变化的接受及对创造的鼓励和奖励。一个单位的公平氛围、创新氛围越强，科研人员进行科学数据共享的意愿就越强。

案例 5　思考与探讨：科研活动中的公平性

1. 年终考核。A单位引进人才B，国际知名学校博士。2016年年底考核时，因完不成科研任务，到科研管理部门诉苦，到单位领导面前又哭又闹，说自己有忧郁症，要跳楼，结果领导综合考虑，让B考核过关。私底下，同事们都认为这是B在玩小伎俩。是否以后只要考核不过关，都可以按照这个办法免考核。

2. 职称评审。A单位有详细的职称评审制度，但是不知道为什么，每年评审标准都有偏差，调查中有科研人员反映，"按照去年的标准，我今年应该也能评上，真不知道为什么？但是自己不敢去找，怕人事处的人以后给小鞋穿。"

上述两个事件体现的不公平，在一定程度上会对部分科研人员的科研数据共享意愿产生一定的抑制作用。

3. 部门层面科学数据共享氛围：信任与沟通

第一，营造良好的上下级之间信任关系和同事之间的信任关系。部门领导要保持各种决策的一致性，得到下属的信任；同时，部门同事可以经常组织聚餐、运动等一些非正式活动，频繁的接触可以增加交流机会，相互之间的信任关系逐渐增强。第二，营造良好的沟通氛围。积极与部门科研人员进行非正式沟通活动，使科研人员在轻松、自由的环境中交流工作经验和心得，比较容易产生和加强合作精神，对数据共享产生潜在的影响。

（四）科学数据共享伦理治理重构

为了协调好大数据利益相关者之间的利益矛盾，有必要进行相应的伦理治理，以实现数据共享的有序进行。因此，需要制定出相应的伦理原则。

1. 转变观念，自我保护

大数据时代，科研人员必须转变观念，用必要的手段和措施保护自己的科研数据，时刻关注数据的使用动向和分析技术，不仅估量这些数据表面产生的积极影响，更要估量数据产生的相对隐蔽的消极影响。而不是不管不顾地让数据睡在电脑里面，或想当然地认为这些数据不会对自己的未来产生任何影响。因此，科研人员必须不断增强科学数据的保护意识和能力，使科学数据能真正发挥作用。

2. 保密原则，道德规范

作为科研项目的负责人、申请人，甚至是匿名评审专家，有较多机会接触到课题申请书、活页、数据管理计划等，所以要求科研人员无论是从保护自己的角度，还是从保护别人权益的角度出发，使用网络数据、别人尚未公开的数据时，必须全过程实现保密，特别是涉及科研数据生产者、创造者以及被调查者隐私的情形下必须采取合适的处理措施，例如用"某人""×××""A 人""CBD"代称。涉及一些区域时也必须采取匿名化处理，例如"四川 SKY 单位""丘陵县 A 县""F 村"。未来可以预见的是，这是科研数据共享必须要重视的伦理原则。

自我约束是数据使用者和数据生产者必须努力养成的基本道德原则。大数据背景下，科研人员是双重角色：数据生产者与数据需求者，因而自我约束原则是科研人员的双重桎梏，两者必须有序地协调起来，从数据搜集、数据存储到挖掘利用，形成一个约定俗成的道德规律，遵守大家都认可的最基本的道德规范和准则，必须在全社会范围内形成一定的学术道德氛围。

（五）科学数据共享平台转型升级

1. 健全法规制度体系，扩大数据来源，提高数据共享利用

通过法律制度保障科学数据的共享利用是发达国家科学数据共享平台建设的成功经验之一。为保证四川省科学数据共享平台的长期健康、稳定发展，必须加快科学数据共享法律法规体系的建立与健全，使科学数据共享有法可依，不断完善科学数据共享的管理机制，明确数据共享参与主体的责权利，规范科学数据的管理、存储、开发、共享与利用。进而扩大数据来源，拓展用户群体，加强平台间的合作交流，提高数据共享利用程度。

2. 完善数据标准体系，加强质量控制，推动平台规范建设

数据标准的完善程度体现了数据共享利用的水平。应在参考国际主流和自身现有标准的基础上，从国家或行业层面进一步细化标准种类和适用范围。平台应加强对数据的全生命周期质量控制，聘请或建立独立团队，广泛开展对数据平台建设，特别是数据质量的评价监督，推动四川省科学数据共享平台的规范化、标准化和国际化建设，扩大和提高四川省科学数据的影响力与科研价值。

后　记

　　书稿交给出版社编辑时，我这半年的紧张心理和压迫情绪一下子消散了，可是编辑说还需要我写前言和后记，我问编辑，可否不写。编辑说，最好写。我的心一下子又莫名其妙地变得沉重了。沉下心来思考良久，不知从何写起，尤其是后记，明明可以写的很多，但又无处下笔，明明要感谢的人很多，但却不知道怎么表达。

　　此时此刻，我颇多感慨，竟然没有曾经期望的、憧憬的成就感，涌上心头的却是感慨学海无涯，仍需百尺竿头，继续努力。当初的"科研人员科学数据共享的问卷调查"想起来很简单，可是投放到第 32 份的时候发现问卷有些不合理的地方和自己想了解却没有收集到的信息，无奈之下，只有放弃这 32 份问卷，作为案例分析的素材，又打电话回访进行开放式访谈。同时，我请教自己的大学同学赵卫红。作为南开大学的博士毕业生，数理模型是赵卫红的强项。出于问卷设计以及后续要用到的模型统筹考虑，我重新设计了问卷。功夫不负有心人，问卷设计完成并很快运用问卷星发放。在本书成稿的过程中，有一章的模型分析得到了赵卫红的帮助，很感谢她对我的大力支持。

　　在问卷的收集过程中，我又找了一些朋友帮忙。他们在其学术圈子帮我投放问卷。这帮朋友都很耿直地说："需要多少份问卷？10 份够不够？我帮你盯着我的朋友，让他们填完后截屏给我。"正是这帮朋友让我能迅速收集到 251 份问卷，并找到特殊的案例进行深入分析。让我印象深刻的是，我在自己工作的四川省社会科学院农村发展研究所收集问卷时，同事们都很认真地帮我填写，有 3 位同事还作为我的案例进行开放式访谈。十分感谢这些同事，没有他们对我的支持，本书估计要束之高阁了。

　　同时，我也要感谢我的家人，他们在我写书稿期间给了我很多的关怀和包容。有时候写不出来，我心情郁闷的时候，无意中在家说话的语气会变得很焦躁，会很没有耐心，所以谢谢家人的理解，没有家人的支持，我也不会顺利地完成书稿。

本书虽告一段落，但仍有很多遗憾，这正是我继续前进的动力。学习永远没有终点，却有很多起点。每个起点都很重要，认定了方向就要勇往直前。

赵利梅

2021 年 1 月 29 日于陋室